站在巨人的肩上
Standing on Shoulders of Giants

TURING
图灵教育

iTuring.cn

站在巨人的肩上
Standing on Shoulders of Giants

iTuring.cn

TURING

智取

Ace the Programming Interview

程序员面试

160 Questions and Answers for Success

【英】Edward Guiness 著　石宗尧 译

人民邮电出版社
北　京

图书在版编目（CIP）数据

智取程序员面试 / （英）吉尼斯（Guiness,E.）著；
石宗尧译. -- 北京 : 人民邮电出版社，2015.7
ISBN 978-7-115-39617-4

Ⅰ. ①智… Ⅱ. ①吉… ②石… Ⅲ. ①程序设计－工
程技术人员－资格考试－自学参考资料 Ⅳ. ①TP311.1

中国版本图书馆CIP数据核字(2015)第131405号

内 容 提 要

作者总结了自己几十年间作为应聘者和面试官的经验，分12章介绍了程序员顺利通过面试需要注意的方方面面，涉及电话面试、面试前的准备、面谈具体注意事项、待遇的沟通、具体技术问题等。本书用160个问题引发读者对编程的思考并且给出答案详细分析，是一本全面的程序员面试指导书。

本书适合所有程序员。

◆ 著　　　　　　[英] Edward Guiness
　　译　　　　　　石宗尧
　　责任编辑　　　朱 巍
　　执行编辑　　　杨 琳
　　责任印制　　　杨林杰
◆ 人民邮电出版社出版发行　　　北京市丰台区成寿寺路11号
　　邮编　100164　　电子邮件　315@ptpress.com.cn
　　网址　http://www.ptpress.com.cn
　　三河市海波印务有限公司印刷
◆ 开本：800×1000　1/16
　　印张：20
　　字数：473千字　　　　　　　　2015年7月第1版
　　印数：1-4 000册　　　　　　　2015年7月河北第1次印刷
　　　　著作权合同登记号　图字：01-2013-8799号

定价：59.00元
读者服务热线：(010)51095186转600　印装质量热线：(010)81055316
反盗版热线：(010)81055315
广告经营许可证：京崇工商广字第 0021 号

目　　录

第1章　招聘程序员：内幕 ·············1

1.1　招聘的原因 ··············2

　　1.1.1　公司计划扩张 ·········2

　　1.1.2　特定的项目 ·········4

　　1.1.3　有员工离职 ·········5

1.2　同经理谈话 ··············5

　　1.2.1　技术对话——不要有所保留 ·6

　　1.2.2　使用比喻 ·········6

1.3　准备简历 ··············6

　　1.3.1　囊括相关关键词，注意上下文 ·7

　　1.3.2　文笔要好 ·········7

　　1.3.3　对工作经验作出解释 ·····7

　　1.3.4　不要听信"简历不能超过两页"的建议 ·········8

　　1.3.5　着重强调招聘广告中的技能 ·8

　　1.3.6　工作经历间不要留有情况不明的空白期 ·········8

　　1.3.7　"读书、听音乐、看电影" ·8

　　1.3.8　条理清晰 ·········9

　　1.3.9　应届生简历 ·········9

　　1.3.10　工作经验过多的简历 ···9

　　1.3.11　回归职场的简历 ·····10

　　1.3.12　简历的常见错误 ·····10

1.4　使用招聘网站 ············11

1.5　招聘中介 ··············12

1.6　自己搜索职位 ············14

　　1.6.1　内向者的关系网 ·····14

　　1.6.2　寻找雇主 ·········15

　　1.6.3　接近雇主 ·········16

　　1.6.4　坚持不懈 ·········17

　　1.6.5　把握时机 ·········17

1.7　其他途径 ··············17

　　1.7.1　Twitter ·········17

　　1.7.2　Facebook ·······18

　　1.7.3　LinkedIn ·······19

　　1.7.4　博客 ···········19

　　1.7.5　Stack Overflow ···20

　　1.7.6　Skills Matter项目："寻找你的师傅" ···········21

第2章　自信地应对电话面试 ·······22

2.1　有的放矢 ··············23

　　2.1.1　准备你的"小抄" ·····24

　　2.1.2　联系相关经历 ·······25

　　2.1.3　处理难题 ·········25

　　2.1.4　学会提问 ·········26

　　2.1.5　电话面试准备清单 ···27

　　2.1.6　使用电话面试准备清单 ·27

第3章　现场面试 ···········29

3.1　准备面试 ··············29

　　3.1.1　了解充分 ·········29

　　3.1.2　做足功课 ·········30

　　3.1.3　着装得体 ·········31

　　3.1.4　搞定不同类型问题 ···32

3.2　最重要的事 ···············34
　　3.2.1　建立默契 ··········35
　　3.2.2　其他努力 ··········35
3.3　同样重要的事 ···········36
　　3.3.1　表达要清晰 ·······36
　　3.3.2　掌控面试时间 ·····36
　　3.3.3　用事实说话 ·······37
3.4　有效交流 ···············37
　　3.4.1　用热情战胜紧张 ···37
　　3.4.2　使用手势 ··········37
　　3.4.3　放慢语速 ··········38
　　3.4.4　开始和结尾要清晰 ·38
　　3.4.5　重复主要观点 ·····38
　　3.4.6　熟能生巧 ··········38

第4章　合同谈判 ·············39
4.1　了解招聘市场 ···········39
4.2　算算账 ·················40
　　4.2.1　考虑整体待遇 ·····40
　　4.2.2　必须有、应该有、最好有 ·41
4.3　招聘中介的作用 ·········42
4.4　开个好头 ···············42
　　4.4.1　避免过分让步 ·····42
　　4.4.2　理想和现实 ·······43
4.5　衡量合同条款 ···········43
　　4.5.1　知识产权 ··········43
　　4.5.2　不竞争条款 ·······44
　　4.5.3　不招揽条款 ·······44
4.6　如何应对不利状况 ·······44
　　4.6.1　"这是一份标准合同" ·44
　　4.6.2　沉默回应 ··········45
　　4.6.3　谈判结果恶化 ·····45
4.7　谈判技巧总结 ···········45

第5章　编程基础 ·············46
5.1　二进制、八进制、十六进制 ·47

5.1.1　十六进制转换为二进制 ···48
　　5.1.2　Unicode ···········49
5.2　数据结构 ···············51
　　5.2.1　数组 ··············51
　　5.2.2　散列表 ··········51
　　5.2.3　队列和栈 ··········52
　　5.2.4　树 ················52
　　5.2.5　图 ················53
　　5.2.6　图的遍历 ··········54
5.3　排序 ···················54
5.4　递归 ···················56
5.5　面向对象编程 ···········57
　　5.5.1　类和对象 ··········57
　　5.5.2　继承和复合 ·······58
　　5.5.3　多态 ··············59
　　5.5.4　用封装实现的数据隐藏 ·60
5.6　像函数式程序员一样思考 ·60
5.7　SQL ····················61
　　5.7.1　什么是ACID ·······61
　　5.7.2　基于集合的思考方式 ·61
5.8　全栈Web开发 ···········61
5.9　解密正则表达式 ·········62
　　5.9.1　用锚定和单词边界来查询内容 ···64
　　5.9.2　匹配字符集 ·······65
　　5.9.3　用限定符约束的匹配 ·67
　　5.9.4　组和捕获 ··········68
　　5.9.5　不要想当然 ·······69
　　5.9.6　延伸阅读 ··········70
5.10　辨认难题 ··············71
5.11　问题 ··················71
5.12　答案 ··················73

第6章　代码质量 ·············85
6.1　保持清晰 ···············86
6.2　富于表达能力 ···········87
6.3　效率和性能评估 ·········87

6.3.1　大 O 表示法 ·············88
6.3.2　性能评估 ···············92
6.3.3　注意应用情境 ···········92
6.3.4　目标明确 ···············92
6.3.5　多次评估，取平均值 ·····92
6.3.6　分治策略 ···············93
6.3.7　先简后繁 ···············93
6.3.8　使用分析器 ·············93
6.4　理解"模块化"的含义 ··········93
6.5　理解 SOLID 原则 ·············94
6.5.1　单一职责原则 ···········95
6.5.2　开放封闭原则 ···········96
6.5.3　里氏替换原则 ···········97
6.5.4　接口分离原则 ···········97
6.5.5　依赖倒置原则 ···········98
6.6　避免代码重复 ···············99
6.7　问题 ·····················101
6.8　答案 ·····················106

第 7 章　常见问题 ···············123
7.1　并发编程 ··················124
7.1.1　竞态条件 ··············125
7.1.2　锁 ····················126
7.1.3　死锁 ··················130
7.1.4　活锁 ··················131
7.2　关系数据库 ················131
7.2.1　数据库设计 ············132
7.2.2　规范化 ················132
7.2.3　反规范化 ··············133
7.2.4　填充规范化数据库 ·······134
7.3　指针 ·····················134
7.3.1　接收值类型参数的函数 ···136
7.3.2　数组的处理 ············136
7.3.3　值传递和引用传递 ·······137
7.4　设计问题 ··················139
7.4.1　YAGNI 不是走捷径的借口 ·····140

7.4.2　设计要考虑性能 ·········140
7.4.3　不要只关注理论 ·········140
7.5　不良编码习惯 ···············141
7.5.1　错误的异常处理 ·········141
7.5.2　不够谨慎 ··············142
7.5.3　过于迷信 ··············143
7.5.4　和团队对着干 ···········143
7.5.5　太多的复制粘贴 ·········144
7.5.6　预加载 ················144
7.6　问题 ·····················145
7.7　答案 ·····················146

第 8 章　编程语言的特性 ·········151
8.1　二进制小数和浮点数 ·········151
8.2　JavaScript ················152
8.3　C# ······················152
8.4　Java ·····················153
8.5　Perl ·····················153
8.6　Ruby ····················154
8.7　Transact-SQL ·············154
8.8　问题 ·····················154
8.8.1　二进制小数和浮点数 ·····154
8.8.2　JavaScript ············155
8.8.3　C# ···················157
8.8.4　Java ·················158
8.8.5　Perl ·················160
8.8.6　Ruby ················162
8.8.7　Transact-SQL ·········163
8.9　答案 ·····················164

第 9 章　软件测试：不只是测试人员的
　　　　工作 ···················194
9.1　单元测试 ··················194
9.2　测试驱动开发 ···············195
9.2.1　行为驱动开发 ···········195
9.2.2　红、绿、重构 ···········195
9.3　写出优秀的单元测试 ·········196

9.3.1　运行速度快·············196
9.3.2　尽量简单·············196
9.3.3　目的明确·············196
9.3.4　具有指导性···········196
9.3.5　具有独立性···········196
9.4　测试运行缓慢的模块···········197
9.5　单元测试框架···············197
9.6　模拟对象··················199
9.7　问题····················201
9.8　答案····················203

第 10 章　选择合适工具·············210
10.1　Visual Studio·············210
10.2　命令行工具···············210
10.3　PowerShell···············211
10.4　Sysinternals 工具··········212
10.5　管理源代码···············212
　　10.5.1　Team Foundation Server·····212
　　10.5.2　Subversion···········212
　　10.5.3　Git···············212
10.6　问题····················213
　　10.6.1　Visual Studio·········213
　　10.6.2　命令行工具··········215
　　10.6.3　PowerShell··········216
　　10.6.4　Sysinternals 工具·····217
　　10.6.5　管理源代码·········217

10.7　答案····················218

第 11 章　冷僻问题···············240
11.1　快速估算················240
11.2　脑筋急转弯···············241
11.3　概率问题················241
11.4　并发处理················241
11.5　位操作技巧···············241
11.6　使用递归算法·············242
11.7　理解逻辑门···············242
11.8　编写代码················243
11.9　问题····················244
　　11.9.1　快速估算···········244
　　11.9.2　脑筋急转弯·········244
　　11.9.3　概率问题···········245
　　11.9.4　并发处理···········246
　　11.9.5　位操作技巧·········247
　　11.9.6　使用递归算法·······247
　　11.9.7　理解逻辑门·········249
　　11.9.8　编写代码···········250
11.10　答案···················251

第 12 章　编程智慧···············278
12.1　问题····················278
12.2　答案····················282

附录　准备小抄················309

第 *1* 章
招聘程序员：内幕

小时候交朋友似乎很简单。由于我是看"巨蟒剧团"[1]的喜剧长大的，因此，我交朋友的开场白往往是说一句："我是一名骑士，哇呀呀呀，嘿！"我觉得这让人忍俊不禁。用这种方式，我结交到了几位密友（有一个一直交往了30年），但也失败过很多次。实际上，大部分情况下都失败了，极少能成功。有时，我的开场白会让对方不快。我对这点甚是不解。

那时的我没有意识到：并非每个人都喜欢这种滑稽的表达方式。不是所有小孩都看过"巨蟒剧团"的喜剧；即使看过，也不是每个人都像我一样喜欢。我用我自己的"巨蟒"视角去看整个世界，并没有意识到每个小孩的童年都是不同的，不是所有人都和自己志趣相投。

和我天真的行为一样，很多人事经理在招聘的时候也会犯相同性质的错误。由于他们在某些领域有一些宝贵的经验，所以会理所应当地认为，在相同领域工作过的其他人看待问题的方式会和他们一样，甚至可能会主观地认为彼此的思考过程都是类似的。在面试中，人事经理可能会突然说一些奇怪的话，谈话方式和我的"巨蟒"式开场白如出一辙：

"很高兴认识你！现在请你描述一个情境，在这个情境下，把数据库的表归一化为BC（Boyce-Codd）范式关系模式并不合理。"

如果你喜欢"巨蟒剧团"，而面试官刚好引用了他们剧中的台词，简直就是美梦成真了。如果真的是这样，那就祝你一切顺利，只需注意一些细节即可。比如，当面试官对你说"请这边（这么）走"[2]的时候，不要理解岔了。

不过对于其他人而言，为了与面试官进行轻松随意的交流，是需要花些时间和精力来作准备的。

你可能会觉得我在说需要默契。默契是个绝佳的词儿，它表示一种和谐、融洽、一拍即合的感觉。我在用这个词的时候非常犹豫，因为最近它总是被误读，被认为有伪善的一面，就好像挂

---

① 英文名为Monty Python，是英国的超现实幽默表演团体。下文楷体的两句话均为其剧中台词。——译者注
② 原文"Please, walk this way"是一句双关，既可以表示"请走这条路"，也可以表示"请用这种方式走"。
——译者注

着假笑的菜鸟推销员一样。

然而，如果想展示良好的交流能力，和面试官处在同一立场，并且高效通过面试，那么你确实需要和面试官建立默契。

从面试官的角度思考问题，是建立默契最简单有效的方法之一。如果你知道面试官的动机，就可以建立共通点，很容易就能恰当地回应。不论是从积极还是消极方面来解读这一点，你都可以快速洞察到他所期望得到的答复。

本章会大体介绍寻找编程相关工作的流程，包括以下内容：

❑ 什么能激起人事经理的兴趣，以及如何恰当地调整你的表达方式；
❑ 怎样的简历可以帮你得到一个面试机会；
❑ 如何使用招聘网站；
❑ 了解招聘中介的职能、运作方式，以及如何同他们打交道；
❑ 在不利用招聘中介的情况下，如何找到工作（这是完全可以做到的）。

让我们先来看看，公司雇用程序员的常见原因是什么。

1.1 招聘的原因

毫无疑问，想要雇用程序员的公司都有各自的理由。如果你知道其原因和动机，就可以相应地调整自己的策略。

1.1.1 公司计划扩张

为了跟上业务成长的步伐，很多公司都会制定中长期发展计划，从而需要招聘更多的程序员。随着经济复苏，这类现象会越来越普遍。

1. 面试官的动机和策略

因为招聘的职位是公司长期计划的一部分，所以面试官不会急于完成招聘。准备充分的面试官会有一份职位描述，可能还会有一份适岗者描述，用来与求职者的信息作比较。由于时间很充裕，他们不大可能降低事先定好的招聘标准。虽然他们在现实中可能并不期望面试者能完美符合所有要求，但也不会考虑那些主要条件完全不符的求职者。

2. 你的对策

你应当着重强调自己与职位描述相符的技能和经验，这点很容易做到。

如果技能和职位描述不太符合怎么办？比如，你想要应聘一个.NET程序员职位。很明显，在面试的过程中，面试官会期望求职者具备使用.NET组件库的相关经验，而你恰恰缺乏这方面的经验。当你的职业背景和职位需求不完全一致的时候，你有如下三个选择。

● 弱化差距

第一个选择是弱化技能上的认知差距,包括用其他经验来替代。如果你决定用这个方法,可以这么说:

> "根据我之前的经验,学习一个新组件库的基本原理并不会花费太多时间。作为程序员,我们每天都会面对无数来自开源社区和软件供应商的新组件和新框架。"

你也可以从"学习是工作的一部分"这方面来解释:

> "我热爱编程的原因之一就是可以有机会学习新的技术和平台,这正是这份工作的持续魅力所在。"

用这种方式谈话的最大风险是,你可能会给人含糊其辞的感觉,因此不要过头了。毕竟,招聘条件并不是面试官随便选择的。如果你太过轻视职位需求,可能会无意间陷入和面试官的争论之中,请务必避免这种情况。

● 正视差距

第二种选择是正视差距,如实回答。以"发展机遇"作为阐述重点,简要说明你是如何获得其他类似技能或经验的。

如果你决定正视差距,就需要同意面试官的看法,同时展示学习新事物的热情:

> "我并没有那种技术的相关经验,但我真的很乐于学习它。"

如果面试官固执己见,你可以转移话题,问问团队内的其他开发者是如何学习新技能的:

> "可以大体谈下目前我们团队里的开发者是如何学习新技能的吗?"

面试官举的每个例子对你来说都是机会,你可以借此说明,如果自己加入团队,当然也能采用相同的方法来掌握必备技能。

● 理解职位需求

第三种选择是挖掘面试官的动机,逐步探究职位需求之下的根本目的。

弄清楚职位需求的深层动机之后,你就获得了一个展示自己强项的绝佳机会。不过,使用这个方法的前提是,你必须已经和面试官建立了一定程度的默契,否则你看起来就像是在强词夺理,这是很危险的。这个方法的基本思路是让面试官觉得,尽管你缺乏特定的技能或经验,但是仍能理解并且满足职位的潜在需求。

例如,对于特定的IoC容器(比如微软的Unity),你可能缺乏使用经验。这时候可以问问选择Unity作为IoC容器实现的原因是什么:

> "我知道使用控制反转模式的一些优点。能不能告诉我在你的工作中,微软Unity框架是如何有利于开发的?"

如果回答是促进组件间的松耦合，这就给了你一个机会去谈论自己对依赖注入原则的理解。如果回答是促进更有利于支持单元测试的代码组织方式，你就可以谈谈自己对于重构旧代码来添加单元测试的经验，或者谈谈你对于非IoC容器实现的依赖注入是如何理解的。

如果面试官问了一个很尖锐的问题，或者直接对你的相关工作经验提出质疑，你的回答应该有礼貌并且直率。在很多情况下，当面试官的表达方式很直接时，他希望求职者用同样的方式回应。

> 挑战："我在你的简历中没看到任何有关微软Unity的经验。我们要使用这项技术，所以你不符合我们的工作要求。"
>
> 回应："这是非有不可的吗？"

在这种情况下，回应的原则是把面试官的行为反射回去（参考第3章有关建立默契的内容，其中讨论了这种强大的技巧）。

不论你用哪种方式，请记住，不要总是想着自己不符合某些条件。尤其注意你的回答，尽量保持简明扼要。利用这种表达方式，你谈论得越多，面试官在之后的考量中就越对你有好感。如果面试官一直在强调你不符合条件的地方，而你基本上无能为力，就只能让你的回应保持简洁，并且尽量避免继续在这个话题上纠缠。

1.1.2 特定的项目

公司一旦找到新的市场机遇，可能会迅速组建一个开发团队，推出产品来填补市场空白。争取第一个进入市场，是公司迫在眉睫的任务，商业机会可能稍纵即逝。

1. 面试官的动机和策略

面试官期望应聘者在工作中的抗压能力强，能善始善终地完成任务。有时，招聘很急迫，面试官会放宽招聘标准，并不会要求你的工作经验和职位描述完全相同。尽管如此，你还是不要抱有这种侥幸心理。

2. 你的对策

请注意，虽然你需要尽力展示技能和经验，以便让面试官相信你十分符合公司的职位要求，但面试官也会考虑特定项目的需求。公司很可能会根据项目来调整职位需求，但面试官往往会使用同一份标准的职位描述，然后在面试中再去寻找"亮点"。

你要展示出比平时更大的适应能力。比起那些死抠职位描述的应聘者，你若能迅速了解应聘项目的特点，无疑可以给你带来优势。

很多软件咨询和服务公司常把若干新开发团队整合到一起来响应客户需求。在这种情况下，招聘公司会从特定项目的角度来进行招聘。如果你能展示相关的能力，被录用的机会就会高很多。如果你不确定公司招聘的动机，不妨直接问一下：

> "请问，贵公司为什么要招聘新员工？是因为某个特定的项目吗？"

1.1.3 有员工离职

招聘程序员的第三个常见原因，是有员工要离职，需要补充人力。

1. 面试官的动机和策略

面试官的动机和公司计划扩张情境下的动机类似。他们可能有一定的时限，但又不如为特定项目招聘那样紧急。

这种情形要注意一点：该职位以前曾经有个员工，因此面试官脑中可能会有一份清单（也有可能是书面清单），列出他的优缺点，来确认接替者是否有类似情况。比如，那位员工可能是个细心缜密的人，那么面试官也想知道你是不是也比较细心。

2. 你的对策

很明显，你不太可能事先知道面试官对前任职员的看法，以及他喜欢哪些方面，不喜欢哪些方面。你在面试中能做的，是问问这个职位有什么特殊的挑战，需要具备哪些条件才能胜任，等等。

> "请问，相对于其他程序开发工作，这个职位会面临哪些不一样的挑战？"

有经验的面试官不会主动提供前任职员的信息，但他们会给你一些暗示，来告诉你哪些品质比较重要，比如"团队精神"。如果你问得恰到好处，就会从面试官的回答中得到一些重要线索，继而懂得接下来该如何强调自己的经验和能力：

> "冒昧问一下，您这样强调团队精神，是否因为团队以前的合作出现过问题？"

1.2 同经理谈话

业内流传这样的故事：一个聪明能干的程序员，给所有人都留下很好的印象，结果被提拔成团队领导，当了经理；新的经理再用他出色的交际能力招聘来了更多优秀的程序员。

然而事实往往并非如此。很多在其他方面都很优秀的程序员单单缺乏出色的交际能力，而这些人往往会直接或间接地面试你。

这到底是好还是坏？要看具体情况。有可能意味着你会有一次可怕的面试经历——如果真的是这样，你应该庆幸不必为一个笨嘴拙舌的经理工作。不过，你也有可能从中收获颇丰。不妨这样想：人际交往中，需要找到彼此之间的共同点；共同语言越多，在交流中就越能游刃有余，享受同他人的对话。

那么，程序员（即使经理现在已经不是程序员了）在对话时，都有哪些共同语言？简直太多了。是否曾经耗费几小时甚至几天的时间来追踪一个顽固的bug？你一定有这种经历，几乎可以肯定，对方也有类似经历。你喜欢某种编程语言的哪一点？经理有可能给出相同的答案。你经常访问程序员的网站吗？经理有可能也一样。你有最喜欢的XKCD漫画吗？你访问技术博客

http://thedailywtf.com吗？你最喜欢的编程类书籍是什么？你在闲聊中也顺口说出过技术术语 nullable之类的吧？关于IDE，什么最让你抓狂？看看，你们有许多话题可以讨论。

1.2.1 技术对话——不要有所保留

在面试过程中，你可能会发现面试官不如你想象的那么擅长技术。比如，他可能是做项目管理或者产品销售出身。那么你应该如何应对？不要错误地认为你需要降低对话的专业度，否则面试官将你同其他面试者进行比较的时候，这会置你于不利之地。他可能并不理解你说的每句话，但他对你的印象会被你的用语所影响。举个例子，如果你始终含糊其辞，面试官就很可能会认为你不如其他面试者懂这门技术，因为其他面试者在谈话中使用了简练的技术语言和专业词汇。

如果非技术背景的面试官问了你一个技术问题，那么他期望的回答就是技术性的。面试官的手中可能有一张"小抄"，列出了所有问题和对应的答案。

如果同技术面试官打交道，更不要有所保留，尽可能地仔细回答问题。如果非技术的面试官想让你从非技术角度解释一些东西，你可以用比喻的方法（参阅1.2.2节）。请记住一条原则：你的回答一定要建立在现实的基础上，使用真实名称和恰当术语来作比喻。

1.2.2 使用比喻

有时候，非技术面试官会评估你用非技术语言解释技术问题的能力。对于这种情况，使用比喻是最佳方案。

例如，面试官要求你用非技术语言解释什么是IP地址。维基百科对IP地址的定义如下：

网络协议地址（IP地址）是每个设备（计算机、打印机等）在计算机网络中所分配的一组数字标签，使用网络协议进行通信。

你想到的第一种比喻应该是IP地址很像通信地址。送信需要通信地址，而传递数据包需要有IP地址，因此这种比喻是说得通的。但是，不同国家的通信地址在格式和风格上有所不同，而IP地址则严格遵循全世界通用的一套标准。或许对IP地址更好的比喻是由经度和纬度构成的地理坐标？

比喻能够帮助非技术人员理解一些技术问题，但这种方式并不完美，存在很多局限。因此，使用比喻不要无限度。例如，如果用经度和纬度去比喻IP地址，那么要知道，你并不是想说IP地址是由计算机或网络设备的实际地址所决定的。

1.3 准备简历

一份好的简历能让你通过招聘中介和人事部门的筛选，它就像一块敲门砖，让你有机会与面试官谈论职位职责。不过简历本身并不会帮你获得一份工作，换句话说，人事经理永远不会只凭简历而雇用一个人。

1.3.1　囊括相关关键词，注意上下文

众所周知，大多数非技术性招聘中介会根据关键词来筛选简历，因此你需要确保简历中的关键词和招聘广告中的关键词有所联系。懂技术的招聘经理可能明白有ECMAScript标准工作经验的人对JavaScript肯定也会有深入的理解，但是普通的招聘人员看不到这种联系，除非你在简历中明确写上关键词 "JavaScript"。当然，你也要尽量避免胡乱地在简历中填满关键词，请确保所有的关键词都出现得恰到好处。

1.3.2　文笔要好

文笔差会给你带来巨大的劣势。所写内容一定要简明扼要，你自己（或者请朋友）务必反复校对文字，遇到表述不清晰或文字冗余的情况，要重写或干脆删除。

不知道如何组织文字的时候，我会尝试把想表达的内容讲给朋友听——这非常有效。如果你没有朋友，那就讲给自己听，然后把用到的词汇记下来。不要在意初稿不够好，因为下一步就是修改。行文中展现一些个性不是坏事，但也别做过头了。要记住你觉得有意思的事情，别人可未必这么认为，不要自作聪明地把那些东西全写进简历里，而是在面试时和面试官建立默契之后，再去表达你的个性。如果你把握不好这个分寸，那就用简单直白的写作方式，这比较稳妥。

有些经理不太注意拼写和语法错误，但也有人（比如我）会非常在意。我之所以厌恶这种错误，是因为在多年的代码审查经历中，看到过太多充满拼写错误的代码。文本编辑器都有拼写检查功能，因此，不要忽略那些有红色波浪下划线的文字!

想要写出好的文字需要耗费一些精力，因此不要急于求成，多拿点时间去写作和修改。

1.3.3　对工作经验作出解释

如果你声称具备某种工作经验，或者精通某种技术，招聘经理需要知道你是如何获得的。如果简历中没有说明如何获得了 "5年ASP.NET工作经验"，就会显得虚假。在你声称具有某种经验之后，面试官就会想了解你是在哪里获得该经验的。就我个人而言，就算没有看到这部分内容，也不一定会认为你在撒谎；但这毕竟对你非常不利，特别是我手里还有其他简历，而别人清晰说明了这些工作经验。

如果你声称擅长某件事情，就应在工作经历和教育经历中有所体现，尽量明确、详细。同时也要明白，在当今的社会，职位和头衔没有什么意义。"数据分析师"有多种含义，并不一定代表具备某种分析技能；"网络开发者"可能是具备编程技能的人，但也有可能是只会使用

Photoshop的人；"程序员"应该是会写代码的人，但我也见过只用下拉菜单做系统配置的人挂着这个头衔。你需要描述清楚自己掌握的技术，以及你是如何运用这项技术的。

1.3.4 不要听信"简历不能超过两页"的建议

只有当招聘人员专注度不高或是根本不关注简历细节的时候，才需要控制简历长度。不要盲从"简历一定要短"的建议。如果你有丰富的工作经验，就应该全部体现在简历上，作为一名招聘经理，我很乐意看到这些。更重要的是，你丰富的工作经历，应该引以为傲，不要羞于表达。

这并不是让你什么都往上写——别忘了简历要简明扼要，措辞和行文一定要尽量简洁高效，巧用关键词和总结。

1.3.5 着重强调招聘广告中的技能

着重强调招聘广告上的相关技能没有任何问题。作为一名求职者，我花了很长时间才明白这个道理：根据不同职位强调相应的技能是一个非常明智的做法。我曾经认为这是要小聪明的手段，但现在再也不会这么想了。以招聘经理的角度来说，如果一份简历清晰地展示了符合职位描述的技能，这份简历就会比那些内容混乱的简历更具有吸引力。

换言之，强调相关技能对求职者和招聘人员都有利。

如果你在很多领域都有工作经验，就可以考虑多写几份简历，分别强调不同的工作经验。譬如说，你可以用一份简历突出数据库相关的工作，另一份简历则展示你的业务分析技能，根据招聘岗位投送不同的简历。这么做的好处是：看到招聘广告，你可以快速申请，而不必回头重新修改简历。

1.3.6 工作经历间不要留有情况不明的空白期

在简历中，不要让经历间留下空白期，特别是很长的空白期，这会让人觉得你心里有鬼。如果你在非洲做过志愿者，这非常棒；如果你曾经回学校重新读书，或者践行某个创业计划，甚至回家去带小孩，这都是非常好的事情，没有任何问题。你只需证明自己可以胜任这份工作。当然，在某些情况下，如果你有空白期，可能薪水会少些，但明智的雇主会把这种情况看成是一种机会，而不是什么麻烦，而且他也明白个人生活经历同样是有价值的。

1.3.7 "读书、听音乐、看电影"

在我翻阅过的数百份简历中，估计80%都有"个人爱好"这一项，而其中80%都还有这么几项：读书、听音乐、看电影。

如果你的爱好也是如此，真的不必在简历中加上这一项。如果你是投圆片游戏（Tiddlywinks）

的世界冠军，那才有点炫耀的资本。通常来说，不要在简历的犄角旮旯里写一堆没用的爱好来展示你的多才多艺。最好在简历的其他部分中，以个人经历的形式来透露个人爱好，或者在后续的面试中展示你的爱好。

假如你曾为某个非盈利组织或者慈善公会做过技术支持，那么这种经历应该写进简历。我认识一位曾经帮助过贫民区孩子的人，作为招聘经理，我对这类经历非常感兴趣。任何能展示热情、无私等崇高品质的经历都可以写进简历，但要避免过于枯燥。如果你觉得这部分内容过于牵强，那就不要写了。

1.3.8 条理清晰

通常来说，简历的结构一定要尽量简单、有条理，以便招聘者快速阅读。简历的主要作用之一，就是让其他人能够逐条清点你的哪些技能和经历符合职位需求。我建议你在简历的开头部分好好写一个概要，要包括你的主要技能和经历；接下来是主要工作经历部分，以时间顺序详细描述你的工作经历；再往下是其他经历部分，可以包括志愿者或公益活动经历；最后一部分应该是教育和培训经历。

简历的每一页都应该包含你的联系方式：姓名、电子邮箱和联系电话，可以放在页眉或者页脚。联系方式不一定要多么吸引眼球，不过要保证招聘人员在想要联系你时能够轻松地找到你的联系方式。

1.3.9 应届生简历

由于相关工作经验比较少，你需要列出做过的（在校和校外）项目以及自己的职责，以此来展示你的专业能力。如果你是项目带头人，起到了非常重要的作用，解决了非常困难的问题，或者设计了一个复杂的组件，那么请把这个经历当作一项成就放在简历显眼的位置。如果有人评估过你的工作，或是从中得到了帮助，加入他们的评价会使简历的可信度更高。

1.3.10 工作经验过多的简历

有工作经验是非常好的，没有什么比工作经验更有说服力。然而，工作经验过多，别人也会有不同的看法。如果你在一家公司工作20年不跳槽，别人可能会认为你没有遇到过职业挑战。但实际上，在这20年的时间里，你战胜了很多难以跨越的困难，这些应该在工作经验中着重强调。在每条经历的下面，还应该包括如下的副标题：

- ❑ 由你负责的重大项目；
- ❑ 承担的各种任务或主要职责；
- ❑ 曾经应对过的机构变动。

1.3.11　回归职场的简历

如果此前你曾经离职，去抚养孩子、旅行或深造，那么你完全没必要隐瞒这些。在简历上把当时离职的原因写清楚，一句话就足够了。在工作空白期，如果某些方面的技能有所退化，也要如实相告。

不论你是因为公司裁员而失业（公司因为经济问题而缩减人员），还是被老板开除，都应该在简历中如实描述。你不必使用诸如"解雇"（如果有过这种情况）之类的字眼，但也不要隐瞒事实或者声称自己是主动离职的，招聘经理对这种小伎俩非常敏感。相信我，如果招聘经理觉得你弄虚作假，你是不会有任何就职机会的。

裁员经常发生，人们也偶尔会被解雇。在简历上如实地简单讲明，是这种情况下的最佳策略。

如果是被解雇而离职，可能你会失去一些机会，现实就是如此。在简历中避免使用"解雇"这类字眼，是我能给你的最实用的建议。当被问到为什么离职的时候，要有一份准备好的合理答案。好的答案大体是这样的：

> "由于和团队领导意见不合，我被解雇了。我用了他不同意的一个方案，之后我们就彻底决裂了。这经历让人很痛苦，但我也从中学到很多。"

说到被解雇，你可能会情绪比较激动，这是很自然的事情，但有件事一定要记住：不要对前任雇主有任何怨言。即使面试官主动提及前任雇主，也不要这么做。通过你叙述的事实，面试官可以自己得出结论。

从这个角度来想：如果你在面试中表现得镇定、稳重、理智，那么面试官自然会乐意相信你的故事；如果你很情绪化，口无遮拦、无所顾虑，面试官则会更倾向于同情你的前任雇主。

这种问题比较麻烦，请务必提前思考如何回答，它一定会在面试中出现的。

1.3.12　简历的常见错误

"千里之堤，溃于蚁穴"。招聘经理对你的第一印象是通过简历形成的。在一开始，你的简历会和其他简历摞在一起，大部分招聘经理会从这一大摞简历中筛选出一批简历。因此，他们必须有一些过滤方式。在其他条件相同的情况下，简历中细小的错误可能会导致被拒。接下来，我们来看一些你需要尽量避免的常见"小错误"。

1. 拼写和语法错误

多处拼写和语法错误可以毁掉一份其实很优秀的简历，这种情况经常发生。请确保你校对过自己的简历，最好请一位细心的朋友帮你检查。如果英语不是你的母语，即使花钱也要请一位母语是英语的人来帮你审阅简历。

2. 成绩描述含糊不清

描述自己的成绩的时候，记住两个原则：第一，一定要具体；第二，要以他人能理解的方式来描述。例如，你发现并修复了一个框架组件的性能问题，但有些人并不熟悉这个组件（所使用的技术）。如果你能说清楚组件的性能究竟提升了多少，而不是你用了什么技术，就会更容易给别人留下深刻印象。与其描述如何实现一个排序算法，不如多谈谈"200%的系统性能提升幅度"。等到了面试，你还会有足够多的机会去展示你的专业水平。

3. 排版混乱

在所有的错误中，发现和修改排版问题最为简单。把你的简历拿起来（不用阅读内容），扫视页面，看能不能找到简历的重点。如果找不到，那就说明简历不是排得太密就是排得太空！第一眼看到的不是简历所表达的重点，说明简历的结构不够好。

在你想重点表达的文字旁边留出足够的空间。不论如何，都不要用小号字体来试图放入更多信息，那会让页面显得很拥挤。

4. 电子邮箱格式不规范

对于"jojo_2hot4u@hotmail.com"这类邮箱地址，不论你的朋友觉得多酷，都不要把它写在简历上。试想，陌生人看到这样一个邮箱地址会怎么想？要知道，他只能通过简历的表达方式来形成对你的初步印象。

除非你的名字拼写和热门域名一样，否则购买同名域名并不贵，空间的维护成本也不高。"名@姓.com"或者"@姓名.info"格式的邮箱地址都是可行的。

如果你不想花钱购买域名空间，可以考虑注册一个相对"专业"的电子邮箱。网络上有很多免费的电子邮箱供应商，比如谷歌和雅虎。

1.4 使用招聘网站

所有招聘网站的功能都类似：你能上传简历，让雇主（和招聘人员）可以搜索到；你可以浏览、搜索职位，订阅新发布职位的邮件通知，还可以在线申请职位。

这些网站对应聘者一直都是完全免费的，它们汇集了数量庞大的企业用户群体（招聘人员和雇主）。统计表明，相对于传统的简历投递方式，利用招聘网站，潜在雇主看到你简历的几率会高很多。

这些网站的搜索功能非常有用。比如，你可以添加工作地点、工资、职位级别等限制条件来进行搜索。

招聘网站上的简历浩如烟海，你的简历很有可能没有人注意。加入到寻找工作的洪流之中，想让自己的简历脱颖而出更是难上加难。投出去的简历石沉大海，你别提有多沮丧了。

不幸的是，稍加留意就能发现一个事实：招聘网站上几乎所有的招聘广告都是中介发布的。这意味着你几乎不可能直接同雇主打交道。有时候（这种情况相当少），如果中介对你的简历特别感兴趣，就可能为你量身定做一个求职方案。然而在大多数情况下，这些中介往往是横亘在你和面试官之间的一座大山。

另外，有些无良中介还经常伪造一些招聘广告发布到网站上，这在某种程度上影响了招聘网站信息的可信度。这些中介以此来搜集求职者的简历，然后把这些简历整理一下就转手卖给相关客户。这种情况可能并不常见，但也别天真地认为这永远不会发生。

要提高警惕，在你申请了一份"完美"的职位之后，如果长时间没有回应，就不要浪费太多精力了。这份工作可能压根就不存在，是中介伪造出来的。

主要招聘平台的比较

所有招聘网站的操作方法都差不多，优缺点也类似，因此可以依照个人喜好来选择使用哪个网站。通过表1-1和表1-2，你可以看到哪些网站发布的程序员职位比较多。我用的搜索关键字是"程序员或软件工程师"，职位发布时间限制在7天以内，搜索日期是在2012年6月。

表1-1　美国主要招聘网站

网　　站	职位数量
CareerBuilder.com	1950
Monster.com	1000+
Jobserve.com	718
ComputerJobs.com	685
Dice.com	152

表1-2　英国主要招聘网站

网　　站	职位数量
CWJobs.co.uk	3018
Reed.co.uk	2439
Jobserve.co.uk	930
Monster.co.uk	531

1.5　招聘中介

招聘中介的职责是帮雇主寻找合适的人选来填补职位空缺。最初，所有中介都会对你的职业前景表现出浓厚的兴趣，但他们到底能出多少力，则取决于你在招聘市场上抢不抢手。如果他们手里没有适合你的职位，那么你跟他们可能就只有一面之缘了。

几乎所有中介都是靠碰运气的方式来运作的。当推荐的人选被录用之后，他们会向客户（雇主）收取一定比例的酬金，而酬金多少跟被录用者的工资是有关系的。如果中介没能为雇主解决职位需求问题，就不会得到任何报酬。不同招聘中介收取的费用差别很大，但通常是新职员第一年薪资的10% ~ 30%。这看起来像是个工作量不大却很赚钱的差事，但实际上这个收入是非常不稳定的，何况雇主也愿意花这个钱，中介的要价自然有他的道理。

求职者通常不需要付钱给招聘中介。如果有人让你交钱，就一定要多加警惕。

为了得到酬金，中介会在很多招聘网站上发布招聘广告，也会利用自己的数据库来搜索与雇主要求相匹配的求职者。大部分招聘人员也会通过自己的关系网来传播各类招聘信息，希望能藉此吸引到合适的求职者，然后引荐给自己的客户。

有趣的是，中介公司中负责招聘软件开发人员的人往往自己没有直接的软件开发经验。在雇主和程序员之间周旋，他们的角色完全是销售和市场拓展人员。当然，也有些资深中介懂一点基础的编程词汇，这让他们看起来不至于显得太外行；但你是程序员，同他们打交道的时候，你会发现总得向他们解释一些非常基本的技术常识。你需要记住的是，虽然中介可能不懂技术，但你对他们说的话会被原封不动地转达给潜在的雇主。为了避免中介胡言乱语，最好不要谈论太多有关工作经验的细节，把这些信息留到同雇主交谈的时候再去表达。好的中介会有选择地把与招聘职位相关的工作经验传达给雇主，他们知道自己缺乏技术常识，因此得到雇主反馈后，会记下有关技术的问题，然后原封不动地传达给你。如果你发现某个中介"瞎编"你的工作经验（有些真的会这么做！），那最好立刻和他们分道扬镳，他们不仅无法帮你找到合适的工作，甚至还会破坏你的名声。

在把你介绍给雇主之前，有些中介公司会对你提前面试。面试过程会非常有趣，他们一点也不懂你简历中的技术内容，却爱问那些技术相关的问题。也有些中介比较务实，知道自己没什么专业知识，于是就只问一些普通的问题，比如你的工作动机、个人理想、出勤率、病假记录等。值得注意的是，除了你的专业知识和工作经验，中介还想了解你的个性，以此来推测你和哪位雇主合得来。这是中介公司"挖掘亮点"的方式之一，但这种由主观判断形成的印象并不可靠。

如何有效地同中介打交道

中介是从雇主那里拿报酬的，因此他们帮助你的动机取决于他们是否看好你的前途。同中介打交道，不论他们提供的职位多么诱人，都不要带太多个人情绪。当然，不论中介公司看起来多么高效，都不要把自己束缚在一家中介公司上。

另外需要注意的一点是，中介的角色是求职者和雇主之间的中间人，你说的每一句话都会被传达到雇主那里。虽然你需要说服中介，让他相信你的证书和经验都是真的、有价值的，但也可以在不利于求职的信息上有所保留。你不应该回避一些明显的问题，比如换工作间隙的空白期，但也别主动展示负面或者"复杂"的信息，因为有可能会被中介曲解后传到雇主那里。

在等待反馈期间，如果中介迟迟不通知你，就不要把时间浪费在焦虑的等待上。如果他们有反馈，一定会马上通知你。要知道，如果你得不到工作，他们也别想得到报酬。另外，中介其实也是任雇主摆布的，因此他们和你一样，在等待通知的期间也非常煎熬。同中介保持联系没坏处，打电话的频率保持在每周一次就行，来确认中介没忘掉你，同时也可以展示自己求职的热情；不过一直催促中介是毫无用处的。

1.6 自己搜索职位

如果不依靠中介公司求职，那么可以自己寻找职位、联系雇主。这件事并不如你想象中的那么难，毕竟大多数雇主恨不得全世界都知道自己的公司在招聘。很多公司的网站都会刊登招聘职位的广告；大公司可能和很多招聘中介有合作关系，或者人事部门有一支优秀的团队负责所有招聘事务。但我还是要再三强调，大多数招聘经理都欢迎合适的求职者毛遂自荐，只要注意联系时要体现出对人的尊重，内容也要尽量个性化。

如果你直接同招聘经理打交道，你的申请可能会被转移到人事部门处理。不必因此而沮丧，招聘经理很可能是出于公司"效率和公平"的规定而这么做的。除非你觉得自己不受欢迎，否则在人事部门处理申请的期间，也要同招聘经理保持联系。请记住，在你成为公司的正式员工之前，公司的规定并不适用于你。在沟通过程中要保持尊重和坦诚，不要因为公司的形式化流程而失去耐心。

有一点一定要注意：不要发送无意义的信件或电子邮件。对雇主来说，这种做法和那些恼人的中介没什么区别。这些中介总是发送各类"难得的机会"和"热门求职者"的垃圾邮件给雇主，因此雇主对这类邮件早就没感觉了。在给雇主写邮件的时候，你的内容应该尽量个性化，不要用"敬爱的某某"这种死板的信件格式，而是直接说出你的求职动机。如果你没有好的想法，可以问自己几个问题：我用过这个公司的产品吗？公司业务的发展潜力怎么样？我有没有从朋友或者新闻里听说过这个公司的趣事？

寻找雇主的最好方法是利用你的关系网。也许你够幸运，多年的经营已经有了很大的社会关系网；也许（更有可能）作为一个程序员，你的社会交际面比较窄。众所周知，人脉资源是巨大的财富，特别是在求职期间，作用巨大。但是我们中有多少人（包括我）具备这种财富呢？我们都不愿意把时间和精力浪费在拓展和经营人际关系上。

如果你没有广阔的社会关系网，因为你是（我就直言不讳了）一个腼腆的人，也不要绝望，下面的内容就是专门为你准备的。老实说，我真希望我年轻的时候就能遵循这些建议。

1.6.1 内向者的关系网

你会发现很多讲人际交往的书中大部分建议都有一个问题：都是外向者写给外向者看的。同很多其他程序员一样，如果你不是天生的外向者，那么这些建议都是没用的。更糟糕的是，如果你做不到书上那些"简单又有效"的事情，就会有负罪感，并且自尊心受挫。

不要自责，相反，作为内向者，要发挥你的优势。

内向者通常善于思考，喜欢花大量时间来思考问题，而不是谈论问题。准备和人沟通的时候，这个特质是内向者的最大优点。如果你想要和某人取得联系，准备一些深思熟虑的问题来问他。大多数人都喜欢谈论自己，并且同他人分享自己的见解。这并不是在批评人是自私的，而是源于人类心理学：分享个人经历是人际关系中的基本要素。在恰当的时间，提出有深度、开放式的问题，可以避免冷场，让人与人的相处有一个完美的起点。

内向者更喜欢同人一对一交流，不喜欢在众人面前说话，而从意见交换和关系建立的角度来说，一对一交流恰好是最有效的方式。寻找一个可以一对一交流的环境，即便在公共场合也是一样。出人意料的是，微博的公共空间是内向者进行一对一交流的良好环境。140字的限制对喜欢思考的人来说完全没问题，他们可以用简洁的语言来取代冗长、复杂的对话。拥有粉丝之后，你既可以直接回复他，也可以给他发私信。本章稍后会介绍这些，你可以学习如何使用微博和其他社交工具。

很多内向者对于发展关系网这件事都有点胆怯，这完全没有必要，就把它当作一个游戏就行。游戏的目的是同人打交道，建立有意义的合作关系。对于内向者来说，这个游戏最难的部分就是，"交际原则"是捉摸不透的，内向者非常想知道"具体怎么做"，"我是否正在建立关系网"。如果你性格内向，就会一直胡思乱想、心烦意乱："我下一步到底该怎么做？"如果你是外向者，那么这些想法都不是问题："我想怎么做就怎么做！"（外向的读者可以跳过这部分内容。想看一下也无妨。）对于内向者，下面的速成教程可以教会你如何建立关系网。

- ❑ 列出所有潜在联系人。
- ❑ 按照从"最想交往"到"最不想交往"进行排序。
- ❑ 从头逐一思考哪些问题对其来说很有趣，把问题列出来。
- ❑ 在合适的环境下，向5个联系人询问对应的问题（超过5个可能有点难，这取决于你的个人能力和精力）。
- ❑ 当对方有回应的时候，与之交流，建立联系。
- ❑ 持续添加联系人到你的列表中，保证一直有5个新的潜在联系人。
- ❑ 不断重复！

最后，如果你发现人际交往太分散你的精力，就要注意调整自己的步调。拿出时间去思考和总结社交过程中的信息，通过这种方式来准备下一次交际机会，这样才能建立并维护好你的关系网。这个过程就像马拉松赛跑一样，不要急于求成。

1.6.2 寻找雇主

潜在雇主其实到处都是，不幸的是，很多雇主都不假思索地把招聘任务完全委托给中介，或者（公平地说）他们只是根本不知道有什么好方法，因此只能依靠中介。

请从招聘经理的角度来看招聘这件事：一个合适的求职者直接同公司打交道，这难道不好吗？这难道不会节省很多时间和金钱吗？太正确了，就是这样！这里有一些渠道，可以帮助你把潜在的雇主挖出来：

- ❑ 你的个人社交网络，包括Twitter、Facebook和LinkedIn；
- ❑ 本地的公司名册；
- ❑ 大型招聘会；
- ❑ 招聘网站，只搜索由雇主发布的广告；
- ❑ 用"职位"和"招聘公司名称"进行搜索；
- ❑ 专业性的杂志期刊。

找工作不要遮遮掩掩，把你的网络个人介绍改成求职中，说不定就有人会注意到。

1.6.3　接近雇主

对很多求职者来说，在完全陌生的状态下接近潜在雇主可能是最困难的事情。如果条件允许，请其他人（不是收费的中介）帮你介绍雇主认识是非常好的方法。如果你有LinkedIn，可以看看有没有人能帮上忙。当然，也要问问身边的人，利用到所有的社会关系。你可能听说过"六度空间"理论：每个人都可以通过约6个人认识到其他任何人。

如果没有关系渠道认识雇主，你就需要直接同招聘经理联系。不要害怕，这种方式没有任何问题。你要做的第一件事是查询尽量多的信息，包括公司、意向部门，以及影响和决定招聘的人物。请注意，我说的是"尽量多"，而不是花大量的时间调查公司底细。时间分配要合理，几个小时就足够了。在这期间，你可以得到所有有用的信息，对于公司的结构和决策者也会有一些深入的了解。

显然，通过频繁浏览公司网站，你能查到大部分需要的信息，至少能找到一个联系电话。直接打电话，不要隐瞒身份，开门见山地表明自己是求职者，并询问接线员能否帮忙。你只需简单介绍自己，如果足够坦诚，大部分人都会乐于帮助你的。很多前台接线员和你（求职者）的立场都是一样的，对求职者有同情心；但是你要小心，如果你有任何欺骗或隐瞒的迹象，你们的对话时间就不会太长。我坐在接线员旁边的时候，见过太多这种情况：公司会接到销售人员和中介打来的没完没了的骚扰电话。对于这类电话，大多数接线员养成了一种非常敏锐的直觉。如果一位没有经验的销售人员请求接线员把电话转接到软件开发经理那边，原因是想谈一个"商业机会"，那么毫无疑问，接线员不会转他的电话，他的信息只会被记上便签，而且会被很快丢弃。不要让这种事情发生在你身上！

我不建议你通过电子邮件的方式和公司建立第一次联系。回忆一下，你第一次收到莫名其妙的邮件时是什么感觉？所以，你需要拿起电话，同相关人员直接对话。第一个电话的目的非常简单，你需要知道是谁负责招聘程序员，还有他的姓名和联系方式。如果够幸运，你还能了解到公司结构以及招聘需求。如果无法得到这类信息，至少要拿到招聘经理的姓名和邮箱地址。如果第一次通话顺利，你可以询问接线员能否帮你向招聘经理转达信息：我是个软件开发人员，正在求职，希望有机会与你交流。不必担心信息没有传达到，虽然确实有这个可能，但更有可能的是，这条信息可以直接让招聘经理认识你，你不必费力去找关系。

1.6.4 坚持不懈

实习销售人员在接受培训的时候，会将一个理念深深印入脑海：不断坚持一定会有所回报。坚持是一把双刃剑，它确实可能带给你回报，但也可以坏了你的名声，给你贴上"狗皮膏药"的标签。坚持和纠缠只有一步之遥，但有一个基本原则：当你第一次遇到挫折的时候，不要放弃，这就是坚持。

这可能意味着你需要多打几个电话来得到想要的信息；可能意味着你需要发送几封后续邮件来确认情况，而不是胡思乱想；也可能意味着你的邮件被不小心归入了"垃圾邮件"，需要直接向招聘负责人邮寄一封信（不论是哪种情况，我都十分推荐这个方法）。最后，你必须评估自己的行为有没有触碰到"警戒线"。请记住，如果你一直保持礼貌、谦虚、坦诚，对方就没有任何理由视你为"狗皮膏药"。

1.6.5 把握时机

媒体会报道很多大公司的有关新闻。如果你想加入大公司，就应该多注意这些新闻，特别是有关公司扩张计划的新闻。例如，很多上市公司会在获得大合同之后大肆宣传。看到这些新闻之后，可以提交（或者重新提交）一份职位申请。这样，获得有利反馈的几率会上升。如果在其他时间提交简历，回复可能就是"目前无合适职位"了。

另外，大多数公司的扩张计划是与财年吻合的。如果你发现财年开始了（上市公司的这类信息都是公开的），公司的招聘流程也会随之启动。趁此期间递交职位申请，你被录用的几率就会更高。

1.7 其他途径

你若常上网，一定听说或使用过几个社交网站。下面会介绍一些流行的社交网站，告诉你如何利用社交网站去寻找一份程序员的工作。

1.7.1 Twitter

Twitter是一个供用户发布和交换信息的社交网站。这些信息被称作"状态"，字数限制在140字以内。Twitter声称有超过1.4亿的活跃用户，这些用户每天会发布3.4亿条状态。

当你在Twitter上寻找潜在雇主的时候，不要忘了大多数人使用Twitter的目的并不在此，而是为了同他人分享好玩的事情、有趣的想法、有用的信息。人云亦云和不带个人色彩的乏味内容，不会使你的Twitter账号有太多粉丝。为了让你的Twitter变得有趣，你得跟随潮流，多分享自己的观点。不要在乎你的观点受不受欢迎，不要把那些不受欢迎的观点（如果有的话）藏起来。正相反，要多表达你的想法，在互相尊重的基础上，怎么想就怎么说。满世界给别人发送你账号的网址链接不会给你带来多少粉丝。

如果你是个Twitter菜鸟，先花几天时间多读读其他人的状态。观察哪类状态最流行，被转发次数最多，也要注意哪类状态很冷清，没人愿意看。

虽然花钱就能买一些粉丝，但我不建议你这么做。你买的粉丝对你根本没兴趣，你发的状态他们也不会看。也可以买刷粉丝的软件，这种软件可以自动添加关注和取消关注，这样你就能拥有大量的粉丝了。你可能觉得这个东西很有用，可以小小地满足一下虚荣心，但我同样不建议你这么做。自动操作的账户其实很好与真实用户区分：它们关注你之后，如果你没有关注它们，它就会很快会取消关注。Twitter中的人际关系和现实中的人际关系很像，没人喜欢跟机器人打交道。你真正想要的是同人们建立真实、有意义的联系。

我们来总结一下你应该怎么做。

正确做法：

❑ 参与到同他人的讨论中来，包括转发那些你认为有趣的状态；
❑ 更新你的个人资料，包括目前的求职状态；
❑ 在个人资料页面中添加一条简历的链接（更好的方法是公布你的个人网站网址，这样对方就能找到你的简历，同时也能看到你写的文章）。

错误做法：

❑ 发布不道德或者有攻击性的状态（包括转发这类状态）；
❑ 只发布和找工作相关的状态，毫不谈论有意思的话题；
❑ 关注非常明显的"垃圾账号"和"自动回粉账号"——是的，这能让你的粉丝数量飙升，但同时也让你的账号看起来非常不靠谱。

1.7.2　Facebook

Facebook大概是最出名的社交网站了。你可能看过《社交网络》这部电影，知道Facebook在全世界的普及程度。

Facebook的普及是一把双刃剑。某位雇主可能拥有Facebook账号，通过他的页面，你可以获得一些有关公司文化和理念的信息；但另一方面，雇主也能看到你的页面，因此你曾经发表的一些负面信息可能会对你有不良影响。你可能也听说过，美国联邦贸易协会指控过Facebook"欺骗用户"：Facebook声称会保护用户的隐私，但却不断地跟人分享并公开用户数据。他们最近达成了谅解协议，你可以认为这会更好地保护Facebook用户的隐私；也可以持怀疑态度，认为除非有外部条例的约束，否则Facebook不可能重视用户的隐私保护。

Facebook的隐私保护还有另外一个问题。据媒体报道，有些雇主和研究机构与Facebook有合作关系，会请求Facebook给他们访问用户数据的权限，以此来寻找合适的员工和学生。这种行为的对错不好判断，即使合法，也是说不通的。很多求职者都很不喜欢这种行为，至少很多用户在发布信息的时候，为了保护隐私，都会有所保留。

总之，Facebook是个非常棒的社交网站，但并不太适合求职者。

1.7.3　LinkedIn

如果你只能选择一个网站寻找编程相关工作，最好的选择是LinkedIn。和其他社交网站不同，LinkedIn的定位非常明确，专攻职场和招聘领域。毫无疑问，LinkedIn是专业人士之间交流的平台。

> **LinkedIn** 的任务是让全世界的专业人士都能建立联系，让工作更加高效，更加成功。

使用LinkedIn的理由一目了然。你可以同其他人建立联系，加入感兴趣的讨论组，及时更新自己的工作经历，偶尔发布一下最新状态。你还可以通过发送InMail的方式，直接同其他LinkedIn用户交流。这种方式非常方便，不知道对方其他联系方式的情况下也可以完成。

LinkedIn还是个展示推荐信的好地方，来自同事和商业伙伴的推荐信都可以显示（或隐藏）在你的个人资料里。

如果每个月缴纳一定的费用，求职者还可以享受LinkedIn提供的更多附加服务，包括：

- ❑ 可以发送5个InMail，对象没有限制，可以是任何LinkedIn用户（一般只能发送给人脉圈里的人）；
- ❑ 可以看到谁查看过你的资料（一般只能看到一部分）；
- ❑ 你的资料上会有"求职者"徽章，这是可选的；
- ❑ 通过LinkedIn申请职位的时候，你会被作为"特殊申请者"对待，你的简历会排在申请列表的前面，因此职位发布者可以优先看到你的资料；
- ❑ 你的个人页面上会显示"OpenLink"图标（可选），招聘人员可以（事实上，任何LinkedIn用户都可以）通过它给你发送信息。

1.7.4　博客

如果你想和潜在的雇主建立联系，写博客是个相当有效的方法。如果你写得不错，并且内容有趣，就会有很多人关注你的博客、订阅你博客的RSS。久而久之，你就能拥有一批固定的读者，这对求职者来说是巨大的优势。

当然，这是理想的状况。

而现实则是，很多博客一开始规划得很好，但在一阵热情之后就陷入沉寂了。为什么会这样？因为写作需要花费大量时间，积累读者也需要很长时间，拥有数量庞大的粉丝群需要数月甚至数年的时间。

如果你经常使用Twitter等社交网站，那么写不写博客就没那么重要了，因为你在社交网站中发布的那些内容完全可以取代博客。如果没有，就得问问自己有没有时间去经营一个博客。写博客文章需要用心，否则不会拥有太多读者。

开通博客非常简单，很多网站提供免费的博客服务，但我不推荐你这么做。最好使用自己的域名，空间也从收费供应商那里购买，这会让你的博客显得非常专业。更重要的是，这可以让你对博客的管理和内容拥有完全的控制权。如果你使用免费的博客服务，就会给人以"不专业"的印象。比如，有些免费博客网站会给你的博客强制添加一些不相关的广告。类似地，如果你在知名社交网站上写博客，对于内容的控制权就没那么高，因为在你注册的时候，网站有协议（你必须同意才能注册，记得吧）限制你页面的内容。最极端的情况是你压根无法写任何内容。

如果你决定开通一个博客，可参照下面这些建议。

❑ 为博客选择一个与职业相关的主题。程序员们都很幸运，因为有太多的主题可以选择。不要让博客充满不相关的内容，一个专注的博客才更有可能吸引忠实的读者。

❑ 使用收费的网站空间，购买你喜欢的域名。

❑ 为你的写作制定一个合理的计划，要有规律。这样你才可以长期保持写作的习惯。

❑ 写作计划应该尽量灵活。如果有特殊情况（比如休假或生病），要给自己留出缓冲的时间，暂停写作。

❑ 使用博客软件。如果你不知道哪款博客软件好用，我推荐你先用WordPress。

❑ 允许读者评论你的博客文章。是的，这会带来很多垃圾信息，但让读者参与讨论的好处远远大于过滤垃圾信息要花费的时间。人们都喜欢被倾听，因此不要忽略评论。

1.7.5 Stack Overflow

遇到难题的时候，大多数程序员喜欢通过网络搜索答案。很多人都发现，答案可以在Stack Overflow上找到。Stack Overflow是个较新的网站，但已经成为了程序员聚集的圣地，具有丰富的资源。大多数程序员应该都听说过Stack Overflow，而且已经访问过很多次了。

很多人可能并不知道，Stack Overflow最初是从programming Q&A网站分离出去的，而且也为雇主和求职者提供招聘服务：http://careers.stackoverflow.com/。

这个网站的使用方法和其他招聘网站类似：你可以提交个人资料，这样雇主和招聘者就能通过关键字和所处地区搜索到你的信息。http://careers.stackoverflow.com的独特之处在于，其用户数据和Stack Overflow是共享的。如果你回答过Stack Overflow上的问题，你的个人资料就能显示出很多相关信息，包括"最佳回答"以及各项技术讨论区下的得分。

如果你在Stack Overflow上参与过讨论，这能不能给你的求职加分呢？这取决于雇主的态度。懂技术的雇主可能会很看重这一点，有的甚至会浏览你的发言记录（包括你提过的问题），这样就能知道你的交流风格和表达能力。还有一些雇主并不关心你在Stack Overflow上的发言记录，他们关心其他东西。比如，相对于工作时间，你花在网站上的时间有多少。如果你花的时间非常多，雇主就可能认为这是一个问题。如果有后续的电话或者个人面试，你必须提前准备如何应对这个问题。如果你是利用离职时间泡在Stack Overflow上，这可能就没关系了，但最好还是考虑一下这个问题，保证被问到的时候能够从容回答。

1.7.6　Skills Matter项目：“寻找你的师傅”

程序员求职的方法有很多种，除了那些常规的方法，还有一个有趣的方法，那就是位于伦敦的培训公司Skills Matter的项目：“寻找你的师傅”。

基本流程是这样的：雇主花钱为公司预约一个交流会，观众可以免费参加，并且全部都是程序员。

这种活动看起来和传统的招聘会差不多，但存在一个本质区别。由于观众基本上都是在Skills Matter上听说这个活动的资深程序员，会议内容会更加专业。雇主不会宣传企业的丰功伟绩，而是更关注于技术和公司独特的编码环境。讲座的人一般是公司的技术总监，而不是人事部门的员工。

根本上来说，“寻找你的师傅”和其他类似项目都是为有上进心、有能力的程序员服务的。如果你认为自己是这种人，并且离伦敦不远，那就可以考虑参加这类活动。

如果你的住址远离伦敦，可以联系自家或目标公司附近的程序员培训公司，看看他们有没有类似的活动。

第2章
自信地应对电话面试

有一次面试的时候，我差点用橡皮筋击中面试官的脑袋。当时我正在紧张地摆弄一根橡皮筋，一不小心就弹了出去，直接飞过他的头顶。不知为何，他并没有注意到。这有些好笑，舒缓了我紧张的神经。

玩橡皮筋缓解紧张情绪的方法对我非常有用，但我不建议你这么做，因为你的瞄准技术不一定和我一样好。

拿起一本有关面试的书，翻到紧张情绪处理的章节，就能找到很多看起来非常有用的建议，比如，注意调整呼吸，想象面试官只穿着内衣，想象身边有朋友陪伴，等等。

如果这类建议对你有效，就按照书上说的做。但是如果你试过那些方法，却不奏效，那么就请看下面这些专门为程序员准备的方法。

要知道，程序员是个很特殊的职业。如果没有项目经理、测试工程师、文档专员、业务分析师、系统分析师，甚至交互设计师和架构师，程序员仍然可以自己写代码——当然，代码质量不一定有保障。所以，我想表达的重点是：在团队中，程序员的责任是写代码，而其他人的责任是辅助程序员写代码。

你能想象一个没有程序员的团队吗？缺乏程序员的团队只能制造出一系列漂亮的幻灯片，或者一堆让人眼花缭乱的程序界面，但若想让程序运行起来执行一系列指令，就必须有程序员来写代码。

请牢牢记住这一点。

需要记住的另外一点是：优秀的程序员非常稀少。有时候，你会觉得自己在和数百名程序员竞争，但你有一个非常大的优势：你是一名优秀的程序员，或者有成为优秀程序员的欲望。这点可以让你鹤立鸡群。

我不录用一名程序员的原因可以有很多，但我最关注的永远是程序员的编码能力。当然也有例外，比如非技术经理是唯一的面试官，或者职位本身并不是写代码的工作（也许是负责电子制表或者检查Access数据表这类工作）。

我虽然面试过无数的人，但有一件事仍然让我很惊讶：求职者有时不会写我们要求的代码，或者写出的代码一塌糊涂，对于循环、数组、逻辑操作等基本常识一无所知。这是真的，我不是在开玩笑。

这让你有点信心了吗？答案应该是肯定的，因为你至少十分了解编程的常识。除此之外，你还了解很多其他的知识。如果你觉得有必要复习一下，完全没问题，这就是你阅读本书的原因。

2.1 有的放矢

作为一名面试官，我进行电话面试的过程通常如下。

在面试之前，我会先看看求职者的简历，可能会标注一些令我感兴趣的地方。对于每份简历，我的关注点都不同，但最基本的一般都是相关经验。如果你没有实际工作经验，我会寻找相关的学校项目经验。除了这些，我也会寻找其他可能在电话面试里值得讨论的"亮点"（和工作并没有直接关系）。我不会给你一个死板的简历模板，但在电话面试中，有些东西我可能会重点关注，包括：

- 非工作相关的软件项目经验；
- 任何领域的特殊成就；
- 任何软件框架开发经验；
- 小众的编程语言或者技术经验；
- 你的个人网站。

我会提前预约一个时间给你打电话。在你接听之后我会先介绍自己，然后确认你是求职者，并且有时间进行通话。当然，如果面试已经提前预约过，我不希望听到你说："我现在不太方便。"这种情况发生过，并且不止一次！

然后，我会简单寒暄两句，可能会问你这几天过得怎么样。谈话开始的时候，我不会假装是你的朋友，但我会表现得尽量友好，让你在谈话中更加放松。但并非所有面试官都会这么做。如果你接到一个电话，上来就直接问一些困难的问题，你也只能尽力应付。如果面试官对你一无所知，那就是他的失职。

接下来，我会描述公司能提供什么样的职位，也会谈谈公司的状况（小公司可能会谈得多些）。

随后，我会问所有求职者一个问题："谈谈你最近在做什么。"这是个开放式的问题，你可以随心所欲地回答，但我一般希望你谈论最近一份工作，可能是你感兴趣的一个项目，也可能是你正在做的、和职位相关的事情。

我会经常询问对方一些最近工作经验的细节，以下是一些我常问的问题。

- 你是独自工作还是在团队内工作？

- 如果是团队作业，团队的其他成员是谁？团队合作愉不愉快？
- 关于你的上一份工作，你喜欢哪些方面？
- 哪些地方可以做得更好？
- 如果我给你的老板打电话，他会怎么评价你？
- 你用过哪些技术？你觉得那些技术怎么样？

我不会每次都问所有这些问题，大概意思就是这样。

除非你的回答太过离谱（比如达不到工作的基本要求），否则我会继续问一些简短的技术问题。通过这些问题，我可以知道你能否在技术层面进行基本的交流。我期望你能给出正确的答案，但我真正想测试的，是你的表达能力。

在电话面试过程中，我可能会问一些技术问题。

- 在面向对象思想中，类和对象有什么区别？
- 传递"引用"是什么意思？
- 分部类是什么？分部类的主要优点是什么？
- 抽象类和接口的区别是什么？

除非你的回答离题太远，否则我不会给任何反馈。我会对你的回答进行记录，在电话面试结束后，仔细思考你的答案。我之所以不给任何反馈，是因为不想在这个阶段折磨你。电话面试的目的，是给我一点时间来思考我们之间的对话，以便恰当地评估你的回答，然后把你的答案同其他求职者的进行比较。

最后，你可以问我任何想问的问题。这时候就可以用到你提前准备好的"小抄"了。

2.1.1 准备你的"小抄"

现在，你知道了电话面试的目的，就可以着手准备"小抄"了。在电话面试中，这些小纸条是非常有用的参考资料，特别是在你紧张的时候。

有多少次面对棘手的问题，吞吞吐吐地回答以后，突然发现可以有更好的回答方式。准备"小抄"能让你在电话面试之前就考虑到最合理的答案。在交谈的同时，你就可以把问题列出来。

准备"小抄"是为了帮助你更好地回答难题。如果你在面试前就思考过这些难题，就不太会在面试中陷入窘境。"小抄"也是个备忘录，当面试中出现表现机会的时候，能提醒你不要忘了该说什么。

准备"小抄"的关键，是考虑哪些棘手的问题可能会被问到。例如，如果你曾经有一段时间没有工作，那么这段经历有可能会被问到；如果你曾经被解雇过，或者工作经历中有什么特殊的事情，也可能会被问到。

让我们现实一些，如果你不提前思考如何回答棘手的问题，会发生什么事？你就不得不边想边说。在这种情况下，给出好的答案是非常困难的。

除了思考如何回答有关你工作经验的难题，你还需要考虑怎么回答普通的面试问题。在附录中，可以看到一长串的问题，你可以用这些问题来作准备。

2.1.2　联系相关经历

在面试中，你回答每一个问题时，都可以尝试用个人的相关经历来说明。面试官提问的方式也往往如此，经常会问你在现实中面对类似问题时的处理方式。即使不这么问，你也可以联系自己的个人经历来回答。

举个例子，假如你被问到如何解决一个很难重现的bug，就可以讲一讲你的个人经历：有一次你去客户那里处理一个bug，但在开发服务器上，该bug却一直无法重现；然后你如何成功解决了该问题。如果面试官问你一个好的软件架构应该是什么样的，你可以谈谈自己使用公司内部架构和第三方架构的经验。

你的目的是，抓住一切机会来展示你的经验可以应对面试官提出的所有问题。面试官也可以通过你的经验来判断你能不能胜任该职位。相对于那些纸上谈兵的求职者，你的优势会非常明显。

2.1.3　处理难题

最难的问题往往不是技术类的。当然，技术类问题会很难，但你总可以循序渐进地解决。

最难的问题是没有"正确答案"的问题，往往是问你对某件事情的看法。这类问题有一个陷阱，面试官会诱导你作一个非黑即白的选择，而现实其实并不那么绝对，令人满意的回答也不是绝对的。举个例子：

"软件质量和客户需求，那个更重要？"

天哪！这个问题看起来没有正确答案。如果客户需求得不到满足，开发进程就无法继续下去；但如果产品质量很差，又无法交付给客户。

等等，我中圈套了吗？是的。软件质量和客户需求并不冲突，毫无疑问，有两全其美的方法。因此，舍弃其中一点的回答可能不是最好的答案。从逻辑学角度来说，这种问题是个假两难推理，看起来只有两个选择（或者两个极端），但实际上有多个选择，或者在两个极端之间存在一个折中点。

不论你怎么处理这类问题，都不要给出没有把握的答案，然后极力为这个答案辩解。如果你认识到自己的答案可能不是最佳答案，那就勇于承认，然后说说自己的想法。胸有成竹是好事，但固执己见就不明智了，尤其是坚持一个错误的观点，这是非常愚蠢的。

对于毫无准备的求职者来说，如果思维发散，给出的答案过长，那就中了这个问题的另外一个圈套。如果你曾经用这种方法回答过难题，也许当时的想法是迟早会撞上一个不错的答案。忠告是，要尽量避免冗长的回答。花时间思考没错，但要让面试官知道你在思考，不要让他觉得你睡着了：

> "这是个非常有趣的问题，请让我思考一下。"

另外，如果对问题有疑惑，不要忘了问面试官。当面试官提出一个难题的时候，你往往无法立刻给出答案，但是可以问问这种问题会在哪些情况下出现。通过这种方式，面试官可以给你一些有关提问意图的提示。例如，公司最近可能突然出现了很多软件质量问题，因此想要招聘有相关技能的工作人员；也有可能是部分客户反馈不太好，因此需要一些人来解决客户需求问题。不论哪种情况，当面试官解释问题的时候，都要注意听问题中的提示。

不知道答案不是世界末日，对于不会的问题要勇于承认。如果面试官曾经问过很多次这个问题，你可能不是第一个给不出答案的人。他甚至希望你不知道答案，这样就可以观察你在这种情况下的反应，是胡言乱语，还是坦然面对。

2.1.4　学会提问

电话面试不太可能给你太多机会提问，但仍应作些准备。如果在电话面试中没机会提问，就把那些问题留到现场面试中。

你应该考虑两大类问题。第一类是有关公司的，其实就是向雇主展示你对公司的兴趣和热情。

- ❑ "能举个例子，说说这个职位每周的工作吗？"（表示你对这份工作的实际情况非常感兴趣）
- ❑ 如果我能拿到offer，我在前几个月的工作目标是什么？"（表示你已经在思考如何完成工作目标了）
- ❑ "在接下来的几个月或者几年内，你觉得公司最应该集中精力做哪些重要的事？"（表示你对公司的前景很感兴趣）

第二类是有关你自己的——如果拿到了公司的offer，哪些因素会影响你的决定。

- ❑ "你（面试官）喜欢在公司工作的哪些方面？有不满意的地方吗？"（能够更客观地了解公司）
- ❑ "公司里有多少高级经理是从公司内部提拔上来的？"（对公司内部的晋升机会表示关注）

如果你觉得有必要，可以问问公司的加班政策：加班是强制的还是自愿的，工作是不是要经常要到外地出差，等等。请确保在面试前就准备好想问的问题，提问的时机也一定要掌握好。一般来说，电话面试不是提出有深度问题的最佳时机。

不要为了显示自己对职位的兴趣，就问些无足轻重的问题。只要你在网络上搜索相关信息，或者浏览公司网站，就可以查到那些小问题的答案。

千万别忘了问什么时候能收到面试结果，你肯定不希望一直焦心等待。

2.1.5　电话面试准备清单

在电话面试前，你必须有一个简短的清单来提醒你必须作好哪些准备。

- ❑ 一个免提电话或者带麦耳机，这样你就可以在谈话的时候把手腾出来。这不仅能帮你查看"小抄"（或者笔记本电脑），也能让你在说话的时候做各种手势动作，让你感到更自然、放松。
- ❑ 找一个安静的地点，这可以让你更加专注，也不会有人打扰你说话。
- ❑ 如果使用移动设备，信号一定要好。（在面试前检查信号强度！）
- ❑ 一份打印出来的简历和"小抄"，或者把笔记本电脑（插电源）放在身边，以便随时浏览那些文档。
- ❑ 一份问题清单，以备提问环节使用。
- ❑ 源于编写代码能力的信心。

2.1.6　使用电话面试准备清单

使用下面的表格来思考你的回答方向，但是不要给答案"打草稿"，否则你会不自觉地照本宣科，听起来很不自然。你应该在思考之后，作点简单的记录，这样在电话面试的时候，就可以回忆起当时的想法。

如果你觉得有些问题不适用于你，可以直接略过。

老实说，有些问题我自己也难以回答。之所以把它们写进去，是因为很多面试官仍然喜欢问这些问题，而如果你没有事先准备，就很难给出答案。

表2-1　电话面试准备

问　　题	提　　示
请描述你有关……的经验	看看职位描述或者招聘广告，把技术要求列出来。例如，可扩展Web站点、大数据、信息安全等。想想你自己在这些技术上的经验，挑出你缺乏经验的那些领域，考虑如何回答相关问题
告诉我一个你觉得很自豪的项目	考虑让你自豪的是什么，是你的工作还是其他人的工作？你在项目中起了什么作用？
解释你工作的空白期，以及工作经历中与众不同的事情	由于个人原因而没有工作很正常，在电话中解释原因的时候，不要有压力。下一个问题很可能和你最近的工作经验有关："在那段时间之后，会不会……技能有所退化？"
关于职位描述中的那些技术，你给自己打多少分？	要诚实，这类问题通常都会跟着一个突击测试
你前任经理认为你最大的弱项是什么？	同样要诚实，为了求证你的话，面试官可能会联系你的前任或者现任雇主

（续）

问　　题	提　　示
你为什么要离开现在的公司？	好的原因： ❑ 个人发展，职业规划； ❑ 增加阅历； ❑ 工作调度。 不好的原因： ❑ "因为能力弱被解雇了。" ❑ "我想作个改变。"（听起来很虚伪）
你在现在公司工作时间并不长，为什么这么快就想换工作？	也许你之前被误导了，入职之后才发现那个职位并不是你想象的那样，这个理由是合理的。但要小心，不论你的理由是什么，不要让对方觉得你干工作没有长性
你在现在公司的时间很长，为什么这么久才想要换工作？	面试官的关注点可能是你太安逸（墨守成规？），只是因为环境改变而被迫离开公司
你哪方面的能力最弱（技术或非技术都行）？	这是一个老问题的新提法："你觉得你最大的弱点是什么？"你应该挑那些和工作不相关的方面，或者在某些场合是优点的方面，比如武断或者缺乏耐心
描述一个你解决不了的bug或者问题	不要害怕揭自己的短，每个程序员早晚都会遇到无法解决的bug。这是个学习的机会，不是吗？向面试官描述你从中学到了什么
代码质量和代码效率，哪个更重要？	这又是个假两难推理，为什么不能兼顾？
做事的结果和过程，哪个更重要？	还是个假两难推理，两者是可以找到一个平衡点的
在软件生命周期模型中，哪部分最重要？并且进行解释	唯一错误的答案是"所有都重要"，这是答非所问。这给了你一个机会去展示你对软件生命周期模型的理解。在不同的情境下，分析、测试，甚至文档都有可能是项目成功的决定性因素
软件测试工程师（或者项目经理，等等）是否应该有写代码的能力？	如果你还不知道企业的团队文化，可以趁机问一问。由于问的是你对测试工程师写代码的看法，因此可以谈谈你自己的判断，但同时要说出原因，一定不要弱化测试工程师的作用
在你参加过的团队中，最差的团队是什么样的？为了改善团队氛围，你做过什么事情？	面试官其实在看你是否有"团队互动"意识，是否知道如何进行改善
在所有的求职者中，你觉得你的最大优势是什么？	没必要谦虚，但也别瞎说。就事论事，列出你最强的能力，简要描述那些能力对工作有什么影响
由于业务原因，必须采纳较差技术方案的时候，你会如何处理？	这个问题是为了弄清两件事：当实际情况和你的看法出现冲突的时候，你对自己的看法有多坚持；你的决定是否务实。你应该寻找一个平衡点
在面试中，你遇到过的最难的问题是什么？	作为一名熟悉递归的程序员，你可能会反问面试官："在面试中，你问过的最难的问题是什么？"但面试官可能早就见过这种回答方式。我的建议是用一个困难的（或者不可能完成的）技术问题来回应，这类问题连面试官也会觉得很难
你觉得哪个问题是面试中最应该被问到的？	这又是一个很"巧妙"的问题，面试官实际在问你觉得什么东西是重要的。准备好回答你自己提出的问题

第3章
现场面试

通常来说，面试过程和人的行为一样，都是难以预测的，你永远不知道会发生什么。这可能让你觉得准备面试毫无意义，但这个想法是完全错误的。充分的准备是你的秘密武器。虽然面试的过程无法预测，但如果你有所准备，就可以轻松搞定面试。

"我经常花 2～3 天的时间去准备一个即兴演讲。"

——马克·吐温

3.1 准备面试

想要在面试前做到万事俱备，就不要只关注技术类问题。毫无疑问，面试会涉及数据结构和算法，可能还会有几道脑筋急转弯和代码练习题。但技术类问题只是面试的一部分，还有很多其他种类的问题，有些是有关团队精神、执行力的，还有些用于测试你和企业文化的匹配度。除了技术，面试官可能还想看看你的抗压能力、表达能力，以及面对批评时的反应。

如果面试官只关心你的编码能力，只在网络上做在线测试就足够了。面对面的面试远不止技术能力评估。虽然很多公司都对外宣称只录用"最好的程序员"，但我的亲身经历却并非如此，技术最强未必能帮你赢得职位。尽管看起来很不公平，但这就是现实。

3.1.1 了解充分

每个工作场所都是不同的。有些公司可能有相似的装潢和设施，但如果从公司文化和理念的角度来看，不会存在两家完全一样的公司。公司文化是由什么决定的？员工。更确切地说，公司的高层人员会决定企业文化的基调。如果公司高层非常随意、友好，这种态度就可能会成为企业文化；如果高层人员非常严肃、认真，那么其他人也会受影响，不论在办公室还是休息室，都能感受到这种氛围。小公司的氛围一般不如大公司严肃，但公司的规模不是决定性因素。

对于微软、谷歌、亚马逊这类大型公司的企业文化，你可能已经非常了解（如果不了解，很多网站上都有相关信息），但对于那些非知名公司的企业文化，你就需要做些调查了。

想了解一家公司的企业文化，最好的方法是和该公司的员工直接对话。如果你很幸运，恰好有朋友在那里工作，我建议你请他吃顿饭，然后一股脑地问他100个问题。如果不认识其中的员工，就要另想办法了。

首先，要上网搜索公司信息（招聘经理很可能也会通过网络搜索你的信息）。刚开始，你会发现很多有关公司商业形象的信息，但用不了多久，就能找到公司企业文化的线索。如果够幸运，你还能找到公司理念的官方声明，甚至是公司的官方博客。如果你能查到公司高层的名单，就可以搜到他们的新闻。新闻里可能引用了他们说过的话，对你而言，这些话是相当有用的。

如果你委托了招聘中介找工作，那就咨询一下中介，搞清楚该公司的企业文化是什么。好的中介会有第一手的信息资源，虽然不是公司员工，但仍能给你提供一些有用的信息。

如果上述方法都失败了，那就直接给公司打电话。不要觉得难为情，这是个合情合理的咨询电话。

"您好！我和贵公司约定下周面试，因此想了解一下公司的情况。您能告诉我贵公司的企业文化吗？"

最坏的情况是对方不想帮这个忙，但这一般并不是针对你的，而是出于公司规定的考虑。如果遇到这种情况，那就要求对方把电话转到人事部门，或者直接转到你应聘的部门。请记住，不论对方态度如何，你都要保持礼貌和尊重。通常来说，人们都喜欢同他人分享自己的看法，特别是有关公司老板的看法。有谁不愿意和未来的同事交流呢？可有些公司却有一种规定，禁止员工讨论自己的老板。对你而言，这种规定本身就是很有价值的信息。

在调查完公司的企业文化之后，你应该把注意力转移到招聘经理身上。同样，向认识的人打听，在网络上搜索，咨询招聘中介。对于直接打电话给招聘经理这件事，我持谨慎态度；但如果你想打这个电话，就应该问更多的事情，包括面试流程如何进行。

至少，你应该把面试的安排搞清楚。

❑ 面试会持续多久？
❑ 现场面试是一次还是多次？
❑ 有技术测试吗？如果有，会以何种形式进行？
❑ 在面试中需要写代码吗？
❑ 有多少人参加面试？都是什么人？
❑ 有什么特殊事项需要注意吗？

3.1.2　做足功课

调查之后，你搜集到了很多有关公司文化的信息，也从招聘经理那里得到了一些面试信息。

有了这些信息，你就可以开始练习了。

如果你面试的公司是家技术型公司（比如谷歌，或者一些初创公司），就要集中精力练习数据结构和算法，以及如何设计软件的可扩展性。小规模的技术型公司可能会要求程序员具备广阔的知识面，因此你需要复习服务器管理，网络故障排查，数据库配置等相关知识。在大公司，由于有专门的团队（如果不是整个部门）负责维护服务器和设备，因此你不需要具备这方面的知识。

有件事你可能不喜欢，但一定要去做：问自己最害怕的问题。

说实话，什么问题会让你在面试中颜面无存？也许你对排序算法感到非常恐惧；也许你不太理解广度优先搜索算法和深度优先搜索算法的区别；也许你因为顶撞团队领导而不得不辞职；也许你持有一些有争议的观点，例如，觉得代码注释是代码冗余的另一种形式。

如果你平时不去直面这些问题，在面试中就必须面对，明眼人都能看到这点。因此，在面试前就搞定这些问题。

3.1.3　着装得体

在直面并战胜恐惧心理之后，就是时候选择一套合适的衣服了。

实话实说，我不太喜欢那些铺天盖地的着装建议，但有一点要承认，你的着装的确会影响其他人对你的看法。穿着不同的衬衫在别人眼里到底有大区别？没有定论，但我认为肯定是有区别的。除非你生活在深山老林里，穿得破烂不堪，否则衣橱里肯定有很多衣服。以下是如何选择穿着的一些建议。

首先，看看你目标公司的着装要求是什么。如果不远，可以在午饭时间直接去那里转转，看看人们都穿些什么。如果去不了公司，就问问公司的职员、招聘中介，或者直接打电话过去。

"您好，我下星期在贵公司有个面试，您能不能告诉我贵公司的着装要求？"

如果你真的不知道该穿什么，那就穿普通的正装吧。对男士来说，穿一件带领子的白衬衫，不要穿牛仔裤和运动装。摩托车皮夹克也不太理想，因为徽章太过明显。另外，千万别穿得太张扬。对女士来说也是一样，一套女式衬衫和裙子（不是超短裙）或者裤子。不要穿得像在夜店似的。某些面试官可能开始会被吸引，但仔细想想，如果你在工作中这么穿，别人会怎么想？你不会希望自己因为穿着暴露而出名吧？

对男士来说，尽量打上领带。但也要知道，在有些公司，特别是有极客文化的公司，人们都不太把时间花在穿衣服打领带上。如果你不确定面试中要不要打领带，那就先把领带装进包里，在需要的情况下打上领带（在面试之前就系好领带，不要在面试开始之后再打扮自己）。

最后，无论你穿什么衣服，都要尽量舒适。你在面试中会遇到很多挑战，不要让衣服增添麻烦。如果你因为外套太厚而满头大汗，就先礼貌地征得同意，然后脱掉它。不要默默忍受，你真的不必要因此而分神。

3.1.4　搞定不同类型问题

总体来说，面试问题可以划分为以下几大类。回答问题的方式取决于问题的类别。

1. 行为性问题

理论上，行为性问题是为了评估你在不同情形下的行为模式。

> "在你的项目组里，有的人认为代码应该用空格对齐，有的认为应该用tab对齐，你怎么处理这种分歧？"

你的答案应该尽量直接，并且有事实佐证。这类问题是开放式的，没有固定的答案。但在编程技术面试中，回答问题的方式就不能太发散了。

> "我觉得用哪种代码格式都没关系，只要保持一致就好。在Acme工作的时候，我们用SpaceMeister来确保代码格式的统一。因此，我觉得我会用采用这个方法来解决团队内的问题。"

2. 设计类问题

想回答设计类问题，就要对分析模式有一定的了解。面试官并不指望你给出一个"正确"答案，因为不存在适用于所有情况的正确答案。他希望你能展示思考的过程，以及设计的可行性分析。如何辨认出设计类问题？有两种情况：当面试官着重使用"设计"这一字眼的时候；当问题看起来非常难或者含糊不清的时候。如果出现其中一种情况，就很有可能是设计问题。

> "请设计一个算法，计算国际援助基金会如何均分资金给受益人。"

回答这类问题的唯一方式是把你自己的疑惑问出来。你需要向面试官证明自己的问题分析能力。如果问得恰到好处，答案就会越来越清晰（或者最后发现根本没有答案），这样就可以继续设计了（或者把得不到优秀设计的原因弄清楚）。

> "需要针对平均分配进行优化吗？"
> "'平均'的定义是什么？"
> "除了'平均'的定义，还有其他因素要考虑吗？"
> "算法的输入是什么？"
> "算法的正确输出是什么？"
> "有什么先例可以参考吗？"

3. 技术突击测试

有些面试官很喜欢进行技术突击测试，你可以很轻易地辨别出这类问题。因为这类问题要么是非常模糊的，要么是非常具体的。

> "在.NET 4.5中，`Tuple.Create`方法被重载了多少次？"

这类问题无法提前准备,除非你的记忆力非常好,否则只能尽量给一个相对令人满意的答案:

> "我不确定,我猜可能是8次或者9次。这取决于Tuple结构所存储的数据类型,我要查阅资料才能确定。通常来说,我发现如果一个方法被重载很多次,就不容易选择合适的调用。如果每个方法都有不同的行为,这种情况会更加严重。因此我认为重载的次数不应该太多。"

你可能在试图把问题和你熟悉的方面联系起来,但如果面试官一直关注这类问题,那你也只能安慰自己:他们最终可能会招到适合的程序员。不幸的是,你充满智慧的话也许入不了面试官的耳朵,他们只想听"8或者9"的答案。

4. 智力测试

另一种越来越少被问到的问题类型是智力测试。即使是在特定的情境(心理健康评估)下,这种问题也不好辨别。在程序员面试中,则更难辨别。有些面试官热衷于这类问题,希望程序员能顺利通过智商(IQ)测试,以此找出"最聪明"的程序员。但是实际上,即使是心理学家也很难保证毫无疏漏。如果你做过智商测试(很多程序员都做过),就很容易辨别出这类问题。

> "在这个序列中,下一个值应该是什么?"
> "梨相对于苹果等于马铃薯相对于什么?"
> "如果两个打字员打印两页纸需要两分钟,那么我在身后举起了几根手指?"

(最后一个问题是我瞎编的,我希望你在程序员面试中永远也别碰到这种问题。)

智商测试题的形式都差不多,稍加练习就可以找到规律。如果你知道面试官对这种问题情有独钟,就可以提前作准备,多找些问题勤加练习,以便在面试中轻松应对。很多地方都能找到智商测试题,它们看上去既奇怪又有趣。如果你想在网络上搜索智商测试题,请确保至少在两个网站上练习同一道题。智商测试的方式有很多种,因此要以防被特殊(不标准)的方法误导。

5. 压力测试

压力测试是每位程序员都应该练习的测试。压力测试练习需要一位朋友帮忙,最好是一位咄咄逼人、声音洪亮的程序员。让你的大嗓门朋友找到(或者写下)一系列难题,模拟一次面试。你扮演求职者角色,朋友扮演不讲情面的面试官角色,面试时间为一个小时以上,把所有问题都问个遍。你的朋友需要表现出"残酷无情"的一面。这种练习的目的不是让你给出正确答案(当然,你应该尽量给出正确答案),而是锻炼你对真实面试环境的忍耐力。一个小时的面试是非常煎熬的,但有些面试的时间更长。想搞定这类面试,就要像运动员一样坚持训练。

3.2 最重要的事

> 柯克、麦考伊和斯波克在篝火旁边坐着，柯克和麦考伊在唱 "Row Row Row Your Boat"。
>
> 柯克："喂，斯波克！你为什么不跟着一起唱？"
>
> 斯波克："我在试着理解歌词的意思。"
>
> 麦考伊："这只是首歌曲，你个冷血的……瓦肯人①。只需要唱就可以了，歌词不重要，重要的是你唱的时候感到很快乐。"
>
> 斯波克："哦，对不起，博士。我们唱的时候快乐吗？"
>
> ——出自电影《星际迷航 V：终极先锋》（1989）

第1章提到了默契的重要性，现在来详细讨论这个话题。

毫无疑问，默契很重要，但我对这个概念却有种很复杂的感觉。没人喜欢假笑，也没人喜欢虚伪，但默契和媚俗的营销策略却有些相似之处，这让人很不舒服。

还是个青少年的时候，我对任何形式的虚伪都极度厌恶。我非常讨厌各式各样的广告活动，因为我知道其目的是调动我的情绪去购买某个商品。我看见这类活动都是绕道走，这样就没人指责我虚伪了。如果推销人员同我讲话，我会表现得毫不客气，甚至粗鲁。老实说，我就是个讨厌鬼。

但在二十多岁的时候，我的观念发生了转变。

当然，这个转变和一个年轻女子有关。她教会我一个道理：一个常挂着亲切微笑的人也可以很真诚；同那些固执己见的人相比，这类人甚至更加真诚。人们需要什么？对大多数人来说，是在没有矛盾和冲突的环境中生活。在人际交往中，礼貌就像润滑剂一样。等火车的陌生人相视一笑是一种互相尊重的自然表现，没人会把对人微笑这件事写进自己的日程表里。当然也有例外，如果一个人整天带着引人注目的胸牌、夹着公文包，对人微笑可能就是他的工作。

现在，有些迹象表明我仍然是个讨厌鬼，但我自认为是个有洞察力的讨厌鬼。我的洞察力可以帮我同人们和睦相处。这是虚伪吗？我希望不是，我也不相信这是虚伪。

如果你对这个话题感兴趣，并且脑子里能装下所有人际交往的理论，我（真诚地）推荐你一本经典读物，戴尔·卡耐基在1936年出版的《人性的弱点》。这本书并不适合所有人，在有些方面也显得有点老套了，但我仍强烈推荐这本书，因为这本书对人群互动机制有着非常精彩的论述。星际迷航里的斯波克就应该买一本。

---

① 《星际迷航》里的外星种族，以信仰严谨的逻辑和推理、去除情感的干扰闻名。——译者注

3.2.1 建立默契

如果求职者想和面试官建立默契，该怎么做？让我们从基本要素谈起。默契往往建立在共同目标的基础上。从表面上看，面试官在寻找适合职位的最佳人选，而求职者想说服面试官，让对方相信自己就是最适合的人选。但这并不是一个理想的切入点，因为这让求职者看起来像个推销员，在把自己作为商品推销给面试官。只有面试官和求职者能找到一些共同点，才是一个更好的开始。

正如前文所说，面试官和求职者有太多的共同点。他们都想知道这份工作适不适合求职者，都想看看求职者的能力和职位描述有多少一致的地方，都想知道求职者在这个职位上能给出什么样的表现。

请不要误会，我不是说面试官和求职者的地位是完全平等的（这部分内容稍后讨论）。我只是非常确信面试官和求职者考虑问题的出发点是相当一致的，这对建立默契非常有用。在根本上，面试官和求职者的目的是相同的，但在思考方式上，求职者应该作一个细微但重要的改变：不要口口声声地说自己完全符合职位需求，应该以合作的姿态，和面试官一起看看自己到底有多适合这份工作。这是令面试有效的根本出发点。

用合作的态度同面试官交流，你看到的东西也会不一样。你会真的对职位细节感兴趣，而不是被动等待面试官刁难，这样你就可以评估自己能否胜任这份工作。你不会担心面试官问你各式各样的理论问题，而是会试图了解自己的经验能否适应实际工作环境。你会注意到自己在技术上的弱项，意识到哪些知识需要在工作中加强。

这种态度非常重要，它可以让面试官感到放松。你在降低他们工作的难度，帮他们卸下"审讯官"的负担。尽管有些人并不介意扮演这个角色，但若想同面试官建立有效的默契，这是最快捷的方法。

3.2.2 其他努力

如果一个态度上的改变就能让面试非常顺利，那未免太过简单。实际上，我们还有很多工作要做。虽然你可能是个天生健谈的人，但如果能遵循以下原则，也会受益匪浅。

1. 用心倾听

永远不要贸然打断别人说话。如果你不得不这么做，至少应该先道歉：

"非常抱歉，打断您一下。您好像拿错简历了。"

认真倾听不只是安静地坐着。有技巧的倾听者可以用自己的语言复述所听到的内容，这让面试官非常安心，因为他能确认你在认真听他讲话，并且理解他想表达的内容。这种技巧非常重要，专属名词是"主动式倾听"。

2. 学会提问

请记住，面试是个信息交互的过程，你在回答问题的时候也要提出问题。和主动式倾听类似，有选择的提问也会让面试官感到放心，因为他知道你在听他说话，并且对话题的细节很感兴趣。

3. 反射面试官的行为

有时候，有意识地模仿面试官的某些动作和行为，可能会收到意想不到的效果。他们坐下，你也坐下；他们向后靠，你也向后靠。我并不是让你去演一出即兴的无声喜剧，而是希望你同面试官建立起潜意识里的默契。经证实，这种技巧很有效，可以帮助面试官放松心情。这个技巧的心理学名词是"镜观"（mirroring）。当你查阅有关主动式倾听资料的时候，也可以顺便查查镜观的资料。

4. 寻找互动的方式

如果你天生内向，这很正常；许多软件工程师都比较内向，你的面试官也有可能很内向。但请记住，内向并不是腼腆的借口。寻找共同点，找机会谈论你感兴趣的事物。如果你天生腼腆，至少试着保持眼神接触一到两次，头脑要清醒，吐字要清晰，语速要慢下来，在恰当的地方有所停顿。在许多方面，内向者在一对一交流中都更有优势，因为他们更擅长倾听和思考。

3.3 同样重要的事

如果面试官不认可你作为程序员的能力，再好的默契也是白搭。因此，同样重要的事就是在恰当的时机展示你的才能。

3.3.1 表达要清晰

正常来说，面试官应该尽量鼓励求职者多说话。但是据我观察，很多面试官的话比求职者还多。如果你碰到一个口若悬河的面试官，那除了打断他，你没有任何机会表达自己的看法。注意听他的说话内容，寻找能把自己的工作经验与职位联系在一起的机会，有礼貌地打断他。如果面试官正在陈述自己的观点，那么最好等他说完。如果你倒霉透顶，碰上一个超级话匣子，那就用他讲话的时间作好准备，保持注意力的集中，趁面试官喘气的间隙打断他，加入到对话中。

3.3.2 掌控面试时间

通常来说，你会提前知道面试的时间长度。如果面试时间很短，那你就应该集中精力谈论最有价值的工作经验，因为那些经验和职位的关系最大。你可能对自己写的开源数据网格控件感到很自豪，但若时间有限，你得确保覆盖了职位要求的最主要方面。如果不清楚哪些要求是核心要求（正常来说，应该是清楚的），那你在面试前应该咨询一下面试官：

"这个职位最需要的技能都是什么？"

3.3.3 用事实说话

你应该尽可能地把答案和自己的实践经验、成就联系起来。你可以通过事实来说明你的经验，但不要脱离实际去胡编乱造。如果为了阐述一个观点，而去编造一个故事，这确实可以让人听得津津有味，但问题就来了：面试官会记住你讲的那些事，但那些事是你没有做过的。你肯定希望他们在翻开你简历的时候想："对，这就是那个曾经解决了一个严重性能问题的程序员。"而不是："对，这就是那个程序员，嗯……他做过什么来着？"

3.4 有效交流

在面试中，如果你想清晰地表达观点，就需要了解一些简单而实用的技巧。这些花招（我并不想这么叫）可以让你的交流变得异常有效。

3.4.1 用热情战胜紧张

几乎每人都体会过紧张情绪。面对有挑战性局面的时候，紧张是人的自然生理反应。过去，只有恐龙会引发紧张，但现在不同了。现代人的紧张情绪往往来源于惧怕讲话或者处于聚光灯下，这些情况会让我们的肾上腺素升高、身体发抖。

你需要做的，是分散自己的注意力。如果你有孩子，就会有这样的体会：不论小孩哭闹得多么厉害，一份冰淇淋往往就能让他安静。把这个手法用在你自己身上。如果你因为一些事情而感到焦虑，不妨转变一下思维，想一想那些开心、有趣的事情。这可以帮你赶走紧张情绪。你是一位优秀的程序员，你喜欢编程的哪些方面？处理别人写的代码都有什么烦恼？代码对齐应该用tab还是空格？Vim和Emacs，哪个是更好的编辑器？通过这些问题，转换一下思维。注意这么做的时候紧张感是如何消失的。

3.4.2 使用手势

当政治家初涉政治领域的时候，必修课之一就是学会在说话的时候使用手势。注意观察政治演讲，你会发现手势动作非常丰富。这在英国不太常见，但在世界的其他地方，你经常能看到政治家在讲话的同时使用各种各样的手势。

为什么在说话的时候用手势动作？原因很简单。有可靠研究表明，肢体语言至少和我们说出的话具有相同的重要性。这也符合人与人交流的规律。如果你像考拉一样有气无力地瘫坐在椅子上，就很难表达对工作热情。你应该坐在椅子的边缘，边说话边用手势强调重点。如果你从来没这么做过，就需要多些练习。起初，你会觉得自己像是在演戏，但这是成为最佳演讲者的开始。让你的双手活跃起来吧。

3.4.3　放慢语速

如果语速过快，会显得你很紧张。把语速放慢，可以给人镇静、运筹帷幄的感觉。如果你控制不住语速，那就要勤加练习。录几段自己说的话，给你的好朋友听，问问他们的看法，这样你就能理解我的意思了。多听专业演讲者（特别是知名政治家）的发言，你会发现他们几乎从来不会说错话。他们的呼吸和停顿很有规律，举手投足就像摆放花瓶一样优雅。他们的语速很慢，吐字清晰。

3.4.4　开始和结尾要清晰

在播放新闻摘要的时候，如果开头和结尾非常模糊，会导致整个新闻很糟糕：

"我曾经救了一条鲸鱼，靠的是编码了……（喃喃低语）"

如果你说完话，发现有些含糊，那就多重复几次。你要确认自己能听清，并且理解自己说过的话。如果你不注意口齿，面试官就会没耐心去理解你想表达的主要观点。

3.4.5　重复主要观点

当公众人物想要确保主要信息传达到位的时候，他们会不断重复想强调的信息，但是不要像鹦鹉那样只重复同样的话。主要信息可以从不同角度来阐述；一个论点可以用很多不同的论据来论述；在不同的时间，可以用不同的方式来重复。如果你确实想让面试官记住一些信息，也需要不断重复。同时寻找机会，在重复主要观点时与面试官的话联系起来。

3.4.6　熟能生巧

在面试中，你需要结合自己的经历立刻给出回答。想让答案脱口而出，我的建议是：把答案的原始资料烂熟于心。这要求你必须对简历的内容细节了若指掌，包括简历里提及的技术，证明你能力的事迹，一些解决过的问题，曾经战胜过的挑战，等等。这样，当有表现机会的时候，你才可以信手拈来。如果你无法自然流畅地表达，那就需要在面试前多加练习。找个朋友陪你一起练，一定要认真。让你的朋友拿着你的简历随意提问，这相当于模拟面试过程，你可以思考如何把自己的经历同问题联系起来。如果你在练习中遇到了无法回答的问题，这非常棒，因为你发现了一个准备工作的疏漏，这样就能在面试前补救这个问题。给难倒你的朋友一些奖励。

练习，练习，再练习。

第4章

合同谈判

提起谈判，程序员也许就会想到强制销售技巧，想到佛瑞吉人①的利益至上主义。大多数程序员宁愿花时间写代码也不愿意同别人谈判。

工作合同的谈判有可能是他们想象中的那样，但并不一定是。只要有所准备，抱着合作的态度，你就可以和雇主签订一份满意的合同。如果你和雇主立场对立，或者准备不充分，谈判就会陷入僵局，很难达成一致。一旦你对合同不满意，就不会为公司工作很久；而如果雇主对合同不满意，你同样无法在公司待很久。

在谈判之前，你必须考虑这样一个问题：如果事情进行得不如你想象中顺利，你要怎么做？你需要未雨绸缪，提前考虑可能面对的问题。如果谈判完全无法进行，你怎么办？你准备直接走人吗？你需要知道哪些事情该坚持，哪些事情该妥协。

放弃一份工作offer并不是最坏的结果，最坏的结果是被一份你讨厌的工作缠住，这会让你进退两难。

4.1 了解招聘市场

为什么需要了解招聘市场？原因很简单：如果程序员失业率在某个地区居高不下，你就没有太多谈判余地；如果程序员凤毛麟角，你谈判的力度就会高很多；如果你的技能有市场，并且使用者少，那你就会有更大的选择权；如果你的技能很普通，那你的选择面会窄很多；等等。

职业程序员在平时就应该多留意本地的招聘市场，而不是只在找工作的时候才去关注。通过关注职位发布速度和薪金变化，你对招聘市场的眼光也会变得敏锐。

想做更专业的分析，可以参考官方的招聘市场数据。

在英国，国家统计局（http://www.ons.gov.uk）统计并发表不同行业的就业（和失业）详细数据。对于IT和通讯行业，职位的分类如下：

---

① 《星际迷航》里的外星种族，被认为是"银河系对贸易最在行的种族"。——译者注

- ❏ 技术经理
- ❏ 项目经理
- ❏ 业务分析师、架构师、系统设计师
- ❏ 程序员和软件开发专家
- ❏ 网页设计和开发专家

在美国，劳工统计局（http://www.bls.gov）会发布很多有用的数据指标，比如2010年到2020年期间，程序员职位的预期数量会如何变化。你还能查到每个州和整个国家的不同职业就业率数据，甚至可以细化到大城市和小城市的数据（http://www.bls.gov/oes）。

4.2　算算账

如果你收到一份包含期权（选择权）的合同，而不是一份直接的薪资合同，那你必须清楚这些期权真正的价值。

如果合同中包含奖金或激励条款，注意看这些条件在不在你的控制范围内。如果奖励能完全按绩效来分配，那是完全合理的；但如果奖励是基于经理或团队的主观评估，那就不要有太高的期待了。这并不是让你去故意消极地看待奖金和鼓励条款，只是希望你评估offer价值的时候要更加现实。

对有些大公司和知名企业而言，股票期权是一项很有吸引力的激励政策，但在小公司就没什么价值了。股票期权的价值取决于公司的整体商业运作效果，你并不能直接掌控。怎么看待这些期权取决于你对风险报酬的看法。对年轻的未婚程序员而言，他们可能更倾向于用一部分固定工资来换取潜在更高的奖励收入。

4.2.1　考虑整体待遇

工资可能是整体待遇中的最大组成部分，这也是几乎每个人都在谈判中只关注工资的原因。但有一点需要注意，对于不同能力的人而言，待遇中的其他部分差异很大，而且这部分待遇的谈判余地很大。如果你能把主要精力放在这方面，成功率就会高很多。比如，你觉得多一个星期的带薪假期值多少钱？你觉得一个星期在家工作一次值多少钱？如果来往公司的交通费很贵，公司有没有补助？以下是工资之外的待遇清单，你应该着重考虑：

- ❏ 往返公司的时间和开销
- ❏ 带薪假期
- ❏ 培训
- ❏ 带薪学习时间
- ❏ 医疗报销和保健计划
- ❏ 股票期权

- ❑ 保育措施
- ❑ 特殊待遇，比如工作餐和冰箱
- ❑ 健身房会员

有些公司会通过零售商给员工提供"打折"福利，这可能非常划算。不过你最好先去商店转一转，把价格对比一下，看看是不是真的很划算。

另外，根据个人的情况，有些次要因素可能也会很重要，不要忘了考虑。

- ❑ 这份工作有趣吗？
- ❑ 你将要同谁一起合作？
- ❑ 有升迁机会吗？
- ❑ 公司的企业文化你喜欢吗？
- ❑ 这份工作在你将来的简历上能起多大作用？
- ❑ 这份工作和你的职业规划一致吗？

对大多数程序员而言，技术和产品管理也应该是考虑因素之一。如果一家公司没有源码管理系统，并且为了发布新功能而拒绝修复bug，那么该公司就不是个写代码的好地方。因此要考虑如下因素。

- ❑ 你的老板有技术眼光吗？
- ❑ 项目是以敏捷的方式运作的吗？
- ❑ 源码控制工具是什么？bug追踪工具是什么？
- ❑ 你的开发机够专业吗？显示器够用吗？
- ❑ 你的开发工作是基于最新的软件框架吗？

4.2.2　必须有、应该有、最好有

在谈判之前，可以把事项按照"必须、应该、最好、没有"（Must Should Could Won't，缩写为MoSCoW）进行分类，这个技巧可以帮你排好事情的优先级。MoSCoW本来是给软件项目需求排列优先级的技巧，但这完全适用于合同谈判。

1. 必须有

"必须有"是指那些不能妥协事情，范畴包括最低薪资标准，可能还有带薪假期数量。

这些是能否签订合同的决定性因素，你要么获得这些条件，要么拒绝offer。有些程序员还要求在这个范畴里加上特定的技术和项目。

2. 应该有

"应该有"的事情可能和"必须有"的事情一样重要，但有所让步也是可接受的。在这个范畴里，你可能要求公司进行系统化的培训，但也可以用"内部培训"来替代。

把这些事情尽可能多地列出来，考虑每项事情有没有代替选项。

3. 最好有

"最好有"的事情是那些希望得到的东西，但不是合同的决定性因素。如果你得不到，也有可能接受offer。这类事情包括免费工作餐、健身会员福利、等等。

4. 没有

在原始的MoSCoW分类中，W代表"没有"，指不包括在这个版本里，但有可能在未来的版本里出现。

你可以用两种方式使用这个类别：把所有你不能忍受的事情列出来；把所有无关紧要的事情列出来。不论用哪种方法，在给offer条件排列优先级的时候，这个类别都是可有可无的。

4.3　招聘中介的作用

你脑海里可能会有这么一个假象：中介把你介绍给雇主，会把你的利益放在心上。毕竟他的酬劳是建立在你拿到的薪金基础上的。这在某种程度上是对的，但要考虑一下数额。如果你通过谈判提高了10%的薪金，中介也会多拿10%的报酬；然而如果谈判失败，中介将会一无所得。从中介的角度来说，提升薪金的诱惑力远不及失去报酬的风险。与帮助你谈判相比，直接签订合同明显更稳妥。

如果你的合同有很大的议价空间，那么中介有可能会帮你谈判，但这种情况比较少。大多数情况，只有多个求职者争夺一个职位的时候，中介才会参与到谈判中来。永远不要期待招聘中介能帮你争取利益。如果有不喜欢议价的求职者出现，大部分中介就会放弃你，转而同这些人合作。

4.4　开个好头

谈判的时候，不要忘了你的谈吐、价值观会给未来雇主留下深刻印象。这是你留给雇主的第一印象。如果在谈判中太过被动、全盘接受，这个印象在雇主脑中就会一直持续很久。类似地，如果太能言善辩，这个印象也会在未来延续很久。你想要给雇主留下什么印象，就在谈判中表现出什么样。我个人建议，求职者应该"坚定地提出合理的要求"。

4.4.1　避免过分让步

在合同谈判中，有些雇主会适当地让步，但交换条件是对方必须作出巨大的让步。这是个圈套，有些没经验的谈判者很容易中计。你可能要求对方提高5%的薪资额度，作为交换条件，对方会要求你在周末和假期随时准备上班，但向你担保"不会有很多的工作"。

遇到这种情况，要考虑到最坏情况是什么。这可能意味着你为了得到少量的工资涨幅，而不得不放弃所有的休息时间。即使并不会占用全部的休息时间，你的自由也会受限。实际上，在业余时间你要做很多事情，包括制定计划、社交、追求个人爱好等；而一旦你接受了这个条件，就不得不时刻待命准备去工作。这不是一桩好的交易。如果雇主向你提出这种要求，在签合同前一定要确认全部的细节。如果你的让步非常大，要确保合同中的相关条款附有合理的限定条件，也就是说，条款不应该是没有限制的。一般来说，口头承诺并不可靠。如果工作不顺利，最后在纠纷中离职，你不会希望把离职原因归结为"和说好的不一样"。把条款细节写清楚，双方都在合同上签字，这样即使出现纠纷，也可以拿到赔偿再走人。每个企业都应该这样做，这是常识，而且对双方而言都有好处。

4.4.2　理想和现实

每个读过《人件》[①]的程序员都会认识到安静的办公室有多么重要，因为这会直接影响到程序员的工作效率。虽然大家都知道这一点，但办公室的实际情况却不是这样。程序员往往需要和其他团队共用一间办公室，这些团队就包括热闹的销售团队和嘈杂的客户支持团队，因此程序员实际的工作环境往往很吵闹。对程序员来说，理想工作环境和实际工作环境总是大相径庭。

这不是让你处处妥协，而是建议你对公司的期望应该现实一点。很多知名公司都不能满足你的所有要求，而你也无法改变客观条件。想想哪些东西是重要的，用MoSCoW技巧排出优先级。如果最重要的东西都得到了，在该妥协的地方也应该妥协。

4.5　衡量合同条款

合同中的有些条款需要特别关注，接下来将会讨论这部分内容。

注意　如果你发现合同中有任何不理解或者不寻常的内容，都应该咨询律师。支付一定的咨询费用也是值得的，因为这会让你避免因不合理条款而产生的隐性开销。

4.5.1　知识产权

有些劳务合同会包含单方面的知识产权信息，规定你创造的每样东西都属于公司，即使是非工作时间的产品也包括在内。大多数情况下，你为公司做的工作，公司都有所有权，因此这个条款看起来只是提出了一个合理的要求，但这类条款可能会在某些意想不到的方面对你产生影响。例如，你可能再也无法做开源项目了，因为这和公司的合同冲突。如果你想私下做点工作，就必须仔细阅读合同中有关知识产权的条款。

请注意，对于谁拥有私人工作知识产权的问题，有时候法律已经有了明确规定。这让合同中的相关条款都失去了法律效力。一个例子就是《加利福尼亚劳动法》[②]第2087节的内容。

---

① 汤姆·德马科和蒂莫西·利斯特著。——编者注
② 该法律的中文译本摘自《创业的现实：另类创业百科》一书。——译者注

　　(a) 雇用协议中规定的员工向其雇主转让或要约转让其在发明中的任何权利的任何条款不适用于员工完全利用其自己的时间且未使用雇主的设备、供应、设施或商业秘密信息开发的发明，下列发明除外：

　　(1) 在构思或实施发明时与雇主业务或雇主实际或明确预期的研发相关的发明；或

　　(2) 源于员工为雇主执行的任何工作的发明。

　　(b) 若雇用协议中的条款意欲要求员工转让(a)项下原本不准转让的发明，该等条款与本州公共政策相悖且是不可执行的。

于 2012 年 11 月摘自http://www.leginfo.ca.gov/cgi-bin/displaycode?section=lab&group= 02001-03000&file=2870-2872

4.5.2　不竞争条款

　　所谓不竞争条款，是指雇主要求员工不能为同行的竞争企业工作。但有时候，这些条款远远超出了其应有的约束范畴。如果你的合同中有相关条款，务必读懂每一个细节。如果无法继续在公司工作，你不会希望自己的选择权被无端限制。

4.5.3　不招揽条款

　　不招揽条款和不竞争条款类似。不招揽条款比较常见，并且有时候也会远超出约束范畴。

　　如果你在将来想自立门户，对这类条款所导致的后果一定要谨慎考虑。

4.6　如何应对不利状况

　　不论何时开始谈判，你都必须提前考虑如何应对不利状况。你可能发现雇主很乐于协商解决问题，所有事情都进展得很顺利；但在某些时候，你也可能会得到负面甚至是直接拒绝的回应。

4.6.1　"这是一份标准合同"

　　在谈判中，如果双方无法达成一致，最常见的借口是："这是一份标准合同，无法修改。"这是完全没有道理的。事实很可能是招聘经理怕麻烦，因为他可能要征得法务部门的同意，或者（大多数情况）要上报人事部门。你应该礼貌地坚持自己的看法，告诉招聘经理，这些要求对你很重要，花些时间也是值得的。你对合同的修改要求一定要明确，包括用词如何。你的要求也应该尽量简单，这样招聘经理（和其他相关人员）就更容易同意你的请求。除非你的要求非常简单直接，否则别忘了寻求法律建议。

4.6.2　沉默回应

对求职者来说，最难应付的事情之一就是雇主的沉默回应。你可能已经开始和对方谈判，或者已经提出了更改合同条款的要求，但对方却突然消失了，你在数天甚至数周内都收不到任何回应。

招聘经理通常都非常繁忙，但不论如何，没有任何回应都不是一个好的信号。即使招聘经理有正当理由不理睬你，这也是说不通的，完全可以写一封电子邮件："对不起，我们最近非常忙，会在这周末之前给你答复。"这也就是几分钟的事。

如果你得不到回复，就应该现实一点。等待一两天后，没有结果就开始继续找工作。对于这种不重视同求职者交流的公司，你得庆幸不必在那里工作。对于这种公司，没有必要浪费感情和精力。

4.6.3　谈判结果恶化

如果你的合理请求遭遇到公司的冷淡回应，甚至是收回offer的威胁，那你同样需要现实一点。你希望为这种公司工作吗？一旦你签订了合同，在将来的工作中，假如你想申请加薪或者改善工作环境，你觉得公司会妥善处理吗？答案是否定的。如果一位雇主能把谈判变成争吵，那你最好别在这种公司工作。你应该庆幸不必再和这种公司打交道。

4.7　谈判技巧总结

谈判可能是个困难、紧张的过程，以下是一些能让你减轻压力的关键技巧，可以帮你在重要的地方保持专注。

- ❏ 要同未来的雇主合作，而不是反对他们。
- ❏ 避免有攻击性的交流方式。
- ❏ 等待收到offer再计划谈判。
- ❏ 理解招聘市场中的供求关系。
- ❏ 考虑合同中的非工资因素。
- ❏ 思考你理想的长期工作关系应该是什么样的。
- ❏ 考虑总体待遇，而不是基本工资。
- ❏ 要清楚哪些东西对自己最重要。
- ❏ 准备对待遇中的次要部分作出让步。
- ❏ 如果有必要，准备好终止谈判。
- ❏ 对合同中那些约束过多的条款要小心。
- ❏ 不要期望招聘中介能帮你谈判。

第5章
编程基础

很多面试官（包括我）喜欢用简单的问题来"暖场"，以此来考察求职者的编程基础。如果求职者连第一关都没通过，我甚至会直接终止面试，因为基础知识真的很重要。

"全面的基础知识是通往大师之路的垫脚石。"

——阿伦·尼姆佐维奇

很多程序员都缺乏计算机科学的正规教育，这让他们在职场上没有优势。在学习这些知识的时候，你可能会觉得和职业毫不相干（虽然我不希望你这么想），但在很多情况下，这些知识都会对你的职业生涯产生巨大影响：你可能会有一份高质量的工作，而不是日复一日地在深夜干体力活，直到把手指磨出厚厚的茧子。

程序员热爱解决问题，当然，这正是因为程序员要面对许多问题。但不难发现，很多不务实、懒散的程序员似乎更喜欢解决简单的问题，这些常见的问题可能在数十年前就有了成熟的解决方案。诚然，有些小问题有显而易见的解决方法，使用已有方法也没什么坏处（程序员很享受学习前人经验的过程），但在日常中碰到的其他问题往往难度更大，比如日期操作、随机数的选取等。对这类问题来说，如果总是重复使用已有方法，就必然会导致软件漏洞——这是我的切身体会。

本章会涉及很多常见的"算法和数据结构"面试题，但不要认为会涵盖所有问题。一本好的算法和数据结构参考书仍是无可替代的，我推荐罗伯特·塞奇威克和凯文·韦恩的《算法》[①]一书。

在进入到树（tree）和图（graph）的美妙世界之前，让我们先从最基础的知识开始：数字。

---

① 中文版《算法（第4版）》已由人民邮电出版社图灵公司出版。——编者注

5.1　二进制、八进制、十六进制

世界上只有10类人：懂二进制的和不懂二进制的。

你可能觉得难以置信，但在很久以前，程序员必须精通二进制、八进制和十六进制。那时候，程序员通常不需要计算器，就可以轻而易举地在三种进制之间进行转换。

今天，你的确不需要精通二进制、八进制和十六进制，但也不要认为它们没有用处。下面我会举一些它们在现代应用中的例子。

在网页中，十六进制经常用来表示颜色：

```
<body bgcolor="#007F7F">
```

在UNIX和Linux操作系统中，设置文件权限需要用到八进制。

```
chmod 0664 myfile
```

想要理解IP网络中的子网掩码，就必须了解二进制。

```
192.168.0.24/30
```

还不信？在面试中，有些面试官喜欢用最基础的问题来开始技术测试，这些测试会让你觉得有必要重新复习一下这些知识。

十进制计数可能是世界上最自然的事情了。大部分人都有10根手指和10根脚趾。在小时候，我们就会用手指来数数。你能想象一个所有人都有11根手指的世界吗？

从易用性的角度来说，十进制确实更易被人接受。相对而言，二进制看起来就很粗糙了，但二进制却奠定了整个数字时代的基础。因此，我们不应该抱怨二进制。尽管二进制看上去很粗糙，但仅用0和1就能构建出一台现代计算机，这难道不是一件很神奇的事吗？

想快速理解十进制之外的计数制，要首先理解十进制的含义。

如果我们用十进制来表示7337，可以这样写：

$$7 \times 1000 +$$
$$3 \times 100 +$$
$$3 \times 10 +$$
$$7 \times 1$$

也可以这样写：

$$7 \times 10^3 +$$
$$3 \times 10^2 +$$
$$3 \times 10^1 +$$
$$7 \times 10^0$$

现在，你理解了十进制的表示方式。我们再来计算十六进制下的7337：

$$7 \times 16^3 +$$
$$3 \times 16^2 +$$
$$3 \times 16^1 +$$
$$7 \times 16^0$$

十六进制就是如此简单。八进制下的7337也同理：

$$7 \times 8^3 +$$
$$3 \times 8^2 +$$
$$3 \times 8^1 +$$
$$7 \times 8^0$$

这些都很简单，但远不是计数制的全部。十进制有10个基本数字，分别是0、1、2、3、4、5、6、7、8、9，但如何表示十六进制的基本数字？

答案是：超过9的数字用字母表示。因此，十六进制的基本数字码是：

0, 1, 2, 3, 4, 5, 6, 7, 8, 9, A, B, C, D, E, F

对八进制来说，只需舍弃十进制中的数字8和9就可以了，但是二进制只有0和1。你不能用"7337"这种方式来表示二进制数，因为这些数字在二进制中根本不存在。以二进制数1001为例，它表示的是：

$$1 \times 2^3 +$$
$$0 \times 2^2 +$$
$$0 \times 2^1 +$$
$$1 \times 2^0$$

5.1.1　十六进制转换为二进制

如果面试官让求职者进行十六进制到二进制的转换，并且不准使用计算器和电脑，求职者会觉得非常困难。但这实际上是非常简单的，只要稍加练习，你就能在头脑中进行这类运算。方法如下：

十六进制转换成二进制就像吃掉一头大象，需要一口一口地慢慢啃。

请记住，"啃一口"是转换半个字节（byte）或4位。十六进制数的每一位都可以用4位二进制数来表示。表5-1完整地展示了十六进制和二进制的转换关系。

表5-1 十六进制二进制转换表

十六进制	二进制
0	0000
1	0001
2	0010
3	0011
4	0100
5	0101
6	0110
7	0111
8	1000
9	1001
A	1010
B	1011
C	1100
D	1101
E	1110
F	1111

5

只要记住这个表格，不需要任何运算，就可以把十六进制转换成二进制。只需查一下十六进制和二进制的对应关系，然后把每一位得出的结果连起来，就能得到最终答案了。

想把十六进制数BEEF转换成二进制，方法如下：

B对应1011

E对应1110

E对应1110

F对应1111

把所有结果组合起来：

BEEF（十六进制）= 1011 1110 1110 1111（二进制）

将二进制转换为十六进制也是一样的，一步一步来：

1111 1110 1110 1101（二进制）= FEED（十六进制）

5.1.2 Unicode

人们使用计算机的时候，很容易忘记所看到的文字实际都是二进制数据。之所以能显示文字，是因为使用了某些文字编码方案。很多程序员都熟悉ASCII码，并且理所应当地认为ASCII码是"纯文本"，其他任何东西都非常不方便；但是当他们打开一个"纯文本"文件的时候，会发现事实并不是那样。他们看到的就像图5-1一样。

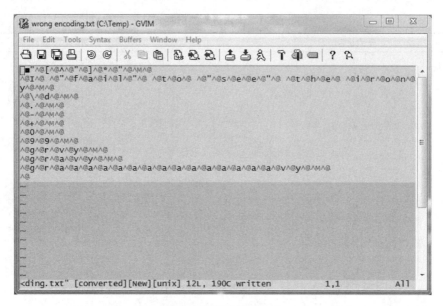

图5-1　错误的编码方式

当程序使用（或者被迫使用）了错误编码方式的时候，就会出现这种情况。因为打开方式与源数据的编码方式不一致。如果源文件使用的是Unicode编码，打开方式也应该是Unicode。Vim是个很优秀的编辑器，可以完美地处理Unicode编码。但在图5-1中，我强制Vim使用了错误的编码方式。

Unicode的出现，为多语言（不只是英语）字符编码提供了单一、明确、统一的编码方式。在Unicode之前，程序员曾经使用过7位ASCII码，也就是内码表①。内码表最大只能表示数字127（7位的限制），因此我们需要一个范围更大的规范化编码方式，以适应不同语言和文化的需求。Unicode是为了取代内码表而出现的，但目前还没有达到这个目标。出于向下兼容的考量，内码表在实际中仍然有所应用。具有讽刺意味的是，在Unicode编码文件中，仍然用内码表来表示字符集的语种。

程序员普遍对Unicode存在一个误解，认为Unicode字符的存储空间是2字节，而非1字节。这并非完全正确。Unicode字符确实经常占2字节空间，但也有可能是1字节（UTF-8的每个字符占1字节）或者多于2字节（UTF-16的每个字符占2或4字节）。6.2版本的Unicode标准支持超过110 000字符，这远远超过了限制为2字节时最大65 536的限制。因此，Unicode字符的存储空间大小是不固定的。

---

① 也称代码页，英文codepage。——译者注

5.2　数据结构

如果一名工人只拿着一把锤子和一把螺丝刀来给你修车，你肯定觉得此人不靠谱。这个道理对于程序员也同样适用。如果程序员只会使用初级数据结构，那么他也会显得很不专业。我并不是在抨击只使用初级数据结构的人，可以把数据结构比喻成乐高积木来解释：你几乎可以用基本形状的积木堆砌成任何形状，不过在轮子或马达处使用特殊形状的积木更加简单快捷。

5.2.1　数组

数组是元素按一定顺序排列的集合，每个元素都用一个数字来标识。这个数字叫作索引或者键。

数组元素的随机访问效率往往非常高，因为获取数据地址的计算方式非常简单：

$$offset = index \times size\ of\ (element)$$

换句话说，数组元素的偏移量可以由索引值和数组元素所占空间大小相乘得出。

一般来说，在使用前要声明数组的长度；但在不清楚数组元素数量时，这是很棘手的。所有的现代软件架构都有比数组更优秀的数据结构，比如.NET有泛型类型List<T>，这些类型不存在传统数组中的限制。尽管如此，对基本数据结构仍然要有所了解，数组就是其中之一。

5.2.2　散列表

散列表又称关联数组（associative array），散列映射（hash map），有时候简称为散列（hash）。散列表是应用最广泛的数据结构之一。

散列表和数组类似，都可以存储一系列元素。但散列表并不是通过有序整数下标来访问元素，它可以用任意数据类型作索引值，比如字符串、日期类型，甚至你自己创建的类。

下面的散列表用字符串类型作为键类型（值类型也刚好是字符串）：

```
Hashtable h = new Hashtable();

h.Add("JAN", "January");
h.Add("FEB", "February");
h.Add("MAR", "March");
h.Add("APR", "April");
h.Add("MAY", "May");
h.Add("JUN", "June");
h.Add("JUL", "July");
h.Add("AUG", "August");
h.Add("SEP", "September");
h.Add("OCT", "October");
h.Add("NOV", "November");
h.Add("DEC", "December");

Console.WriteLine(h["SEP"]); // 打印 "September"
```

散列表一般通过散列函数来构建。在这个例子中，散列函数把每个键（本例中为"SEP"）和对应的值建立起索引关系。基于不同的键值，散列函数通常会生成唯一的数字，你可以大致把这个数字理解成数组中的下标值。不同的是，这些数字对你来说是不可见的，它们的运算和处理是完全在程序幕后进行的。

散列表里的键必须是唯一的，每个键不能存储多次，而值出现的次数则没有限制。

因为键的数据量不确定，而且往往比较大，所以值所占的存储空间反而很小（如果不是这样的话，使用索引就很不合适）。

如果两个关键字的散列函数结果映射到了同一位置上，我们就称这种现象为散列冲突。当冲突出现的时候，有两种解决方式：一种是重新计算散列码（重散列），另外一种是把冲突数据存储在二级数据结构上（拉链）。再次强调，使用散列表的时候，这些细节对程序员是不可见的。

散列函数的时间复杂度为常数级，这意味着散列表的添加和查询操作效率非常高。

现代编程语言（C#、Java等）通常都支持很多构建在基于散列表的高级数据类型之上。在C#中，强类型Dictionary的使用非常普遍。下面这个例子就使用了Foo类型的键和Bar类型的值：

```
var myDictionary = new Dictionary<Foo,Bar>();
```

如果想让一个键映射到多个值上，方法几乎一样，因为list类型的值是完全兼容的：

```
var myDictionary = new Dictionary<Foo,List<Bar>>();
```

5.2.3 队列和栈

队列和栈都是按添加顺序排列的线性表，区别在于元素的提取顺序不同。队列提取元素的顺序和添加顺序相同（FIFO，先进先出），而在栈中顺序是相反的（LIFO，后进先出）。直观地理解，队列和我们在生活中排队非常像。栈则和生活中的摞盘子类似：你把盘子放在上面，拿盘子也是从上面开始拿，而不是从底部抽。这就是所谓的后进先出。

5.2.4 树

树是把数据存储在节点上的数据结构，每个节点都有子节点（最少为0个）。没有父节点的节点称作根节点。如果一棵树的每个节点都最多有2个子节点，我们称之为二叉树。如果二叉树不存在相同节点，并且节点的排列有序，我们称之为二叉搜索树。如果允许每个节点存在2个以上的子节点，并且节点排列有序，我们称之为B-树。B-树非常适合大量数据的读写，因为其高度比相同数据量的二叉搜索树要小得多。

现实中的树总是向上生长的，向着天空拓展枝叶，但数据结构中的树通常是向下生长的，子节点沿着根节点一点一点向页面下方延伸。

图5-2是一棵简单的二叉树，高度为3，有7个节点。它不是平衡树和有序树。

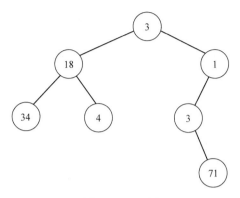

图5-2　二叉树

图5-3是一棵二叉搜索树。左子树中所有节点的值都比父节点小，右子树中所有节点的值都比父节点大。注意，值为9的节点只有一个子节点。二叉搜索树并不要求所有节点都有2个子节点。

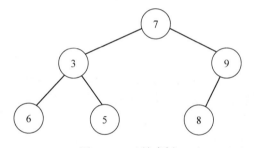

图5-3　二叉搜索树

图5-4是一棵B-树。可以看出，每个节点都可能存在2个以上的子节点。

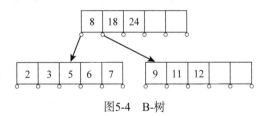

图5-4　B-树

5.2.5　图

图和树有些类似，但图可以向任意方向延伸。图中的节点并不一定都互相连接，而且节点可以自己形成环，两个节点之间可以有多条连接路径。从数据结构的角度来说，图几乎没有任何限制。

虽然节点之间的连接（边）并不复杂，但其可以是有向的，这意味着图只能从一个方向遍历。如果你走过一条边，就无法走回头路，除非从其他路线回到起点。

图5-5展示的图有很多有趣的特征：节点2是自连通的，节点8和节点9之间存在两条边。这张图并不是连通图，因为有些节点之间没有路径，如节点1和节点5。

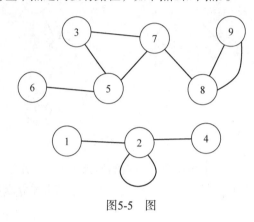

图5-5　图

5.2.6　图的遍历

面试官经常会考察有关图和树遍历的基础知识。你可以记住两个基本方法：深度优先遍历和广度优先遍历。深度优先遍历是指从一个路径出发直到叶节点；广度优先遍历是指优先访问所有的子节点，然后再继续向后代节点移动。

广度优先遍历算法经常使用队列（FIFO）来记录节点，而深度优先遍历算法一般使用栈（LIFO）来记录节点。

深度优先遍历算法的顺序可以分为前序、中序和后序。如果你想复习相关知识，可以参考5.11节第8题。

5.3　排序

数据排序是编程的基本操作之一。大多数编程框架中的集合类都会提供排序算法或内置的排序功能，比如Perl和Ruby。

在C#中，你可以用多种途径给整数排序，下面是一些例子：

```
var list = new List<int>
        { 1, 4, 1, 5, 9, 2, 6, 5, 3, 5, 8, 9, 7};

// 方法1：排序整数的最简单方法
list.Sort(); // 现在，list里的元素顺序如下
        { 1, 1, 2, 3, 4, 5, 5, 5, 6, 7, 8, 9, 9 }
```

如果想给对象排序，可以用OrderBy扩展方法：

```
var listOfPeople = new List<Person>
{
    new Person {Name = "Fred", Age = 29},
    new Person {Name = "Barney", Age = 27},
    new Person {Name = "Wilma", Age = 22},
    new Person {Name = "Betty", Age = 23}
};

// 方法2：用Lambda表达式和扩展方法实现
var sortedListOfPeople = listOfPeople.OrderBy(item => item.Name);
```

你也可以对数据对象使用LINQ：

```
// 方法3：使用LINQ
var anotherSortedList = from p in listOfPeople orderby p.Age select p;
```

在.NET中，排序是用快速排序算法实现的。有些面试官（好在并不多）会要求求职者把快速排序算法的代码写在白板上，因此，你应该了解这个算法的基本原理。归并排序算法是另一个热门算法，是"最受欢迎排序算法"的有力竞争者。这两个算法的平均时间复杂度都是$O(n\log n)$，但快速排序在最坏状况下的时间复杂度是$O(n^2)$。

哪个排序算法最好？没有确定的答案。每个算法在不同环境下都有优点，甚至最慢的冒泡排序算法在某些情况下也可能是最好的算法。比如对一组近似有序的数据进行排序，冒泡算法在时间复杂度和空间复杂度上都是最好的算法。

表5-2提供了一些主要排序算法的时间复杂度数据。

表5-2 排序算法

算　　法	最坏情况时间复杂度	平均时间复杂度	描　　述
冒泡排序	$O(n^2)$	$O(n^2)$	比较相邻元素，如果顺序不对即进行交换。对于数据规模较小、部分有序的序列来说，效率较高，在实际中极少使用
归并排序	$O(n\log n)$	$O(n\log n)$	不断把序列分割成子序列，直到每个子序列只包含一个元素，然后再不断地合并子序列，直到合并成一个（有序）的序列，效率高，应用很广
快速排序	$O(n^2)$	$O(n\log n)$	以枢纽元为基准，不断把原序列分割成子序列，直到只有一个元素（或没有元素）。然后把子序列和枢纽元连接到一起，直到形成一个完整的有序序列。效率高，应用很广
堆排序	$O(n\log n)$	$O(n\log n)$	用序列中的元素创建一个堆，然后不断地把最大元素移动到数组中，直到堆中没有元素为止，当构建有序数组的时候，堆的结构加快了搜索速度
插入排序	$O(n^2)$	$O(n^2)$	遍历一个序列，把元素逐个插入到另一个有序序列中，数据规模较小的时候比快速排序快

5.4 递归

当一个方法调用自身的时候，我们称之为递归。如果你从没见过递归代码，不妨想象一个调用自身的方法，以栈溢出的形式自找麻烦。这个例子很形象，只是没有考虑到边界条件。当程序运行到边界条件的时候，递归会被中止，正如下面这个例子一样：

```
int factorial(int n)
{
    if (n <= 1) // 边界情况，递归终止
        return 1;
    else
        return n * factorial(n-1); // 递归调用
}
```

在实际中，递归的应用比这个例子要复杂得多。它是实现分治策略的基本工具之一。分治策略是指不断把复杂问题分解为小问题，直到可以直接解决为止。在实践中，递归调用（以及很多分治策略算法）的最大问题是内存溢出，或者是超过架构允许的最大调用次数。

斐波那契数列是从0和1相加（等于1）开始的，接下来是1加1（等于2），1加2（等于3），以此类推：

0, 1, 1, 2, 3, 5, 8, 13, 21, 34, 55, 89, 144, …

用迭代的方法来获取第n个数字大概是：

```
int FibonacciIterative(int n)
{
    if (n <= 1)
        return n;

    int firstNumber = 0;
    int secondNumber = 1;
    int result = 0;

    for (int i = 2; i <= n; i++)
    {
        result = secondNumber + firstNumber;
        firstNumber = secondNumber;
        secondNumber = result;
    }
    return result;
}
```

相对而言，用递归实现看起来更加简单明了：

```
int FibonacciRecursive(int n)
{
    if (n <= 1)
        return n;

    return FibonacciRecursive (n - 1) + FibonacciRecursive (n - 2);
}
```

如果这些教科书上的经典案例还不能让你理解递归，那你可以看看1997年的一场特殊国际象棋比赛。对阵双方是一台叫作深蓝的计算机和国际象棋世界冠军加里·卡斯帕罗夫，最后深蓝赢得了比赛。这是电脑第一次在比赛中击败人类世界冠军。这就是使用递归的实例，因为对所有的象棋程序而言，核心算法都是利用递归来实现的极小极大搜索算法（minimax algorithm），以此来寻找象棋移动的最优方案。如果没有这个算法，就很难预测谁是1997年那场比赛的最后赢家了。

5.5 面向对象编程

面向对象编程的核心是把现实世界中的事物抽象成一系列对象。这些对象把数据和行为整合到一起，在接收到消息、方法调用，以及能触发行为的事件时，可以对数据执行特定操作。

对企业级应用开发来说，面向对象编程是一项最基本的知识。如果你不知道类和对象的区别，就会在面试中遇到麻烦。

5.5.1 类和对象

让我们先来解决最基础的问题：类和对象的区别到底是什么？

通俗地说，类就像是你的宏观计划，而对象就是你执行计划之后的收获。

专业一点的话，对象是类的实体。你无法在不使用类的情况下创造一个对象。程序运行之后，会不断产生对象、销毁对象，而类在程序整个运行期间一直存在。

```
// 这是MyClass类的定义
public class MyClass {

    // 该类包含一个"做点事情"的方法
    public void DoSomething()
    {
        Console.WriteLine("Don't panic");
    }

}

// 这是另外一个类，会创建一个MyClass实例
// 因此，它可以调用DoSomething方法
public class MyOtherClass {

    // 创建对象
    var foo = new MyClass();

    //现在，可以通过新对象调用方法
    foo.DoSomething();
}
```

实际上，类和对象的区别很理论化，因为如果用特定方式声明某个类，完全可以将其像对象

一样使用（这非常普遍）。

```
public class MyClass {
    public static void DoSomething()
    {
        Console.WriteLine("Don't panic");
    }
}

// 这是另外一个直接使用MyClass的类
// 没有创建新对象
public class MyOtherClass {

    // 调用静态方法并不需要对象实例
    MyClass.DoSomething();
}
```

注意，DoSomething被声明成了静态方法，所以调用它并不需要创建对象。在这个例子中，即使不需要，也能创建一个类的对象。如果我在写一个工具类，就应该把类也声明成静态，从而告诉编译器，这个类不能被继承，并且类中的所有方法都默认是静态的。

5.5.2 继承和复合

在面向对象编程中，继承既是最大的优点，也是最大的缺点。一方面，它让面向对象模型更贴近现实，为程序语言提供了高效的代码重用机制。有了继承，派生类才可以使用基类的属性和方法。但是另一方面，如果在实践中过多使用继承，就会造成类结构混乱。程序行为将无法预测，程序调试会异常困难，程序结果的正确性也无法保障。平心而论，任何复杂的程序都有类似问题。在我的职业生涯中，混乱的继承结构曾多次让我头痛欲裂，理清复杂的继承结构可能要花费很多天时间。因此，我建议程序员优先考虑复合。以下是二者区别的一个例子：

```
// Foo继承自Bar
// Foo*就是*Bar
public class Foo : Bar
{
    ...
}
// Foo由Bar组成
// Foo*包含*Bar
public class Foo
{
    Bar bar = new Bar();
    ...
}
```

复合有哪些优点？首先，维护人员不必再担心父类的改动会影响到派生类的功能。可以在Foo类中随时删除Bar的使用，而且这个改动被限制在Foo的作用域内，不必担心类的改动会随着继承链向下影响。

5.5.3 多态

有关多态，在教科书上有个经典的例子，以猫和狗作为比喻：猫和狗都会叫，但狗的叫声是"汪汪汪"，而猫的叫声是"喵喵喵"。因此，你经常能看到这种例子：

```
public class Animal
{
    public string MakeNoise()
    {
        return string.Empty;
    }
}
public class Cat : Animal
{
    public new string MakeNoise() {
        return "Meow!";
    }
}
public class Dog : Animal
{
    public new string MakeNoise()
    {
        return "Woof!";
    }
}
class Program {
    static void Main()
    {
        var cat = new Cat();
        var dog = new Dog();

        Console.WriteLine("Cat goes " + cat.MakeNoise());
        Console.WriteLine("Dog goes " + dog.MakeNoise());
    }
}
```

运行这个（幼稚的）程序的时候，将在控制台得到如下输出：

```
Cat goes Meow!
Dog goes Woof!
```

这种例子能让你得出两个结论：第一，多态和动物有某种联系；第二，多态意味着重写（overriding），MakeNoise就是例子。很多教科书讲到多态的时候，都会拿动物举例子，但这只不过是巧合。虽然多态和重写的联系也很常见，但二者却没有必然联系。当类继承自接口或抽象类的时候，派生类并没有重写基类的方法，但仍然提供了方法的不同实现，因此同样具有多态特征。下面是没有用到重写的多态例子：

```
interface IAnimal
{
    string MakeNoise();
```

```
    }
public class Cat : IAnimal
{
    public string MakeNoise()
    {
        return "Meow!";
    }
}
public class Dog : IAnimal
{
    public string MakeNoise()
    {
        return "Woof!";
    }
}
class Program
{
    static void Main()
    {
        var cat = new Cat();
        var dog = new Dog();

        Console.WriteLine("Cat goes " + cat.MakeNoise());
        Console.WriteLine("Dog goes " + dog.MakeNoise());
    }
}
```

5.5.4 用封装实现的数据隐藏

和封装联系最紧密的就是数据隐藏。类的实现细节和数据都会被隐藏起来。如果开发者想把部分数据开放给用户，可以通过getter函数和setter函数（称为访问器）来实现，不用直接把数据声明为public。这就是所谓的数据封装。

封装要求程序员把对象想象成黑盒，数据不断流进流出，但处理过程对程序员是不可见的。若要简化系统模型，这种方式非常奏效，因为程序员不需要记住所有的程序实现细节；但如果程序出现错误（可能是黑盒中的bug），那么这种方法可能会让调试过程变得困难。出于这种考虑，很多资深程序员都信不过"1.0"版本（初版）的软件框架。

5.6 像函数式程序员一样思考

与面向对象程序员相比，函数式程序员在问题思考方式和系统建模方式上有很多不同之处。

❑ 使用函数，而不是可变数据对象。
❑ 通过计算表达式来获得结果，而不是在数据上执行特定操作。
❑ 函数是没有状态的，这没有负面作用。
❑ 使用递归是一种惯例，而不是特例。

据说，函数式程序比面向对象程序的可扩展性更好，原因之一就是函数式程序可以完全避免数据并行操作引起的冲突问题，比如资源竞争和线程安全。

5.7　SQL

如果开发者无法处理数据存储与检索的需求，职业发展就会受阻。想了解数据存储与检索，就要学习几种数据库的基础知识。RDBMS（关系数据库管理系统）是最早、也是最常见的数据库形式之一。SQL是一种结构化查询语言，程序员可以用SQL来管理RDBMS中的数据。如果你是SQL新手，我要告诉你一条好消息和一条坏消息：好消息是，SQL只有4种操作，分别是增加、查询、修改、删除；坏消息是，主要的RDBMS供应商（包括甲骨文和微软）实现SQL的细节不一样，因此一种RDBMS的知识和经验可能并不适用于另一种RDBMS。

5.7.1　什么是ACID

RDBMS和ACID的联系十分紧密。ACID是数据库4种特征的统称，目的是为了保障数据库的操作正确性。

- A代表原子性，是指只能对数据整体进行修改，或者完全不变。如果修改操作的一部分失败，所有的操作都会失效。
- C代表一致性，是指只有产生在所有规则下都有效的数据，才能够进行修改。
- I代表隔离性，是指同一时间、同一数据上的并行操作要串行化，防止出现访问冲突导致的数据错误。
- D代表持久性，是指数据库的更改生效后，应该是持久的。即使数据库崩溃、断电，甚至服务器房间一片狼藉，数据都不该回滚。

5.7.2　基于集合的思考方式

在学习SQL的过程中，程序员的思维必须作一个重大转变：处理数据要以集合为单位，而不是用迭代逐项处理数据。这并不是让你编写那些长达100行的冗余、复杂SQL代码，也不是把数据逐条选出来处理，而是让你把数据分区，然后选出来进行批量处理。其他优点暂且不论，RDBMS对基于集合的SQL语句有相当完美的优化。如果只处理一项数据，RDBMS的可优化空间就非常小。

5.8　全栈 Web 开发

开发互联网相关软件要求程序员（或者一个程序员团队）具备多种技术。技术需求多种多样，因此一种新的全能程序员概念也应运而生：全栈网络程序员。

对全栈程序员来说，可能今天在用HTML和CSS开发响应式Web页面，明天就用到jQuery和Ajax来写JavaScript代码了，而后天又要写存储过程来优化日常数据检索。以上只是几个例子，全栈网络开发可能还要具备如下知识：

- ❏ 图形设计
- ❏ 易用性原则，也叫"用户体验"
- ❏ Flash或Silverlight
- ❏ 内容管理系统（CMS）
- ❏ XML和JSON
- ❏ 一门编程语言，比如Java、Ruby、.NET，以及所支持的软件框架
- ❏ MVC框架
- ❏ SQL（或者越来越多地使用NoSQL）
- ❏ ORM框架
- ❏ 数据建模
- ❏ 数据库管理
- ❏ 服务器和网络管理
- ❏ 浏览器的怪异模式（很多浏览器都有）
- ❏ 网站配置
- ❏ 网站性能测试和优化

支撑网络的主要技术HTTP（超文本传输协议）在最初设计的时候，并没有考虑到数据状态，目的仅是传输独立的请求数据和响应数据。HTTP本身没有任何机制去保存session信息，这就是人们常说的"网络无状态"。

每个现代编程框架都会提供一些列方法来支持session管理，包括cookie、隐藏表单域，以及多种形式的服务器端session管理机制，目的都是管理用户session状态。这到底是好事还是坏事，取决于你自己的看法。

所有维护session状态的机制都是为了解决一个共同问题：用户的不确定行为。在用户等待服务器响应的时候，他们不会闲着，可能会打开新页面，做点其他事情，或者突然对当前页面失去兴趣而关闭浏览器。服务器并不知道用户到底是在等待响应还是已经溜之大吉，只能通过客户端浏览器发送的最后数据和等待时间来推断。

5.9　解密正则表达式

你无法完全理解正则表达式，除非你能用原始克林贡语[①]来解读它。

[①] 克林贡语是《星际迷航》里的一种外星语言，号称是最完善的人造语言。——译者注

很多程序员对正则表达式又爱又恨：爱是因为其功能异常强大，并且应用范围极广；恨是因为其不好理解，容错性太差。不论你怎么看待正则表达式，为了编程面试，你都要熟悉正则表达式的用法。

最起码，如果你想从文本中查询特定字符串，正则表达式是最好的方法之一。不要被它吓着，至少直到现在，没有人给你看过这样一个正则表达式：

```
/^([\w!\#$%&\'\*+\-\/\=\?^\`{\|\}\~]+\.)*[\w!\#$%&\'\*+\-\/\=\?^\`{\|\}\
~]+@(((([a-z0-9]{1}[a-z0-9\-]{0,62}[a-z0-9]{1})|[a-z])\.)+[a-z]{2,6})|(\d{1,3}\.)
{3}\d{1,3}(\:\d{1,5})?)$/i
```

顺便一提，这个表达式是用来匹配电子邮箱地址的，虽然并不完美。

初学者要解决的第一个问题，是识别正则表达式的组成部分。正则表达式可能由文本组成，也可能由表示字符集的符号组成，还可能包含锚定、量词、分组和断言。想熟练阅读和书写复杂的正则表达式，需要大量练习，但是其基础知识很好掌握，在这里进行简单介绍。

JavaScript和.NET都支持正则表达式语法，和Perl的正则表达式语法相同。Perl的出现比JavaScript和.NET都要早，但现今仍然是主流程序语言。为了说明正则表达式的一些基础知识，我在下文写了一个Perl脚本。它从标准输入（STDIN）接收数据，从第一行输入创建一个不区分大小写的正则表达式，再对剩下的几行文本作正则匹配。通过给脚本输入不同的文本文件，你可以观察到不同正则表达式是如何匹配或排除相应文本的。

```perl
use strict;
use warnings;

my $re;
my @match;
my @nonmatch;

for (<>) {

    chomp;

    unless ($re) {
        $re = $_;
        print "The regular expression /$_/i matches as follows\n";
        next;
    }

    if (/$re/i) {
        push @match, $_;
    } else {
        push @nonmatch, $_;
    }
}

print "\nMATCHES\n", join ("\n",@match) if @match;
print "\n\nDOES NOT MATCH\n", join ("\n",@nonmatch), if @nonmatch;
```

这样执行脚本：

```
C:\>perl Regex.pl RegexTest1.txt
```

RegexTest1.txt文件包含一系列测试正则表达式的字符串（第一行会被识别为正则表达式）。

运行之后，脚本会输出两列：匹配的字符串和不匹配的字符串。

```
The regular expression /great/i matches as follows

MATCHES
!!GreaT!!
GrEaT
great
Great
GrEaT
greatful
ungreatful
UNGREATFUL
UNgreatFUL

DOES NOT MATCH
grate
grated
grea
greet
reat
ungrateful
```

可以看到，正则表达式能找到任何符合匹配模式的字符串。即使有感叹号，它也能在
"!!Great!!"中找到"great"。如果想查找"great"，而不是（拼错的）单词"ungreatful"，那就要
使用锚定或者单词边界来约束了。

5.9.1　用锚定和单词边界来查询内容

在正则表达式中，你可以把锚定和单词边界看成是对搜索模式上下文的约束。在上个例子中，
用/great/会匹配到ungreatful。至少有两种方法可以改变这个行为，比如，可以用锚定来告
诉表达式你只想匹配great、greatly和great!!这类字符串。这种表达式是这样的：

```
^great
```

脱字号（^）代表锚定，会从字符串的开头开始匹配符合条件的内容。如果想要锚定字符串
的结尾，可以用美元符（$）：

```
great$
```

这个表达式可以匹配!!great，而不是great!!。

如果想精确匹配单词great，可以把字符串两端都加上锚定：

```
^great$
```

有一点需要注意,这些锚定没有设定"宽度"。在这种模式下,有效宽度是0个字符,只是为了指出匹配字符串的位置。长度为0的元字符用\b来表示,例如:

```
\bgreat\b
```

这个表达式可以匹配!!great和great!!,但无法匹配ungreatful,因为在great旁边没有单词边界。

利用之前的Perl脚本,可以给出更多例子:

```
The regular expression /^foo\b/i matches as follows

MATCHES
FOO BAR
foo, bar
FOO!

DOES NOT MATCH
FOOBAR
foody
bar foo
foofoo

The regular expression /\bBar$/i matches as follows

MATCHES
Foo bar
!bar
foo-bar
great!bar

DOES NOT MATCH
BAR!
bard's tale
bar's tale
```

5.9.2　匹配字符集

多数情况下,你想要匹配一个字符集合,而不是某个特定字符。如果想查找grey和gray,可以使用表达式:

```
/gr[ea]y/
```

方括号内的字符代表了字符集,目标字符能匹配e或a。还能在字符集里面指定字符范围,比如:

```
/gr[a-z]y/
```

这个字符集范围可以匹配字母表中的任意单个字符:a、b、c等。但是只能匹配一个字符,因此无法匹配greay。

接下来是有字符集匹配的例子：

```
The regular expression /gr[ea]y/i matches as follows

MATCHES
gray
grey
GREY
gray?!
##grey

DOES NOT MATCH
greay
graey
gravy

The regular expression /gr[oa][oe]vy/i matches as follows

MATCHES
groovy
begroovy!

DOES NOT MATCH
gravy
more gravy?
gravy boat!
```

也可以使用一些预定义字符集：一个点代表"除换行符之外的任意字符"。表5-3是部分主要字符集的列表，你应该有所了解。

表5-3　主要字符集

字符集	说　明
.	除换行符之外的任意字符
\d	任意数字，包括非ASCII码数字（例如，Arabic）
\D	任意非数字字符
[A-Za-z0-9]	字母表中的任意字符或者任意数字
\w	任意数字和字母字符，通常包括下划线和句号
\W	任意不在\w字符集中的字符
\s	任意空白字符，包括空格、tab，有时候也包括换行符（取决于前面的修饰符是什么）
\S	任意不在\s字符集中的字符

\w的字符集可以匹配任意数字、字母、下划线、句号。这是另一个使用\w的例子：

```
The regular expression /gr\w\wvy/i matches as follows

MATCHES
groovy
```

```
begroovy!
groovyfruits
gra_vy
gr__vy
gr00vy

DOES NOT MATCH
gravy
more gravy?
gravy boat!
gr!!vy
gr..vy
```

5.9.3 用限定符约束的匹配

除了指定字符和字符集，还可以指定匹配字符或字符集的数量。

在下面这个例子中，表达式会匹配单词gravy中的0个或多个"a"：

```
/gra*vy/
```

这个表达式可以匹配gravy，也可以匹配grvy（没有"a"的情况），还可以匹配graaaaaaaaavy（多个"a"的情况）。

表5-4列出了一些常见的限定符。

表5-4　正则表达式数量限定符

限定符	说　　明
*	匹配0或多次
+	匹配1或多次
?	匹配1或0次
{n}	精确匹配n次
{n,}	至少匹配n次
{n,m}	匹配次数大于等于n小于等于m

下面是更多使用限定符的例子：

```
The regular expression /gra*vy/i matches as follows

MATCHES
grvy
gravy
more gravy?
gravy boat!

DOES NOT MATCH
groovy
begroovy!
```

```
groovyfruits
gra_vy

The regular expression /gra+vy/i matches as follows

MATCHES
gravy
more gravy?
gravy boat!

DOES NOT MATCH
grvy
groovy
begroovy!
groovyfruits
gra_vy
```

5.9.4　组和捕获

　　有时候，仅用一种匹配模式是不够的，还需要从源文本中提取出一部分作进一步的处理。假设你有一个日志文件，想从中获取某些数据用于分析，或者想查找并打印出所有包含"Dilbert"字符的链接，甚至想找到一些"我家狗没有的东西"：

```
/My dog has no (\w+)/i

The regular expression /My dog has no (\w+)/i matches as follows

MATCHES
My dog has no nose (captured 'nose')
My dog has no canines (captured 'canines')
My dog has no k9s (captured 'k9s')
My dog has no nose, ask me how he smells (captured 'nose')

DOES NOT MATCH
My dog has no !*?#!! (nothing captured)
```

可以用竖线元字符来设置多选模式。如果想匹配fit或fat，可以用这种匹配模式：

```
/fit|fat/
```

如果想在一句话中匹配这些单词，可以在选项旁边加上圆括号来限制作用域：

```
/trying to get (fit|fat)/
```

如果你不想捕获文本，可以在圆括号里加上非捕获符号：

```
/trying to get (?:fit|fat)/
```

捕获文本的另一个目的是替换某些内容。在Perl中，可以用替换符把fit换成fat，例如：

```
s/fit/fat/
```

也可以把fit或fat都替换成paid：

```
s/fit|fat/paid/
```

如果想引用子表达式生成的替换文本来继续匹配，可以用回溯引用。在Perl中，是这样表示的：

```
s/trying to get (fit|fat)/I got $1/
```

这个表达式的结果如下：

```
Before: "trying to get fit"
After: "I got fit"

Before: "trying to get fat"
After: "I got fat"
```

$1会引用第一组捕获对象。如果有多组结果，可以使用$2、$3、等等。

5.9.5　不要想当然

最"想当然"的事情是忘记考虑正则表达式的贪婪特性。下面这个正则表达式可以匹配两个引号之间的内容：

```
/".*"/
```

当匹配的对象是如下字符串时：

```
I "fail" to "see" the irony
```

你可能希望得到结果：

```
"fail"
```

但实际上，它匹配了第一个引号到最后一个引号之间的内容：

```
"fail" to "see"
```

正则表达式的这种（默认）行为被称为贪婪匹配。你应该已经注意到了这个现象。想避免这种贪婪引起的问题，就不要使用"任意字符"集（符号是.），要把第一个分界符到下一个分界符想匹配的内容指定出来，这样就可以排除分界符。

想要"排除分界符"，可以利用脱字符来转换字符集：

```
/"[^"]*"/
```

这个表达式可以这样解释。

❑ 匹配第一个双引号，然后
❑ 0个或多个除双引号之外的任何字符，然后
❑ 一个双引号字符

开发者总是假设：如果一个正则表达式在一两种情形下奏效，那么它在所有情况下都会有效。这种看法是非常片面的，下面是一些例子，你在平时的开发中可能会遇到类似的正则表达式。

第一个正则表达式原本用于验证日期格式：

```
The regular expression /\d{1,2}\/\d{1,2}\/\d{4}/ matches as follows

MATCHES
01/01/1999    # 可用
31/02/1999    # 不可用
10/10/0000    # 不可用
0/0/0000      # 不可用
99/99/9999    # 不可用
```

第二个正则表达式用于验证电子邮箱地址格式，但错误地拒绝了37signals.com域名的电子邮箱地址，有些错误不明显的电子邮箱地址也能通过验证：

```
The regular expression /\w+@[A-Za-z_]+?.[A-Za-z]{2,6}/i matches as follows

MATCHES
admin@com.org.
a@b@c.com

DOES NOT MATCH
admin@37signals.com
```

下面的正则表达式想要匹配HTML标签，但几乎每次匹配都错了：

```
The regular expression /(\</?[^\>]+\>)/ matches as follows
```

（错误匹配的文字用粗体标出）

```
MATCHES
<a title=">>click here!" href="goofy.com">
```

最后，如果需要一个位于1～50区间的数字，请用语言内置的比较运算符。千万不要这么做：

```
/^[1-9]$|^[1-4][0-9]$|^50$/ # 不要这样做
```

这个正则表达式也有效，但可读性太差。使用比较运算符，就可以避免这个问题：

```
if (number > 0 && number <= 50)
```

5.9.6　延伸阅读

目前为止，关于正则表达式的最好参考资料是杰弗里·弗里德尔的《精通正则表达式》。虽然我已经讲解了部分正则表达式的基础，但你仍应该读读弗里德尔的书。书中有更多有趣的例子，还有正则表达式的进阶内容，包括不同语言（Perl、Java、.NET和PHP）中正则表达式引擎的异同。

5.10　辨认难题

有些问题确实极难。可能你认为读懂一个复杂的正则表达式很不易，但是和计算机科学领域中最难的问题相比，这简直不值一提。例如，计算大数（比如200位的数字）的因数是计算机领域中的一大公认难题，而计算最大质因数则更难。目前为止，即使运用性能最强的计算机、世界上最著名的算法，计算最大质因数的效率也低得惊人（要花好几年时间）。选出两个大的质数，相乘计算出一个大的整数，这非常容易，但逆过程却异常困难。实际上，由于计算大数的质因数难度很高，这项技术反而成了现代加密应用的关键技术之一。原因很简单，如果用这项技术加密，入侵者想要破译密码几乎是不可能的。当然，除非他能用到量子级别的计算机，否则这只在理论上可行。

计算最大质因数只是计算机领域中的难题之一。如果想让算法在多项式时间内完成，目前是没有解决方案的。因此，在实践领域中，这类问题根本无法解决。这和计算机科学入门课程（CS101）的课后作业题截然不同。重点是，如果面试中出现这类问题，你只要能够辨认出就好，不需要给出解决方案。这样你就能避免站在白板前匆忙演算的尴尬。面试通常会持续一两个小时，而用蛮力法解决NP完全问题或NP困难问题则需要几百万年的时间。

5.11　问题

接下来是一系列问题，所涉及的内容都和本章的技术主题相关。你可以利用这些问题来查漏补缺，看看需要复习哪些知识。对于大部分程序员而言，这些问题并不是太难。你一眼就能看出自己是否知道答案。不要把问题想复杂。

1. 链表和数组

链表和数组的主要区别是什么？

2. 数组和关联数组

描述一个场景，在这种场景下，使用关联数组比普通数组更合理。

3. 自平衡二叉搜索树

什么是自平衡二叉搜索树？

4. 图的表示

你为什么喜欢用邻接矩阵来存储图？你为什么喜欢用邻接表来存储图？

5. 广度优先搜索算法（BFS）和深度优先搜索算法（DFS）

描述广度优先搜索算法和深度优先搜索算法的主要区别。

6. 广度优先搜索算法

假设二叉树的结构如下所示，并给定一个整型变量。请实现一个广度优先搜索算法，如果能在树中找到该变量，返回true。

二叉树的结构如下：

```
class BinaryTree
{
    public int Value;
    public BinaryTree Left { get; set; }
    public BinaryTree Right { get; set; }
}
```

算法的函数签名是：

```
bool BreadthFirstSearch(BinaryTree node, int searchFor)
```

7. 深度优先搜索算法

假设二叉树的结构如下所示，并给定一个整型变量。请实现一个深度优先搜索算法，如果能在树中找到该变量，返回true。

二叉树的结构如下：

```
class BinaryTree
{
    public int Value;
    public BinaryTree Left { get; set; }
    public BinaryTree Right { get; set; }
}
```

算法的函数签名是：

```
bool DepthFirstSearch(BinaryTree node, int searchFor)
```

8. 中序遍历、前序遍历、后序遍历

中序遍历、前序遍历和后序遍历的区别是什么？

9. 大树的深度优先搜索

写一段代码，在一个极大树上执行深度优先遍历。

10. 字符串全排列

实现一个函数，可以生成一个字符串中所有字符的组合。函数签名是：

```
public static List<string> Permutations(string str)
```

11. 质数

实现一个可以生成N个质数的函数。先从最简单的实现开始，然后论述如何优化该算法。

12. IPv4地址的正则表达式

写一个正则表达式，用于从文本文件中提取出IPv4地址。

5.12 答案

1. 链表和数组

链表和数组的主要区别是什么？

对于大多数编程框架而言，数组所占的内存空间都会在使用前分配。这意味着数组能存储的元素数量是有限制的，否则会出现下标越界的问题。相对而言，链表就可以使用所有的内存空间，直到内存溢出。另外，链表也不用提前声明大小。

一般来说，重定向指针比移动内存中的数据要快。也就是说，相对于向数组添加元素，向链表添加元素的效率普遍要高。

数组中的每个元素所占空间大小是一样的，每个元素的地址都可以通过固定的几步操作计算出来，因此时间复杂度是O(1)。链表就没这么快了，访问链表第n个元素需要遍历前$n-1$个节点，因此时间复杂度是O(n)。换句话说，数组的元素访问效率比链表要高。

2. 数组和关联数组

描述一个场景，在这种场景下，使用关联数组比普通数组更合理。

想要快速查询键对应的值，那么关联数组是最好的选择。不需要遍历集合中的所有元素，而是可以直接使用键，例如：

```
var myValue = myHashtable[myKey];
```

也可以简单快捷地测试散列表是否包含某个键：

```
bool keyExists = myHashtable.Contains(myKey); // 速度很快！
```

对于数组，就必须遍历整个数组来找出目标元素：

```
foreach (int i=0; i<myArray.Length;i++)
    if (myArray[i] == myKey)
        return true; // 找到目标值

return false; // 没有找到目标值（并且花费了很长时间）
```

3. 自平衡二叉搜索树

什么是自平衡二叉搜索树？

自平衡二叉搜索树可以自动调整节点的位置，以保证树的深度始终是最小值。树的深度是指根节点到最深叶节点的距离。保证深度足够小也可以让树的各种操作效率变高。二叉搜索树保持自平衡会产生巨大的时间开销,因此并不是所有二叉搜索树的实现都要求深度最小,可以接受少量的效率下降。实现自平衡二叉搜索树的两个著名数据结构分别是红黑树和AVL树。

4. 图的表示

你为什么喜欢用邻接矩阵来存储图?你为什么喜欢用邻接表来存储图?

简单地说,邻接表是图中点和点之间边的集合。在邻接表里检查某条边是否存在会花费O(n)级时间,因为可能会遍历表中的所有元素。

邻接矩阵经常用二维数组来实现,每一维都是所有点的集合,因此可以形成一个矩阵。节点之间的边用true来表示(或者把数据的某位设为1)。一个10×10的二维图要求邻接矩阵数组能存储100×100=10 000个元素。n个节点的邻接矩阵会占据n^2个单位的内存空间,这个开销对于大图来说非常大。邻接矩阵的优点是检查两点之间是否存在边非常快,只需O(1)级时间。

需要注意的是,如果图是无向的,从A到B的边即从B到A的边,这意味着矩阵有一半空间被浪费了——你不需要把一条边存储两遍。

如果节点数量较少,而边的数量较多,那么可以选择邻接矩阵存储图。反之,如果节点数量多,边的数量少,就用邻接表来存储图。

5. 广度优先搜索算法(BFS)和深度优先搜索算法(DFS)

描述广度优先搜索算法和深度优先搜索算法的主要区别。

广度优先搜索算法先访问所有最近的子节点,然后再继续向下访问。深度优先搜索算法沿一条路径不断向下访问,然后再访问同级节点(也就是拥有相同父节点的节点)。

广度优先搜索一般使用队列(FIFO)来记录节点访问顺序,而深度优先搜索一般使用栈(LIFO)来记录节点访问顺序。

6. 广度优先搜索算法

假设二叉树的结构如下所示,并给定一个整型变量。请实现一个广度优先搜索算法,如果能在树中找到该变量,返回true。

二叉树的结构如下:

```
class BinaryTree
{
    public int Value;
    public BinaryTree Left { get; set; }
    public BinaryTree Right { get; set; }
}
```

算法的函数签名是:

```
bool BreadthFirstSearch(BinaryTree node, int searchFor)
```

　　请注意，这棵二叉树的子结构仍然是二叉树（或者null）。这是二叉树的典型特征之一，因为所有节点为根的子结构都是树。

```
bool BreadthFirstSearch(BinaryTree node, int searchFor)
{
    Queue<BinaryTree> queue = new Queue<BinaryTree>();

    queue.Enqueue(node);

    int count = 0;

    while (queue.Count > 0)
    {
        BinaryTree current = queue.Dequeue();

        if (current == null)
            continue;

        queue.Enqueue(current.Left);
        queue.Enqueue(current.Right);

        if (current.Value == searchFor)
            return true;
    }
    return false;
}
```

7. 深度优先搜索算法

　　假设二叉树的结构如下所示，并给定一个整型变量。请实现一个深度优先搜索算法，如果能在树中找到该变量，返回true。

二叉树的结构如下：

```
class BinaryTree
{
    public int Value;
    public BinaryTree Left { get; set; }
    public BinaryTree Right { get; set; }
}
```

算法的函数签名是：

```
bool DepthFirstSearch(BinaryTree node, int searchFor)
```

深度优先搜索算法经常用递归来实现：

```
bool DepthFirstSearch(BinaryTree node, int searchFor)
{

    if (node == null)
        return false;
```

```
    if (node.Value == searchFor)
        return true;

    return DepthFirstSearch(node.Left, searchFor)
        || DepthFirstSearch(node.Right, searchFor);
}
```

请注意，找到目标的时候，函数会终止。问题9展示了另外一种非递归的深度优先搜索算法。

8. 中序遍历、前序遍历、后序遍历

中序遍历、前序遍历和后序遍历的区别是什么？

中序遍历、前序遍历和后序遍历都是深度优先遍历，并且都会访问树的所有节点。三种遍历的主要不同在于访问节点的顺序。

❑ 前序遍历以根、左、右的顺序遍历。
❑ 中序遍历以左、根、右的顺序遍历。
❑ 后序遍历以左、右、根的顺序遍历。

代码能让你更清晰地理解三种遍历的区别。假设一棵树具有如下结构：

```
class BinaryTree
{
    public int Value;
    public BinaryTree Left { get; set; }
    public BinaryTree Right { get; set; }
}
```

前序遍历的代码如下，在访问左子节点和右子节点之前，先访问当前节点：

```
static void DFSPreOrder(BinaryTree node)
{
    if (node == null) return;

    visit(node);
    DFSPreOrder(node.Left);
    DFSPreOrder(node.Right);
}
```

中序遍历的代码如下，在访问左子节点之后再访问当前节点：

```
static void DFSInOrder(BinaryTree node)
{
    if (node == null) return;

    DFSInOrder(node.Left);
    visit(node);
    DFSInOrder(node.Right);
}
```

后序遍历的代码如下，在访问左子节点和右子节点之后，才访问当前节点：

```
static void DFSPostOrder(BinaryTree node)
{
    if (node == null) return;

    DFSPreOrder(node.Left);
    DFSPreOrder(node.Right);
    visit(node);
}
```

通过画图的方式也能帮助你理解三种遍历的区别。在树各个节点的周围画一条轨迹，从根节点的左边开始，到根节点的右边结束。

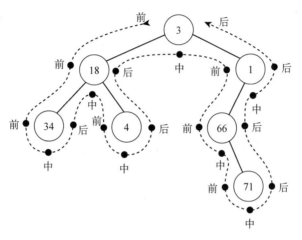

图5-6　遍历轨迹

这条轨迹会访问每个节点三次，一次在左，一次在下，一次在右。观察节点左侧的轨迹走向，会发现这是前序访问顺序；节点下方的轨迹走向是中序访问的顺序；节点右侧的轨迹走向则是后续访问顺序。

因此，前序遍历的访问顺序是：

3, 18, 34, 4, 1, 66, 71

中序遍历的访问顺序是：

34, 18, 4, 3, 66, 71, 1

后序遍历的访问顺序是：

34, 4, 18, 71, 66, 1, 3

9. 大树的深度优先搜索

写一段代码，在一个极大树上执行深度优先遍历。

"极大"的情况让你无法用常规的深度优先搜索算法。如果对大树使用递归函数，很可能会产生栈溢出的异常，因为调用栈的数据规模至少要和树本身一样大。作为替代方案，可以使用自定义的栈数据结构或者非递归算法，这可以避免程序使用软件框架内置的栈调用机制。也可以用数据库来跟踪节点，这样就可以拥有无限的数据存储空间，或者至少拥有可以满足需求的存储空间。

```
bool DepthFirstSearchIterative(BinaryTree node, int searchFor)
{
    Stack<BinaryTree> nodeStack = new Stack<BinaryTree>();

    nodeStack.Push(node);

    while (nodeStack.Count > 0)
    {
        BinaryTree current = nodeStack.Pop();

        if (current.Value == searchFor)
            return true;

        if (current.Right != null)
            nodeStack.Push(current.Right);

        if (current.Left != null)
            nodeStack.Push(current.Left);
    }

    return false;
}
```

10. 字符串全排列

实现一个函数，可以生成一个字符串中所有字符的组合。函数签名是：

public static List<string> Permutations(string str)

字符串的全排列问题是面试的热门问题，可以很好地展示如何把大问题分解成易解决的小问题，同时也是使用递归的最佳情境。

我们先来看看最简单的情况。

对于字符串"A"，只存在1种字符排列：

❏ A

当字符串有2个字符"AB"的时候，结果也很明显，存在2种字符排列：

❏ AB

❏ BA

当字符串有3个字符"ABC"的时候，有6种字符排列：

❑ ABC
❑ ACB
❑ BAC
❑ BCA
❑ CAB
❑ CBA

如果仔细观察字符串"ABC"的最后两组排列，不难发现"AB"和"BA"前面的字符都是"C"，而"AB"和"BA"又和上个例子中字符串"AB"的全排列结果一样。这对你来说是个提示。你可以把这种情况加以推广，得到一个字符串中字符全排列的算法：

把每个字符和剩余字符的全排列加以组合，就能得到这个字符串的全排列。

因此，对字符串"ABC"而言，可以先列出每个字符：

❑ A
❑ B
❑ C

然后，对于每一单个字符，都和剩余字符的全排列组合在一起。

对字符"A"，需要把它和"BC"的全排列叠加到一起：

❑ A+BC=ABC
❑ A+CB=ACB

对字符"B"，需要把它和"AC"的全排列叠加到一起：

❑ B+AC=BAC
❑ B+CA=BCA

对字符"C"，需要把它和"AB"的全排列叠加到一起：

❑ C+AB=CAB
❑ C+BA=CBA

这些步骤的代码如下：

```
public static List<string> Permutations(string str)
{
    // 每一组排列都被存储在字符串表中
    var result = new List<string>();

    // 基本情况
    if (str.Length == 1)

        result.Add(str);
```

```
else

        // 对字符串中的每一个字符执行操作
        for (int i = 0; i < str.Length; i++)

            // 对EverythingElse返回的字符串组合进行操作
            foreach (var p in Permutations(EverythingElse(str, i)))

                // 把当前字符插入排列中
                result.Add(str[i] + p);

    return result;
}

// 除了IndexToIgnore位置的字符，返回字符串中的所有字符
private static string EverythingElse(string str, int IndexToIgnore)
{
    StringBuilder result = new StringBuilder();

    for (int j = 0; j < str.Length; j++)
        if (IndexToIgnore != j)
            result.Append(str[j]);

    return result.ToString();
}
```

n个字符的字符串全排列数量是$n!$，这让函数在实践中失去了实用价值，因为函数只能处理小数据量的字符串（如表5-5中所示）。

表5-5　不同长度字符串的全排列数量

字符串长度	字符全排列数量
1	1
2	2
3	6
4	24
5	120
6	720
7	5040
8	40 320
9	362 880
10	3 628 800
11	39 916 800
12	479 001 600
13	6 227 020 800
14	87 178 291 200
15	1 307 674 368 000

假设之前的代码可以每秒计算100 000个字符排列（可能是最乐观的估计），那么15个字符的

字符串大概会花费151天才能完成运算。除了不切实际的运行时间，计算机也很可能会在程序结束前内存溢出，除非把运算过程中产生的数据从内存卸载到硬盘上。

11. 质数

实现一个可以生成 N 个质数的函数。先从最简单的实现开始，然后论述如何优化该算法。

写一个生成质数的函数相对比较简单，难点在于题目要求对函数进行优化。如果你用非常简单的算法来实现，有可能是这样：

```
public static List<int> GeneratePrimes(int n)
{
    var primes = new List<int>();

    int nextCandidatePrime = 2;

    primes.Add(nextCandidatePrime);

    while (primes.Count < n)
    {
        if (isPrime (nextCandidatePrime))
            primes.Add(nextCandidatePrime);

        nextCandidatePrime += 1;
    }
    return primes;
}

private static bool isPrime (int n)
{
    for (int i = 2; i < n; i++)
    {
        if (n % i == 0)
            return false;
    }
    return true;
}
```

这是个可怕的算法，完全没有优化过，但是并没有错误。我用我的Asus Zenbook笔记本电脑测试过这段代码（我是个受虐狂），发现生成100 100个质数需要超过7分钟的时间，所以你有很大的优化空间！

显而易见，首先优化的应该是判断质数的条件，没必要测试如此多的数字。在原始代码中，从2一直测试到 n；但实际上，只需测试到 n 的平方根即可。原因很简单：如果 n 不是质数，那么肯定存在两个数 a 和 b，满足如下条件：

$$a \times b = n$$

如果 a 和 b 都大于 n 的平方根，那么 $a \times b$ 一定大于 n；所以，至少其中一个数字小于或等于 n 的平方根。也就是说，只需找到其中一个数字就能判断 n 是不是质数，而不需要查找大于 n 平方根的数字。

```csharp
private static bool isPrime(int n)
{
    for (int i = 2; i <= Math.Sqrt(n); i++)
    {
        if (n % i == 0)
            return false;
    }
    return true;
}
```

这个简单的改动可以让算法的效率高很多。在同一台笔记本电脑上测试，时间从超过7分钟减少到了约1.5秒。

```
100000 primes generated in 00:00:01.3663523
```

你仍然可以继续优化。另一个可以优化的地方是：不必检查序列中的所有数字，而是可以跳过所有的偶数。原因也很明显：如果一个数字是偶数（2除外），它就不可能是质数。在isPrime函数里添加一个简单的测试来判断偶数，就能在内循环里跳过所有偶数：

```csharp
private static bool isPrime(int n)
{
    if (n % 2 == 0) return false;
    for (int i = 3; i <= Math.Sqrt(n); i += 2)
    {
        if (n % i == 0)
            return false;
    }
    return true;
}
```

这个改动又让程序运行时间减少了将近一半：

```
100000 primes generated in 00:00:00.7139317
```

你不仅能过滤掉偶数，还能过滤掉所有可以被3、5、7整除的数（没有4，因为4是2的倍数），然后再以目标数字的平方根为界进行循环。你可能已经发现，这些数字本身就是质数，所以可以先把这些数字添加进质数集合，这样就可以随时用这些数字来测试目标数字了。

```csharp
public static List<int> GeneratePrimesOptimized(int n)
{
    var primes = new List<int>();

    // 我们的基本质数列表
    primes.Add(2);

    // 从3开始，因为2已经处理过了
    int nextCandidatePrime = 3;

    // 持续进行，直到产生n个质数
```

```
    while (primes.Count < n)
    {
        // 假设数字为质数
        bool isPrime = true;

        // 检测该数字能否被小于该数平方根的质数整除
        for (int i = 0;
             primes[i] <= Math.Sqrt(nextCandidatePrime);
             i++)
        {
            if (nextCandidatePrime % primes[i] == 0)
            {
                isPrime = false;
                break;
            }
        }
        if (isPrime)
            primes.Add(nextCandidatePrime);

        // 以2为步长进行处理，这样可以避免偶数的情况
        nextCandidatePrime += 2;
    }
    return primes;
}
```

这样又减少了将近一半的运行时间：

```
100000 primes generated in 00:00:00.3538022
```

其效率已经和查找质数的朴素算法差不多了。你还可以研究其他替代算法，这很有好处。一个不错的切入点就是熟悉爱拉托逊斯筛法（sieve of Eratosthenes），它是这个领域的经典算法，具体如下。

以n为界，要找到所有质数。

(1) 创建从2到n的整数序列。

(2) 从第一个质数开始，$p=2$。

(3) 迭代整个序列，删掉所有p的倍数。

(4) 找到序列中第一个大于p的质数。如果没有符合条件的数字，则停止查找，否则把p替换成这个数字（也就是下一个质数），循环执行第3步。

当这个算法结束后，所有剩下的数字都是质数。

关于为什么这几步最后能筛选出质数序列，下面是说明。

从一个连续的整数序列开始：

2, 3, 4, 5, 6, 7, 8, 9, 10, 11, 12, 13, 14, 15, …

首先删除所有2的倍数（大于2）：

2, 3, , 5, , 7, , 9, , 11, , 13, , 15, …

接着删除所有3的倍数（大于3）。以此类推，剩下的质数是：

2, 3, , 5, , 7, , , , 11, , 13, , , …

最后提醒一下，想生成一定数量的质数，一个实用的替代方案是利用现成的质数序列。把这个序列存进数据结构，查询的时间复杂度只有$O(1)$。如果你用这种方式"作弊"，面试官是不会高兴的，但他却不得不承认这种方法很实用。在实际中，你可以重用现成的序列，而不是创造一个自己的序列。这种方案也许体现不了你的横向思维，但是你可能会因为实用主义而得到加分。

12. IPv4地址的正则表达式

写一个正则表达式，用于从文本文件中提取出IPv4地址。

IPv4地址具有如下格式：

nnn.nnn.nnn.nnn

*nnn*是一个在0到255之间的数字。

IPv4最简单的匹配模式是这样的：

```
(?:[0-9]{1,3}\.){3}[0-9]{1,3}
```

如果你能确保源文件包含的都是可用的IP地址，那么这个正则表达式就够用了。如果不能确定，那就要多考虑一些了，这个匹配模式可能正确地匹配到：

```
10.10.1.22
```

但也有可能错误地匹配到：

```
999.999.999.999
```

想匹配小于255的数字有点复杂。249可以通过验证，但259不可以；199可以，但299不可以。因此，需要在匹配模式中使用分支结构。下面是个匹配0到255之间数字的正则表达式：

```
(?:25[0-5]|2[0-4][0-9]|[01]?[0-9][0-9]?)
```

你需要重复使用这个模式4次，把4次的结果用英文句号连接起来。注意用单词边界元字符来约束匹配模式，避免下面这种无效地址：

```
1234.255.255.2550 # 不可用, 不是我们想要的
```

所以，最后的表达式是：

```
\b(?:(?:25[0-5]|2[0-4][0-9]|[01]?[0-9][0-9]?)\.){3}(?:25[0-5]|2[0-4][0-9]|[01]?[0-9][0-9]?)\b
```

第6章
代码质量

软件开发中的哪些因素很重要？大部分面试官都有自己独到的见解。他们普遍认同的是，代码质量是至关重要的因素，但他们对代码质量的准确定义却并不清楚。有些人认为代码清晰度更重要，有些人则认为代码执行效率更重要，还有些人认为代码正确性是头等大事，而效率和清晰度是次要的。有些面试官甚至认为这些都不重要：若客户不满意，这一切有什么用？

你还会发现，有些面试官很注重代码的结构性和一致性，变量和类要选择合适的名称。这是业内共识，很多人甚至把这个理念整合到了SOLID原则当中（如果你没听过SOLID，本章稍后会讲到）。

本章覆盖了上面提及的所有问题，技术面试官经常用这类问题来评估你对代码质量的理解。对你来说，这是个自我展示的机会，特别是这些能力：

- ❑ 阅读并理解其他人写的代码；
- ❑ 洞察有潜在问题的代码；
- ❑ 对于如何写出优秀代码有独到的见解；
- ❑ 对代码优劣有非常清晰的认识。

无论什么样的程序员，都要具备第一种能力（阅读并理解其他人写的代码），这是重中之重。作为程序员，很少要完全从零开始写代码，但要经常维护现存代码或给现有模块添加功能。因此，阅读并理解代码是程序员的必备技能之一。

作为一名面试官，同时也是程序员，我的代码质量意识非常强烈；但在面试中，我发现很多程序员甚至找不出代码的明显错误，这让我非常惊讶和失望。一般来说，面试官都会提前准备一些示例代码，这样在面试中就可以提问"这段代码有什么问题"。本章的目的就是帮你提前作好回答这类问题的准备。

面试官在问完"这段代码有什么问题"之后，往往会追问"如何修改这段代码"。在某种程度上，这个问题和第一个问题同样重要。毕竟，作为一名求职者，如果你能发现问题，却不能解决问题，面试官会认为你对实际工作无法提供任何帮助。这已经不是什么新鲜事了。

> "批判错误比改正错误要容易得多。"
>
> ——提图斯·李维，于公元前 27 世纪至公元前 25 世纪

最后，如果你能辨别代码的好坏，并且能分析并修改代码中的错误，那就要把你的想法尽量表达出来。如果你知道代码的哪里有问题，但却不知道如何修改，那就毫无用处；同理，不能把想法说出来也没有任何价值。在面试中，你可能思考非常缜密，但如果表达不清晰，就不能在面试官面前体现其价值。

6.1 保持清晰

如果代码混乱，后果会非常严重，对将来的每一步工作都有影响。其他程序员不得不花大量时间让代码通过编译、正常工作；在后续的测试和调试过程中，又会产生很多不必要的编译问题。这在产品的维护过程中会持续很多年。如果你认为我在夸大其词，那你最好找一位资深系统维护人员，问问他事实是不是这样。由于代码不清晰，产品的最终用户会遇到很多bug，这些额外的工作量和压力会被转移到产品经理（PO）或市场销售人员身上。代码混乱会给所有工作人员带来巨大的额外工作量，如果不注意这点，就只能自作自受。

如果你同意我的看法（我想你应该同意），认为写代码实际是一种特殊的交流方式，程序员将各种想法和算法传递给计算机，（更重要的是）传递给其他程序员，那么就很容易理解存在混乱代码的原因——单纯的人为失误。如果你把写代码当成交流（代码混乱就是交流混乱），那么所有导致交流不畅的原因也都能导致代码混乱，比如懒惰、歧义、语言匮乏，等等。

在面试过程中，你需要向面试官展示你能辨别混乱代码，并且能写出结构清晰的代码。关键就在于良好的沟通。

> "尽量简单，但不要简单过头了。"
>
> ——阿尔伯特·爱因斯坦

爱因斯坦的这句话在这里完全适用。你希望代码正确、实用，如果还有良好的可扩展性和灵活性就更好了。这些都没有问题，但不应该以牺牲可读性为代价。你应该用最少的代码来满足产品的所有需求，这些代码也应该是易于理解的。在任何时候，都不要为了一些虚无缥缈的需求而牺牲代码的简洁性。

当然也有例外。如果需求真实存在，或者预见到一个会让代码复杂性变高的需求，并且有正当的理由说服自己（和负责代码审查的人），那就可以忽略这个原则，使用复杂代码。然而，如果那个需求一直没有出现，而你却提前修改了代码，那么代码维护就会比原本难得多，而且没有退路。此时请不要过于沮丧。

毫无疑问，在做系统设计的时候，要给系统预留处理问题的接口，这可以让异常处理更加泛化，而不会局限于具体的错误。但不要误入歧途（只关注一种错误即可），只为满足想象中的未来需求，或者压根不可能存在的需求，最后变成了解决一类问题的多个方面，这违背了代码的初衷。在极限编程中，有一个原则就是针对这类问题的，名字叫YAGNI（You Ain't Gonna Need It，意思是"适可而止"）。

有时候，你花费很长时间实现了一个算法，那么最终代码效果似乎应能反映出为此所付出的精力。是这样吗？我们可以用一句很著名的话总结这种情况，那就是：

"如果写起来都非常困难，那么阅读起来也会感到非常困难。"

——佚名

所以，千万不要这样做，阅读代码的程序员不会因此而感谢你。如果你能多花点时间让代码尽量简洁，对其他程序员是非常有益的，对你而言也是个良好的编码习惯。

6.2　富于表达能力

代码的表达能力是指，用一小段代码传递大量信息（或意图）的能力。有表现力的代码通常都非常简洁——这在某些情况下可以改善代码的可读性，但某些情况下也会破坏其可读性。想要理解代码的表达能力，方法之一是把它比作你的英语词汇量。随着词汇量的增加，你会发现每个单词都有多重含义，因此你与人交流的效率会更高，只需少量语言就能传递更多的信息，而不会像过去那样说一长串句子。这当然也存在缺点，在某些情况下，其他人未必能理解你使用的词汇。从你的角度来看，你认为自己的沟通效率提高了，但从他人的角度思考，你只不过是在使用不必要的复杂词汇。

这个道理在编程领域同样适用。随着经验的积累，你会越来越擅长使用高级编程语言或软件框架特性，但对那些经验不足的程序员而言，这些高级特性看起来就像是不必要的复杂词汇。

那么问题来了：你的代码是写给小孩看的，还是写给专家看的？

答案是：写给你的观众看。程序员的观众由后续的维护人员所组成。如果不知道具体是谁，那代码就要写得尽量谨慎。回忆你自己的代码学习过程，让其他程序员也能理解你当时的想法。不要写得太过专业，在需要的地方添加代码注释，尽量避免把表达式写得过于精炼，要让代码简单易懂、结构清晰。

6.3　效率和性能评估

效率的评估方式有很多种。当程序员谈到函数效率的时候，他们可能会考虑以下一条或多条因素：

 ❑ 函数执行的速度，也就是时间复杂度
 ❑ 运行时的空间需求，也就是空间复杂度
 ❑ 算法要尽量精简
 ❑ 函数开发和修改的工作量
 ❑ 以上所有因素

作为一名全能的程序员，你知道衡量代码性能有多种方式。在标准的编程面试中，很少有人问你写代码的经济花销是多少，但经常有人让你比较两个函数的时间复杂度和空间复杂度。在业内的一些顶尖公司里，这种能力显得非常重要。想在特定领域研发下一代产品，性能是至关重要的因素。

6.3.1 大O表示法

如果接受过正规的计算机科学教育，你一定了解时间复杂度、空间复杂度、大O表示法的概念。但如果你是后入行的程序员，所有知识都是在工作中获取的，那这可能是你第一次听说这些概念。不要被这些数学知识吓到，想掌握这些概念，你不需要去读一个更高的学位。

在大O表示法中，O代表order（大约），n代表函数的输入规模。大O是描述函数性能等级的一种简写，用这种表示法可以知道函数的执行步骤数量和输入规模之间的关系。比如，函数A的时间复杂度是$O(n^2)$，即执行n^2步才能结束。

用专业语言表达，大O表示法描述了一个函数数量级的渐近上界。如果函数经常执行固定数量的步骤（不管实际的运行时间是多少），就称时间复杂度是常数级，或$O(1)$。如果函数执行步骤数量和输入规模呈正比关系，就称时间复杂度是线性级，或$O(n)$。

请注意，这里提到的“输入”并不一定是函数的输入参数，也有可能是来自数据库或其他资源池的数据。

下面是一些时间复杂度的常见分类，从最好（通常是最快的）到最坏（通常是最慢的）。注意图中曲线的增长率，而不是具体值的大小。

1. 常数级，O(1)

如果一个函数总是在固定时间内完成，与输入规模大小毫无关联，那么这个函数的时间复杂度就是$O(1)$，如图6-1所示。这并不是说常数级时间复杂度的函数都会在固定时间内完成，而是说函数的执行步骤数量是确定的（执行时间也一样），一定小于某个最大常数。

下面是一个例子：

```
int constantTime(int j, int k) {
    if ((j+k) % 2 == 0)
        return 0;
    int m = j * k;
    int n = m - 42;
    return Math.Max(n,0);
}
```

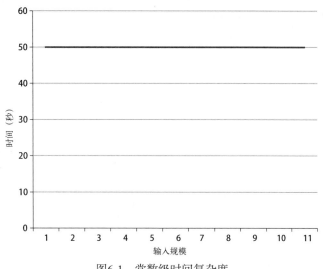

图6-1 常数级时间复杂度

2. 对数级，$O(\log n)$

通常来说，对数级时间复杂度的函数并不比常数级的函数慢多少，如图6-2所示。二分搜索法的时间复杂度是$O(\log n)$，因为函数的每一步都会把输入的数量作等量划分，其他类似函数的时间复杂度也是如此。

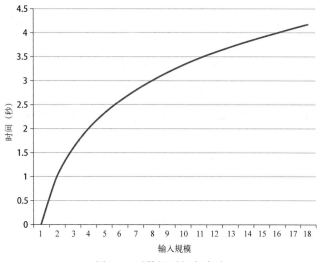

图6-2 对数级时间复杂度

3. 线性级，$O(n)$

如果函数的执行时间和输入规模总是呈正比关系，则称函数的时间复杂度是$O(n)$，如图6-3所示。下面是例子：

```
int linearTime(int j, int k) {
    if ((j+k) % 2 == 0)
        return 0;
    int m = j * k;
    int n = m - 42;

    for (int index = 0; index < (m + n); index++)
        if (index % 1337 == 0)
            return index;

    return Math.Max(n,0);
}
```

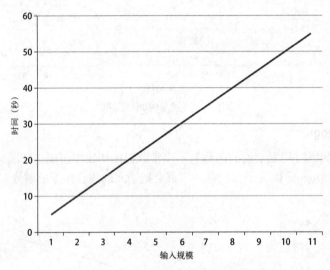

图6-3　线性级时间复杂度

4. 平方级，$O(n^2)$

一般而言，平方级时间复杂度的函数都有两个针对输入数据的嵌套循环，如图6-4所示。下面是一段示例代码：

```
int quadraticTime(int[] n) {

    int result = 0;
    for (int i = 0; i < n.Length; i++)
        for (int j = 0; j < n.Length; j++)
            result += n[i] + n[j];
    return result;
}
```

5. 使用大O

在比较不同函数的理论性能时，大O表示法非常有用。它解决了性能比较的难题，会主动忽略函数运行过程中产生的一些固定开销。例如，在处理输入数据之前，函数往往会初始化散列表使用空间。大O表示法并不会把这部分开销计入考虑，而是只关注影响函数性能的最大因素，略过其他所有因素。

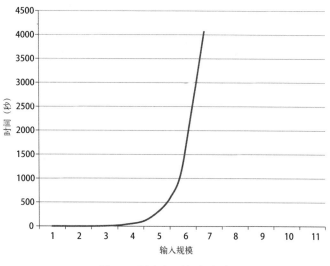

图6-4 平方级时间复杂度

在实践中，衡量不同时间复杂度的时候，不要忘了考虑函数的输入数据规模。有时候，如果输入规模较小，用大O表示法比较两个函数时间复杂度得出的结论往往和实际相反。这看起来有悖常理，似乎是错误的，但请看图6-5，思考这两个函数的性能。

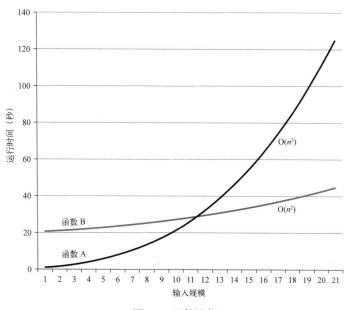

图6-5 函数性能

函数A的时间复杂度是$O(n^3)$，而函数B的时间复杂度是$O(n^2)$。理论上，函数B比函数A的效率要高，但如你所见，当n较小的时候，函数A反而速度更快。这和用大O表示法得出的结论相反。

6.3.2 性能评估

性能评估的最主要目的是对函数或程序进行优化。如果不知道如何评估性能，就不知道（除了从纯理论角度）"改动"到底是对代码的优化还是劣化。

注意 劣化是优化的反义词，比如，"我觉得奈杰尔劣化了搜索算法性能"。

你应该尽量多关注CPU时间和I/O操作比例，不要把注意力放在程序运行（物理）时间上。CPU时间是指中央处理器执行代码的时间长度，并不包括I/O操作的等待时间和操作系统多任务切换导致的延迟。用你的手表给程序计时是最方便、也最容易出错的方法，不到万不得已的时候不要这么做。

6.3.3 注意应用情境

在实际开发中考虑函数性能的时候，一定要注意使用函数的应用情境。你写的函数是每天只被调用一次，还是每小时就被调用上千万次？你写的函数在哪些特定情境下被调用？用户是要等待它完成才能进行下一步，还是可以让它直接在后台运行？你想要避免这种尴尬：在自己电脑上对函数做基准测试后，声称代码没问题、可以发布，但产品到用户手里之后，却发现程序越来越慢，用户最后暴跳如雷。

6.3.4 目标明确

对函数进行优化的时候，脑子里一定要有一个目标。在开始评估并修改函数之前，必须要准确知道函数性能的及格分数是多少。在极客眼中，优化性能是一件很好玩的事，但你肯定不愿意一直做下去。因此，你要知道函数优化到什么程度就可以结束。如果不知道如何确定优化目标，那就和用户一起讨论，问他们理想中的程序响应速度有多快，他们的测试基准是什么（比如他们用的是什么系统），等等。

6.3.5 多次评估，取平均值

评估性能的时候，应该多次执行函数，得到一个平均运行时间。如果只执行一次，评估结果就会很不准确。通常来说，你会发现函数每次运行的时间都不同，有时差异甚至非常明显。这和计算机当时的运行状态有关。在多次执行函数并计算出平均运行时间之后，就减少了这些差异的影响。

6.3.6　分治策略

当用户提交性能问题报告的时候，问题的症结通常并不清晰。用户可能会抱怨程序花了很久才生成一份财务月报，但你不知道这个问题到底是不是月报本身的问题，还是后台数据库或者网络的问题；这也有可能是很多问题共同作用的结果。

原则是，应该首先把问题分解，对每一部分进行独立评估。有时候，你需要写一些测试脚本去破坏组件之间的依赖关系，让每一部分都能独立运行。

在发现效率最低的部分之后，可以进一步深入研究，直到发现直接影响性能的具体模块。

6.3.7　先简后繁

大部分情况下，性能问题都是疏忽造成的。数据表有没有建立合适的索引？有没有不必要的程序依赖存在？只是服务器负载过重吗？

在进行细节分析之前，应该先思考是不是存在一些显而易见的问题。很多棘手的问题只需修改一下运行环境（服务器、数据库等）就能搞定，而不是上来就修改代码。

6.3.8　使用分析器

如今的开发者非常幸运，如果他们想分析应用程序的性能瓶颈，有许多优秀的工具可供选择。在过去，日志代码是开发者所能依赖的最好方法，他们只能像无头苍蝇一样在日志文件中寻找有用的信息。

今天，开发者不必再使用日志代码，一个好的分析器就可以评估出程序的性能概况。通过分析器，程序员可以知道程序的内存使用情况，还能知道程序各部分运行了多少时间，连数据对象的构造（希望如此）和析构（如果程序析构异常，就会出现内存泄露）都可以监控。

6.4　理解"模块化"的含义

记得我第一次给另一位程序员进行代码审查的时候，发现了一个非常严重的问题：这位程序员写了一段极长的子程序代码，应该有几百行的代码量。尽管那时的我还没什么经验，但我知道这么做并不好，因此我建议他把这个大的子程序拆分成几个子程序模块。我本以为他应该理解我的意思。

但他并没有理解。

他把这个大的子程序拆分成几个小的子程序，不过是这么做的：

```
public void mysubroutine() {

    // 大约40行代码...
```

```
    mysubroutine1();

}

public void mysubroutine1() {

    // 40多行代码...

    mysubroutine2();

}

public void mysubroutine2() {

    // 40多行代码...

    mysubroutine3();

}

public void mysubroutine3() {

    // 40多行代码...

}
```

记得当时我问他为什么把子程序拆分成各大约40行的代码块，他说这是他在屏幕上一次能看到的最大代码量。他的解释让我很无语，当时就放弃了同他继续讨论。

虽然在现实中很少有人能把"模块化"曲解到这种程度（但愿如此），但这也侧面说明了很多程序员根本不理解模块化的真正含义。

以下是模块化设计的一些特征：

❑ 函数和子程序的规模应该尽量小；
❑ 函数的意图要尽量具体、单一；
❑ 函数的重用场合要多；
❑ 函数命名要规范，使函数的意图非常明显；
❑ 函数对外部代码环境应该没有（负面）影响；
❑ 函数的执行过程不依赖于所处系统的状态。

请注意，我使用函数来描述这些特征，但这对方法、类和代码库同样适用。

6.5　理解 SOLID 原则

SOLID是面向对象编程中五个著名原则的首字母缩写。这些原则是：

❑ 单一职责原则（**Single Responsibility Principle**）

❑ 开放封闭原则（**O**pen/Closed Principle）
❑ 里氏替换原则（**L**iskov Substitution Principle）
❑ 接口分离原则（**I**nterface Segregation Principle）
❑ 依赖倒置原则（**D**ependency Inversion Principle）

注意　公认"Bob大叔"罗伯特·马丁是第一个提出SOLID原则理论的人，虽然迈克尔·费瑟（Michael Feathers）之后首次使用了SOLID首字母缩写。

其实贯穿SOLID原则的主题只有一个：避免任何形式的依赖。无论是从直觉角度，实践角度，还是理论角度，都要最小化类之间的依赖。依赖越多，就越容易出错。

6.5.1　单一职责原则

单一职责原则指出，类应该只有一个职责，并且有且仅有一个（或一类）改变的原因。开发者偶尔会碰到职能非常混乱的代码，如果你曾经尝试修复这类代码，那么你可能就成了其他人忽略这条原则的牺牲品。有时候，一些看似微不足道的变化却会产生意料之外的灾难性后果。

为了进一步阐述这个观点，下面给出一个违反改原则的例子：

```
var myReport = new CashflowReport();

formatReportHeader(myReport);

printReport(myReport);

void formatReportHeader(Report report) {

    report.Header.Bold = true;

    if (report is CashflowReport && report.Content.Profit < 10000) {
        SendAlertToCEO("Profit warning!");
    }
}
```

一切都看起来很美好，直到CEO要求报表头的格式恢复成默认，字体不再预设为粗体。维护人员（维护人员通常很疲劳，没有多少时间）看了前几行代码；因为代码看起来结构很好，于是他就天真地把调用formatReportHeader函数的那行代码删除了。现在代码变成了：

```
var myReport = new CashflowReport();

printReport(myReport);

void formatReportHeader(Report report) {

    report.Header.Bold = true;
```

```
    if (report is CashflowReport && report.Content.BankBalance < 1000) {
        SendAlertToCEO("Profit warning!");
    }
}
```

测试结果显示报表头的字体确实不是粗体了，因此修改后的系统被交付到用户手上。这造成了一个灾难性后果：银行存款余额过低的警告将永远也不会发送给CEO，公司会迅速破产。

这个简单的例子是我自己编造的，只为进一步阐述单一职责原则的意义。在真实的软件项目当中，也经常发生这种情况。系统中一个微小的变化，却影响到了一个完全不相干的关键模块，这也是为什么有些程序员在做系统维护的时候有点神经质：千万不要碰代码流程开关（Frobbit）模块，最后一个改变它的程序员会因为粉红色伞蜥的灭绝而被责骂。

很多程序员不知道单一职责的真正含义是什么，这是另一个难点，而且不太好解释。在宏观上，你可以认为单一职责是一组相关业务流程（比如开具发票），但如果深究起来，开具发票可能太过宽泛。这个流程应该可以细分成几部分，每一部分称为一个职责。至于你能把流程划分到什么程度，则取决于你的毅力和耐心。横切关注点同样会让类的职责变乱：在一个开具发票的类中，使用日志记录子程序是否符合单一职责原则？（不符合，但每个人都这么做。）

同很多其他原则一样，理论总是比实践要简单。在实际当中，你只能依靠经验和常识去判断，所以真的不用把类中的日志代码删掉，这只会产生反作用；但你肯定也不想把格式化报表和执行业务逻辑的代码混在一起。

6.5.2 开放封闭原则

开放封闭原则指出，类（或者函数）对扩展是开放的，而对修改是封闭的。当基类以某种形式被修改的时候，所有派生（子）类的行为都会受到影响。因此，开放封闭原则的目的，就是防止面向对象的代码被破坏掉。

据我所知，有些人这样鼓吹面向对象编程的好处：如果想修改继承链的数据，只需修改基类即可。例如，如果你认为所有的动物（教科书经常拿动物当例子来说明继承）都有一种新的"恐惧"行为，那么只需向动物的基类添加一个恐惧方法。这样，所有的动物就都会恐惧了，即使是随身带毛巾[①]、对类似负面情感免疫的动物也不例外。

注意 想了解更多关于毛巾的故事，可以参考：http://en.wikipedia.org/wiki/Technology_in_The_Hitchhiker%27s_Guide_to_the_Galaxy#Towels。

[①] 随身带毛巾是《银河系漫游指南》一书里的冷笑话。原文说，如果漫游者随时知道自己毛巾在哪儿，那么他一定是个什么东西都有的人。在这里形容动物什么都有，不会有任何负面情绪。——译者注

简而言之，想要坚持开放封闭原则，在添加新行为的时候，就不应该修改基类，而是创建新的派生类，然后向派生类添加行为。这样就可以避免对同基类下的其他派生类产生意料之外的影响。

6.5.3 里氏替换原则

如果一个函数可以接收基类类型的参数，那么这对派生类也同样适用，函数的处理方式是完全相同的。这是继承的优势之一。

里氏替换原则的目的，就是保障这种类和函数之间的良好协同工作关系。

里氏替换原则和开放封闭原则有些类似，二者都不提倡用户修改基类，但里氏替换原则禁止通过继承机制来修改类的行为。里氏替换原则指出，如果S类型继承自T类型，那么，对于接收T类型参数的函数来说，T和S两种类型应该是可以互相替代的。

换言之，如果遵循里氏替换原则，就可以把任何派生类作为参数，传递给以基类作为参数的函数。如果不能这么做，就说明违反了里氏替换原则。

不对，等等！这个原则难道没有破坏面向对象编程的主要优势吗？可以通过继承链来修改类的行为，这难道不是面向对象编程的特征之一吗？

的确如此，然而经验却告诉我们：改变类的行为有时会导致代码库的其他地方出现问题。这也是需要减少依赖的另一个实例，只有这样才能写出健壮、可维护的代码。

许多情况下，程序员应该直接把基类作为成员来创建新类，而不是使用继承。换句话说，如果程序员想使用一个类的方法和属性，他可以直接创建那个类的实例，不必非要建立继承关系。这么做，程序员也能避免违反里氏替换原则，处理基类数据的函数亦不会受新类的影响。因此，程序代码库也会更健壮、稳定。

在C#中，如果想阻止类的继承行为，可以使用sealed关键字；在Java中，可以使用final关键字。

6.5.4 接口分离原则

接口分离原则非常简单，它要求程序员避免富余接口，不要让类承担过多不必要的职责。因此，你应该尽量创建一些规模小、互相独立的接口，并根据不同的关注点，把接口成员进行重新归类。这样，类就可以挑选符合实现的接口去继承，而不必在继承所有类成员和不继承所有类成员中选择了。

下面是一个富余接口的例子：

```
public interface IOneInterfaceToRuleThemAll {
    void DoThis();
    void DoThat();
```

```
    void GoHere();
    void GoThere();
    bool MyFavoriteTogglyThing {get; set;}
    string FirstName {get; set;}
    string LastName {get; set;}
}
```

下面是个较好的替代方案，每个接口都有不同的关注点，职责也相互隔离：

```
public interface IActionable {
    void DoThis();
    void DoThat();
}
public interface IMovable {
    void GoHere();
    void GoThere();
}
public interface IToggly {
    bool MyFavoriteTogglyThing {get; set;}
}
public interface INamed {
    string FirstName {get; set;};
    string LastName {get; set;}
}
```

程序员可以选择创建一个继承所有接口的类，但如果接口规模小，程序员就会拥有更大的自由度去实现新类。他们可以忽略不相关的部分，只选择需要的部分去继承。现在，程序员可以创建一个负责移动（代码中的IMovable接口）和触发（IToggly接口）的类，另一个类负责行为（IActionable接口）和命名（INamed接口）。

6.5.5　依赖倒置原则

依赖倒置原则指出，应该依赖于抽象（abstraction），而不应该依赖于具体（concretion）。有点出人意料的是，"concretion"这个单词是真实存在的（我查过）。这条原则的含义，就是让你尽量多写实现接口或抽象类的代码，少写实现具体类的代码。

这与最小化依赖的原则相符。如果类A创建一个具体类B的实例化，那么这两个类就会相互约束。然而，如果具体类依赖于抽象类IB，那么，实现IB的具体类（理论上）就可以通过依赖注入解除和另一个类的约束关系。

在下面这段代码中，类A对类B存在依赖关系：

```
class B
{
    // ...
}

class A
{
```

```
    public void DoSomething()
    {
        B b = new B(); // 现在，A依赖B
    }
}
```

下面这段代码几乎一样，只是类A的依赖对象由类B变成了接口IB：

```
interface IB
{
    // ...
}
class B : IB
{
    // ...
}
class AlternativeB : IB
{
    // ...
}

class A
{
    public void DoSomething(IB b)
    {
        // b可以是B，也可以是AlternativeB
    }
}
```

现在，DoSomething函数可以接收任意以IB为基类的类型为参数，这非常方便。因此，在写单元测试的时候，使用虚拟类和模拟类就不会有任何顾虑。这可以让你节省为测试而专门创建测试类的开销。

有一大类工具可以为遗留代码提供依赖注入，然而如果遗留代码只依赖于接口，和具体类没有关系，那我们就不需要这些工具了。

6.6　避免代码重复

我认识一位备受尊敬的软件架构师，他曾经告诉我（他一定不是认真的），代码重用的一种有效形式就是在整个代码项目中进行复制和粘贴。和他谈论这件事的时候，我也许给了他一个意料之中的反应；毫无疑问，我面对这个话题非常容易激动。

准确地说，代码重用是通过代码模块化和恰当的泛化来实现的。复制和粘贴不是重用，只是简单的代码重复。对于一名程序员，这可能是最让人作呕的问题之一了。

为什么让人作呕？因为这给你的代码埋下了太多隐患。在编译期无法发现这些问题，在初次测试的时候也无法发现。代码最初能够正常工作，但你给别人挖了个大陷阱，等着维护人员掉进去。

你是否有过这样一种经历：在一个项目中，你修复了一个bug之后，发现其他地方还有很多相同的bug。这就是我说的代码重复。对用户而言，他们会觉得你粗心大意或者不够聪明。

下面是一个调整开会时间的例子：

```
if (start.Hour == 8)
    PostponeOneHour (start);

if (start.Hour == 6)
    PostponeFiveHours (start);

void PostponeOneHour (DateTime start) {

    var time = new TimeSpan(1,0,0);
    start.Add(time);

    // 把整点10分之前进行的会议时间进一步推迟
    if (start.Minute <= 10) {
        time = new TimeSpan(0,5,0);
        start.Add(time);
    }
}

void PostponeFiveHours (DateTime start) {

    var time = new TimeSpan(5,0,0);
    start.Add(time);

    // 把整点10分之前进行的会议时间进一步推迟
    if (start.Minute <= 10) {
        time = new TimeSpan(0,5,0);
        start.Add(time);
    }
}
```

在这个例子中，我给开会时间设定了一些业务规则：上午8点的会议应该延迟至少1小时，上午6点的会议应该延迟至少5小时（会议时间安排过早，延迟的惩罚幅度会加大）。如果会议开始时间的分钟数值小于10，会议就会进一步延迟几分钟。

这段代码有很多地方都出现了代码重复问题，但最明显的是两个几乎一模一样的方法：一个延迟5小时，另一个延迟1小时。实际上，这两个方法可以简单合并成一个方法：

```
void Postpone (DateTime start, int delayHours) {

    var time = new TimeSpan(delayHours,0,0);
    start.Add(time);

    // 把整点10分之前进行的会议时间进一步推迟
    if (start.Minute <= 10) {
        time = new TimeSpan(0,5,0);
        start.Add(time);
    }
}
```

如果犯了代码重复的错误，那你自己（以及所有在未来维护代码的程序员）的工作量就会翻倍。在本例中，只对一个方法修复bug或添加功能无济于事，每个人都必须在两处做同样的工作。这不仅加大了你的工作量，还让代码出问题的几率变高了一倍。

假如你决定取消会议开始时间分钟数要大于10的规则，那么就要从`PostponeOneHour`方法中删除相关代码，还要在`PostponeFiveHours`方法中删除相关代码——但愿你还记得！如果忘了，可就要自食其果了。

想象一下，如果这些方法存在于一个巨大的代码库当中，那么其隐患产生的影响是相当巨大的。在大型代码库中，维护人员早晚会忘记代码细节，不会记得这种逻辑存在于两处代码中。如果他只修改了一处代码，就会产生代码不一致的问题。追究起责任来，你也有份。用户也会认为负责开发的程序员很懒惰，并且不善思考。

6.7 问题

即使使用自动化代码审查工具，代码质量也很难评估。当然，你可以寻找一些好的工具，但据我所知，最好的代码审查工具是一位专注的优秀程序员。

把注意力集中在这些题目的示例代码上，思考你要修改什么。

1. `True`、`False`、`FileNotFound`

这个C#枚举类型在网上臭名昭著，为什么？

```
enum Bool
{
    True,
    False,
    FileNotFound
};
```

2. 继承

这是一个使用C#的简单例子。按照字面意思理解类名会有问题吗？如果有问题，是什么问题？

```
public class Person : PersonCollection
{
    // ［类定义省略］
}
```

3. 非0值

如果想检查两个变量的值是不是非0，可以用下面这段代码吗？有需要改进的地方吗？

```
if (new[] { height, width }.Any(c => c != 0))
{
    // 处理非零值
}
```

4. 奇怪的循环

下面的代码是一个奇怪的循环。它的目的是什么？有什么方法能让代码更清晰？

```
for ( int i=0 ; i < MyControl.TabPages.Count ; i++ )
{
    MyControl.TabPages.Remove (MyControl.TabPages[i] );
    i--;
}
```

5. 表达能力强的代码

下面这段代码摘自一个函数，这个函数会通过检测某个条件来执行一个既定子程序。如果子程序执行，下次检测会在一天之后执行，否则下次检测会在6小时之后执行。

为了让代码的表达能力更强，你会如何修改这段代码？这段代码存在哪些潜在的维护问题？

```
if (conditionExists()) {

    doSomething();

    myTimer.Interval = 86400000;

} else {

    myTimer.Interval = 21600000;

}

myTimer.Start();
```

6. 数组索引的时间复杂度

这个函数的时间复杂度是多少？

```
bool getAnswerLength(int questionId) {
    return ( (string[]) answers[questionId]).Length;
}
```

7. 数组遍历的时间复杂度

这个函数的时间复杂度是多少？

```
bool stringArraysAreEqual(string[] a, string[] b) {

    if (a.Length != b.Length) return false;

    for (int i = 0; i < a.Length; i++)
        if (!a[i].Equals(b[i])) return false;

    return true;
}
```

8. 性能优化

下面的函数被认为性能不足，你认为是什么阻碍了性能的进一步优化？

```
bool function ReticulateSplines(List<Splines> splines) {

    foreach (var spline in splines) {

        var length = EvaluateLength(spline.Length);

        if (length > 42) {

            var page = RetrievePageFromPublicInternet(spline.WebPage);

            if (page.RetrievedOk)
                Reticulate(spline, page);

        }

        Reticulate(spline)

    }

    return false;
}
```

9. 类型转换

假设变量ds是一个ADO.Net DataSet类型，评价这段代码：

```
if (
    long.TryParse(ds.Tables[0].Rows[0][0].ToString(), out committeId)
    )
{
    committeId = long.Parse(ds.Tables[0].Rows[0][0].ToString());
}
```

10. 布尔表达式

评价这段代码：

```
if (this.Month == 12)
{
    return true;
}
else
{
    return false;
}
```

11. 代码重复

在下面的PL/SQL代码中，有两段非常相似。请谈谈如何避免这一代码重复。

```
IF P_TYPE IS NOT NULL THEN
```

```
    SELECT MEM.BODY_ID AS BODYID,
    MEM.BODY_NAME AS BODYNAME,
    AD.ONE_LINE_ADDRESS AS ONELINEADDRESS,
    AD.TELEPHONE AS TELEPHONE,
    MEM.ACTIVE AS ACTIVE
    FROM
    MEM_BODY MEM, BODY_ADDRESS_DETAIL AD
    WHERE MEM.BODY_ID = AD.BODY_ID(+)
    AND
    MEM.BODY_TYPE LIKE UPPER(P_TYPE) || '%')
    ORDER BY BODYNAME;

ELSE

    SELECT MEM.BODY_ID AS BODYID,
    MEM.BODY_NAME AS BODYNAME,
    AD.ONE_LINE_ADDRESS AS ONELINEADDRESS,
    AD.TELEPHONE AS TELEPHONE,
    MEM.ACTIVE AS ACTIVE
    FROM
    MEM_BODY MEM, BODY_ADDRESS_DETAIL AD
    WHERE MEM.BODY_ID = AD.BODY_ID(+)
    ORDER BY BODYNAME;

END IF;
```

12. 结构松散的代码

如何改善这段冗长、松散的代码？

```
if (length == 1)
{
    return 455;
}
else if (depth == 2)
{
    return 177;
}
else if (depth == 3)
{
    return 957;
}
else if (depth == 4)
{
    return 626;
}
else if (depth == 5)
{
    return 595;
} else if (depth == 6)
{
    return 728;
}
```

13. 不重复字符

请完成一个函数，用于计算一个字符串中的不重复字符数量。优化代码，使其更清晰。

14. 瑞士军刀枚举类型

根据SOLID原则，评价这个枚举类型：

```
public enum SwissArmyEnum
{
    Create,
    Read,
    Update,
    Delete,
    Firstname,
    Lastname,
    Dateofbirth,
    Statusok,
    Statuserror,
    Statusfilenotfound,
    Small,
    Medium,
    Large
}
```

15. 奇怪的函数

下面这个函数的作用是什么？怎么让代码更清晰？

```
public bool StrangeFunction(int n)
{
    for (int i = 0; i <= 13; i++)
    {
        if ((i == 1) || (i == 3) || (i == 5)
            || (i == 5) || (i == 7) || (i == 9)
            || (i == 11))
        {
            return true;
        }
    }
    return false;
}
```

16. 日期重叠

写一个函数，当两个日期出现重叠的时候返回true。代码要尽量简洁清晰。

根据如下定义，假设日期范围是IDateRange：

```
public interface IDateRange
{
    DateTime? Start { get; set; }
    DateTime? End { get; set; }
}
```

6.8 答案

1. True、False、FileNotFound

这个C#枚举类型在网上臭名昭著，为什么？

```
enum Bool
{
    True,
    False,
    FileNotFound
};
```

你可能会觉得很惊讶，因为这段代码没有任何编译警告。乍一看，你可能会认为它重定义了一些C#保留字：Bool、True和False。实际上，C#的保留字是bool、true和false（都是小写），所以这段代码可以通过编译。

真正的问题是，代码作者的思维非常混乱。这种混乱会直接影响到后面的维护人员，更不用说作者本身的负担。

首先，为什么有人想要模仿内置类型来创建新类型？特别是布尔这种非常基础的类型？这无疑是画蛇添足的行为。

其次，如果作者的目的是仿照有两种值（true和false）的内置类型来创建一个新类型，为什么偏要加上第三种值FileNotFound？这在逻辑上是完全说不通的。注意，C#支持值可以为空的布尔类型bool?，它在true和false之外还支持空值，意义是"该值未知"。这和加上奇怪的"文件未找到"大相径庭。

再次，如果你认为FileNotFound应该是一个枚举类型成员，那么该枚举类型的名称不应该是Bool，因为这会引起歧义，而且这个名字和类型成员一点关系没有。叫FileStatus会不会更好？原名非常不清晰，枚举类型成员要么是布尔类型值，要么不是。如果不是，就应该用别的名称；如果是，FileNotFound就不应该出现在枚举成员列表中。

2. 继承

这是一个使用C#的简单例子。按照字面意思理解类名会有问题吗？如果有问题，是什么问题？

```
public class Person : PersonCollection
{
    // [类定义省略]
}
```

实际上，这个问题问的是你该不该按照字面意思理解类名。因此，你应该假设Person类代表一个人，而PersonCollection类代表人的集合。但你没有足够的信息去判断集合的种类，可能是一大群人，也有可能是一组人，等等。

让Person类继承PersonCollection类说得通吗？真的说不通。让单一对象去继承该对象集合的属性和方法，有什么意义呢？

假如你拿这个问题去问该代码的作者，他的回答可能会非常简单："我需要在Person类中使用集合类中的某些方法。"如果是这种情况，其实把公用方法重构到一个新类才是更好的解决方案。这样，Person类和PersonCollection类就都能同时使用这些方法。纯粹为了使用类中的方法而建立继承关系，是非常整脚的面向对象设计方式。在代码审查中，这种设计应该被亮红灯。

复习面向对象编程的基础知识，请阅读6.2节。

3. 非0值

如果想检查两个变量的值是不是非0，可以用下面这段代码吗？有需要改进的地方吗？

```
if (new[] { height, width }.Any(c => c != 0))
{
    // 处理非零值
}
```

思考这段代码的作用。首先，它创建了一个匿名类型：

```
if (new[] { height, width }.Any(c => c != 0))
```

然后，利用LINQ的Any()方法来判断新创建的对象属性是不是非0值：

```
if (new[] { height, width }.Any(c => c != 0))
```

因此，每个变量都会被依次测试是否非0。如果出现非0值变量，条件语句内的代码就会执行：

```
if (new[] { height, width }.Any(c => c != 0))
{
    // 处理非零值
}
```

这段代码还能怎么写？

如果你想用最直接的方法来测试变量的值，可以用这种代码：

```
if (height != 0 || width != 0)
{
    // 处理非零值
}
```

这样更好吗？当然！这种代码更加简单易懂，因此也更容易维护。即使你很熟悉匿名类和LINQ，也要花更长的时间来理解原来那段代码。

你也许会认为原来的代码是为了添加更多的变量来测试非0值。我认为事实未必如此。代码作者看起来很热于使用花哨的语言特征，所以才会写出这种代码。此外，如果要测试多个变量的值，使用变量集合才是更合适的方法（更易扩展，可读性也更高）。因此，不论出于哪种目的，这种方法都不是最好的方法。

4. 奇怪的循环

下面的代码是一个奇怪的循环。它的目的是什么？有什么方法能让代码更清晰？

```
for ( int i=0 ; i < MyControl.TabPages.Count ; i++ )
{
    MyControl.TabPages.Remove (MyControl.TabPages[i] );
    i--;
}
```

你首先应该会注意到，索引变量i会在循环内部得到修改。回忆第一次接触for循环的时候，最让你头痛的事情可能就是循环的索引变量很难操作。

索引变量之所以难以理解和操作，是因为你需要理解循环的流程，特别是索引初始化的时机。在第一次迭代的时候，索引值是什么？在第二次迭代的时候，索引值是什么？直到最后一次迭代。你要根据条件表达式来判断循环的退出时间，还得知道索引变量在哪些时间会被修改。

如果你在循环体内修改了索引变量，就会很难理解循环的流程。

"不要玩弄循环索引。"

——史蒂夫·迈克康奈尔，《代码大全（第二版）》

今天，你几乎再也不必使用这种原始的循环方式了，因为大部分语言（包括C#和Java）都支持基于集合的循环方式。这种方式不需要索引变量，例如C#的foreach：

```
foreach (var t in MyControl.TabPages)
{
    // ...
}
```

回到我们的问题上：这个循环的目的是什么？如果不用不同长度的集合进行测试，很难说清这个循环在做什么。你可能会推测它在移除一个元素、多个元素或者所有元素。实际上，它移除了集合中的所有元素，留下一个空集。索引变量的值一直是0，循环会不断执行，直到集合中的所有元素都被移除为止。这种方式比较少见，但可以达到目的。

知道了这一点，就可以思考这段代码的改进方案了。如果你仍想使用循环，可以尝试一种相对简单的"直到所有tab页面都被移除"的循环逻辑。

```
while(MyControl.TabPages.Count > 0)
{
    MyControl.TabPages.Remove(MyControl.TabPages[0]);
}
```

这个方法行的通，但可以更简单：

```
while(MyControl.TabPages.Count > 0)
{
    MyControl.TabPages.RemoveAt(0);
}
```

还能进一步简化为：

```
MyControl.TabPages.Clear();
```

大多数集合类都有 Clear() 方法。如果没有，你应该自己写一个。这行代码的目的十分明确，也没有歧义，所以这是最好的解决方案。

5. 表达能力强的代码

下面这段代码摘自一个函数，这个函数会通过检测某个条件来执行一个既定子程序。如果子程序执行，下次检测会在一天之后执行，否则下次检测会在6小时之后执行。

为了让代码的表达能力更强，你会如何修改这段代码？这段代码存在哪些潜在的维护问题？

```
if (conditionExists()) {

    doSomething();

    myTimer.Interval = 86400000;

} else {

    myTimer.Interval = 21600000;

}

myTimer.Start();
```

第一个问题非常简单，只需添加一些代码注释，解释为什么使用这些特殊数字。因此，可以添加注释：

```
myTimer.Interval = 86400000; // 用毫秒表示24小时
```

以及：

```
myTimer.Interval = 21600000; // 用毫秒表示6小时
```

虽然这个改动使数字的意义变得明确，看似有利，但也埋下了另外一个隐患。

假设添加这些注释之后，需要把6小时延迟改成4小时延迟。你计算出4小时等于14 400 000毫秒，因此将代码改成：

```
myTimer.Interval = 14400000; // 用毫秒表示6小时
```

注意到我刚才提到的问题了吗？在代码中，延迟时间变成了4小时，但代码注释没有更新！下一个阅读代码的人可能会注意到6小时并不是14 400 000毫秒，但更有可能注意不到这个问题。如果需要在代码的另外一处添加6小时延迟时间，他甚至会不假思索地直接复制这行错误代码（或错误数字）。意识到代码有错误不会让他感谢你。不仅如此，在你完成相关代码的时候，这行错误代码甚至有可能让你自己出错。

如果延迟时间的值经常改变，你可以把它们存储在配置文件中，再配备恰当的用户接口让用户有权限编辑配置文件。

显然，把时间间隔从6小时改成4小时的程序员本应更谨慎，代码注释要同步更新。若想改善代码的表达能力，其实有更有效的方式。

首先，虽然代码注释看似很有帮助，实际却未必如此，因为同样的事情在代码和注释中被分别表达了两次。从技术上来说，这是代码重复的另一种形式。添加这种注释会迫使未来的所有程序员在两处同时进行修改，这也有可能引起代码和注释的不一致问题。上面的例子就是如此。

凭直觉，添加代码注释似乎是个好方法，但实际却可能导致更严重的问题。那么，你到底该怎么做？

思考一下问题的上下文：你在试图让代码的表达能力更强。所以，除了添加注释，还可以把数字替换成规范命名的常量。这是另一种选择。

可以这样重写代码：

```
const int FOUR_HOURS_IN_MS       = 14400000;
const int SIX_HOURS_IN_MS        = 21600000;
const int TWENTYFOUR_HOURS_IN_MS = 86400000;

if (conditionExists()) {

    doSomething();

    myTimer.Interval = TWENTYFOUR_HOURS_IN_MS;

} else {

    myTimer.Interval = FOUR_HOURS_IN_MS;

}
```

相对于添加注释，这种改动比较大，但避免了代码重复和代码不一致的问题。现在，这段代码的含义相当清晰，甚至连毫秒的单位都有所体现，所以不会有人错误地认为时间单位是秒。

请注意，这里为了让代码更清晰，牺牲了原代码的简洁。因为增加了一些代码，所以当前代码的阅读量会变大，但清晰原则比简洁原则更重要。

当你不得不在清晰和简洁当中二选一的时候，清晰应该是你最终的选择。

你还可以对这段代码再进行一个合理的修改。那些数字仍然让人觉得靠不住，虽然可以用计算器或心算去检查值的正确性，但还有另外一种方法：为什么不让编译器进行小时到毫秒的转换？这可以让代码的含义更加清晰。

```
const int FOUR_HOURS_IN_MS       = 4 * 60 * 60 * 1000;
const int SIX_HOURS_IN_MS        = 6 * 60 * 60 * 1000;
const int TWENTYFOUR_HOURS_IN_MS = 24 * 60 * 60 * 1000;
```

这不会在运行期间产生任何开销，因为编译器会完成计算并生成代码，就好像你自己对每个常量都赋值了一样。通过显式地把运算的每一部分都写出来，就能知道数字的计算方法。如果有错误，也更容易察觉。

你还可以再消除一处代码重复，同时让常量定义更加实用——只需增加一个"单位"，即一小时内的毫秒数：

```
const int ONE_HOUR_IN_MS        = 60 * 60 * 1000;
```

现在，你可以用这个"单位"去计算其他常量了。

```
const int FOUR_HOURS_IN_MS        = 4 * ONE_HOUR_IN_MS;
const int SIX_HOURS_IN_MS         = 6 * ONE_HOUR_IN_MS;
const int TWENTYFOUR_HOURS_IN_MS = 24 * ONE_HOUR_IN_MS;
```

经过修改，代码的表达能力得到提高。除非阅读代码的人精力不集中，否则不会出现误读或乱改的现象。为了保持简洁原则，可以在不破坏清晰原则的基础上减少一些常量定义。因此，最终的代码版本是：

```
const int ONE_HOUR_IN_MS = 60 * 60 * 1000; // 60 min * 60 sec

if (conditionExists()) {

    doSomething();

    myTimer.Interval = 24 * ONE_HOUR_IN_MS;

} else {

    myTimer.Interval = 4 * ONE_HOUR_IN_MS;

}

myTimer.Start();
```

6. 数组索引的时间复杂度

这个函数的时间复杂度是多少？

```
bool getAnswerLength(int questionId) {

    return ( (string[]) answers[questionId]).Length;
}
```

这个函数的时间复杂度是$O(1)$或常量级。

该函数简单地用questionId作为键执行了一次集合索引。questionId的值无关紧要，因为索引的时间一直是固定的，函数得到返回值的时间也是常量（或者因为键不可用而抛出一个异常）。

7. 数组遍历的时间复杂度

这个函数的时间复杂度是多少？

```
bool stringArraysAreEqual(string[] a, string[] b) {

    if (a.Length != b.Length) return false;

    for (int i = 0; i < a.Length; i++)
        if (!a[i].Equals(b[i])) return false;

    return true;
}
```

这个函数的时间复杂度是$O(n)$。

在确认两个数组有相同长度之后，函数会对第一个数组进行迭代，把元素逐项同第二个数组中的对应元素作比较。如果存在不同值的元素，返回false；最后，如果数组中所有元素都相同（两个数组可以存在其他不同），函数返回true。

当两个数组长度不同的时候，函数会立即终止，这是最快的情况。另外，在很多情况下，函数不必迭代数组中的所有元素就会返回false。这些情况不会改变函数的性能级别，因为性能级别基于最坏情况的性能，会随着数组长度的变化而线性增长。

一般而言，对输入数据迭代一次的函数，其时间复杂度是$O(n)$。

8. 性能优化

下面的函数被认为性能不足，你认为是什么阻碍了性能的进一步优化？

```
bool function ReticulateSplines(List<Splines> splines) {

    foreach (var spline in splines) {

        var length = EvaluateLength(spline.Length);

        if (length > 42) {

            var page = RetrievePageFromPublicInternet(spline.WebPage);

            if (page.RetrievedOk)
                Reticulate(spline, page);

        }

        Reticulate(spline)

    }

    return false;
}
```

在最坏的情况下，对每个输入的spline变量，函数都会调用一次页面检索函数（大概是网页）。函数消耗的时间取决于从网络上检索出这些网页的时间。在不同的代码运行环境下，消耗时间的差异非常大；而这个因素在程序员控制范围之外，例如，程序员无法控制网站服务器对于请求页面的响应时间。

为了优化函数性能，需要消除这个影响因素，这样性能评估才稳定。因此，我们评估的目标是代码的剩余部分。为了达到目标，你可以写一个"假"的RetrievePageFromPublicInternet方法。这个方法并不使用公共网络（或者压根不使用网络），而是返回一个静态页面。

返回页面的大小也是个影响因素，程序员必须考虑函数如何处理不同大小的返回页面，其中可能包括一些极大的页面。因此，页面大小的选择一定要有代表性。

最后，题目并没有明确表示Reticulate的作用。如果这个函数也包括一个从网络上检索信息的函数调用，你的处理方式也应该是类似的。

9. 类型转换

假设变量ds是一个ADO.NET DataSet类型，评价这段代码：

```
if (
    long.TryParse(ds.Tables[0].Rows[0][0].ToString(), out committeId)
    )
{
    committeId = long.Parse(ds.Tables[0].Rows[0][0].ToString());
}
```

这段代码试图把一个表的第1行第1列数据转换成一个long型值。第1行代码检查是否可以转换为long。如果可以，就执行转换（第3行），并且把转换结果存储在committeId变量中。

这段代码有几处错误。

这段代码依赖于一个最重要的事实：DataSet必须至少有一个表，表要至少有一行数据，而这一行又至少要有一列数据。你可能会假设代码已经检查过这些条件了，但若只看这几行代码，可能会在运行期间抛出一个NullReferenceException异常。

另一个问题出现在代码第3行。这行代码完全是多余的，只有第1行代码的执行结果是true的时候，它才会执行。想要第1行代码返回true，参数必须可以转换为long类型。如果转换成功，long型值会被存储到committeId变量中，同时，第3行代码会重复一遍转换和存储。另外，程序员没有处理TryParse返回false的情况。这是一个失误，会导致committeId变量未初始化的问题。

想提高这段代码的可读性，程序员需要用常量来替代对表和列索引值的硬编码。例如，想替代ds.Tables[0].Rows[0][0]，程序员可以这样写：

ds.Tables[INVOICE_TABLE].Rows[0][COMMITTE_ID].

程序员还可以用实际名字（作为字符串）来替代整型甚至常量的使用，这是另外一个解决方案。两种方法都比直接使用索引[0]有意义得多。

最后，在变量名committeId中，"committee"的拼写有点问题。

10. 布尔表达式

评价这段代码：

```
if (this.Month == 12)
{
    return true;
}
else
{
    return false;
}
```

这段代码有两处可以修改。第一，硬编码数字12应该用有意义的常量或枚举类型来替代。按常理，可以认为12代表日历月，那么

```
if (this.Month == 12)
```

就可以修改为：

```
if (this.Month == DECEMBER)
```

当然，这个假设需要确认，因为数字也可能代表财政年，或者Month变量可能从0开始（范围是0~11），这样12就是无效的。

第二，这段代码有7行是多余的。不考虑异常的话，这个表达式要么返回true，要么返回false。如果表达式求值结果为true，则函数返回true；反之，则返回false。你还记得我在哪提过这点吗？

使用if-else结构并返回布尔值，和直接使用返回布尔值的表达式是一样的。因此，可以直接返回表达式本身。

原来的代码：

```
if (this.Month == 12)
{
    return true;
}
else
{
    return false;
}
```

可以替换成：

```
return (this.Month == 12);
```

11. 代码重复

在下面的PL/SQL代码中，有两段非常相似。请谈谈如何避免这一代码重复。

```
IF P_TYPE IS NOT NULL THEN

    SELECT MEM.BODY_ID AS BODYID,
    MEM.BODY_NAME AS BODYNAME,
    AD.ONE_LINE_ADDRESS AS ONELINEADDRESS,
    AD.TELEPHONE AS TELEPHONE,
    MEM.ACTIVE AS ACTIVE
    FROM
    MEM_BODY MEM, BODY_ADDRESS_DETAIL AD
    WHERE MEM.BODY_ID = AD.BODY_ID(+)
    AND
    MEM.BODY_TYPE LIKE UPPER(P_TYPE) || '%')
    ORDER BY BODYNAME;

ELSE

    SELECT MEM.BODY_ID AS BODYID,
    MEM.BODY_NAME AS BODYNAME,
    AD.ONE_LINE_ADDRESS AS ONELINEADDRESS,
    AD.TELEPHONE AS TELEPHONE,
    MEM.ACTIVE AS ACTIVE
    FROM
    MEM_BODY MEM, BODY_ADDRESS_DETAIL AD
    WHERE MEM.BODY_ID = AD.BODY_ID(+)
    ORDER BY BODYNAME;

END IF;
```

这段代码有两处非常相似的SELECT语句，它们被IF-THEN-ELSE结构分开。如果仔细观察，会发现除了WHERE子句，这两个语句是完全一样的。注意看代码中的黑体部分：

```
IF P_TYPE IS NOT NULL THEN

    SELECT MEM.BODY_ID AS BODYID,
    MEM.BODY_NAME AS BODYNAME,
    AD.ONE_LINE_ADDRESS AS ONELINEADDRESS,
    AD.TELEPHONE AS TELEPHONE,
    MEM.ACTIVE AS ACTIVE
    FROM
    MEM_BODY MEM, BODY_ADDRESS_DETAIL AD
    WHERE MEM.BODY_ID = AD.BODY_ID(+)
    AND
    MEM.BODY_TYPE LIKE UPPER(P_TYPE) || '%')
    ORDER BY BODYNAME;

ELSE

    SELECT MEM.BODY_ID AS BODYID,
    MEM.BODY_NAME AS BODYNAME,
    AD.ONE_LINE_ADDRESS AS ONELINEADDRESS,
    AD.TELEPHONE AS TELEPHONE,
    MEM.ACTIVE AS ACTIVE
    FROM
```

```
      MEM_BODY MEM, BODY_ADDRESS_DETAIL AD
    WHERE MEM.BODY_ID = AD.BODY_ID(+)
    ORDER BY BODYNAME;

END IF;
```

如何修改才能避免代码重复？最简单的方法可能是把IF-THEN-ELSE合并到WHERE子句中：

```
SELECT MEM.BODY_ID AS BODYID,
MEM.BODY_NAME AS BODYNAME,
AD.ONE_LINE_ADDRESS AS ONELINEADDRESS,
AD.TELEPHONE AS TELEPHONE,
MEM.ACTIVE AS ACTIVE
FROM
MEM_BODY MEM, BODY_ADDRESS_DETAIL AD
WHERE MEM.BODY_ID = AD.BODY_ID(+)
AND
(P_TYPE IS NULL OR MEM.BODY_TYPE LIKE UPPER(P_TYPE) || '%'))
ORDER BY BODYNAME;
```

这个小小的改动可以将代码量减少一半，代码维护的工作量也会变小，同时避免了因代码修改而导致的不一致问题。

12. 结构松散的代码

如何改善这段冗长、松散的代码？

```
if (length == 1)
{
    return 455;
}
else if (depth == 2)
{
    return 177;
}
else if (depth == 3)
{
    return 957;
}
else if (depth == 4)
{
    return 626;
}
else if (depth == 5)
{
    return 595;
} else if (depth == 6)
{
    return 728;
}
```

这段代码有一系列布尔表达式。如果其中某个表达式为true，函数则会返回一个随机数。

想修改这段代码，关键在于明确代码的目的。函数基于键来返回整型值，那么有没有一个数据结构可以存储这些键和值呢？

有，可以使用散列表或者整型字典。后者更好，可以用整型键来索引值：

```
var lookupTable = new Dictionary<int,int>();
lookupTable.Add(1, 455);
lookupTable.Add(2, 177);
lookupTable.Add(3, 957);
lookupTable.Add(4, 626);
lookupTable.Add(5, 595);
lookupTable.Add(6, 595);
```

多亏了字典，现在可以把这些代码：

```
if (length == 1)
{
    return 455;
}
else if (depth == 2)
{
    return 177;
}
else if (depth == 3)
{
    return 957;
}
else if (depth == 4)
{
    return 626;
}
else if (depth == 5)
{
    return 595;
} else if (depth == 6)
{
    return 728;
}
```

精简成一行：

```
return lookupTable[length];
```

修改后的代码更短、更易懂，也比原来的代码更易维护。

不论何时，当你见到一长串if-then-else语句的时候，都可以考虑用这种方法来精简代码。

13. 不重复字符

请完成一个函数，用于计算一个字符串中的不重复字符数量。优化代码，使其更清晰。

这个问题不难，关键在于如何把代码优化得更清晰。

如果采用一个初级的、基于循环的方法来实现，代码可能是：

```
public int countDistinctChars(string input)
{
    // *这个解决方案并不理想*
    // 通过对输入字符串做迭代，可以找出不重复字符数量
    //   如果查到相同元素，会直接略过，否则该字符会被添加进字符串中
    //
    // 一旦结束，字符串的长度就是不重复字符的数量

    string distinctChars = string.Empty;

    for (int i = 0; i <= input.Length; i++)
        if (distinctChars.IndexOf(input[i]) < 0)
            distinctChars += input[i];

    // 字符串的长度和输入字符串中的不重复字符数量相等
    return distinctChars.Length;
}
```

代码非常清晰，并且利用良好的代码注释来解释算法，这是值得肯定的地方。

可惜的是，代码无法正常工作。事实上，它会抛出一个 IndexOutOfRangeException 异常。这是因为循环的判断条件本应是小于操作符（ < ），但现在却是小于等于操作符（ <= ）。

我在代码中故意犯了这个错误，但在其他情况下很有可能由于疏忽犯同样的错误。换一种循环结构就能避开这个问题：foreach 语句。另外，由于可以使用 List<char>，不必使用效率低下的 string 来存储不重复字符。

这是同一个函数的第二个版本：

```
static int countDistinctChars2(string input)
{
    List<char> distinctChars = new List<char>();

    foreach (char c in input)
        if (!distinctChars.Contains(c))
            distinctChars.Add(c);

    return distinctChars.Count();

}
```

我第一次修改就删除了所有代码注释，因为这个函数现在已经足够简洁，不再需要这些注释了。注释只会增加代码体积，因此我认为没有注释的代码会更清晰。

还有一点很重要，由于添加了一个更符合需求的数据结构，代码得到了进一步优化，变得更加清晰。我只关心字符串中的不重复字符，不关心它们的存储顺序。哪种数据结构适合存储无序的不重复值？HashSet！

14. 瑞士军刀枚举类型

根据SOLID原则，评价这个枚举类型：

```
public enum SwissArmyEnum
{
    Create,
    Read,
    Update,
    Delete,
    Firstname,
    Lastname,
    Dateofbirth,
    Statusok,
    Statuserror,
    Statusfilenotfound,
    Small,
    Medium,
    Large
}
```

这个枚举类型看起来包括很多来自不同领域的值，这违反了SOLID中的"S"——单一职责原则。这条原则要求类（在这里是枚举）应该有且仅有一个改变的原因。因此，这个枚举应该被分解成若干种类的枚举类型。

```
public enum CRUD
{
    Create,
    Read,
    Update,
    Delete
}
public enum PersonAttributes
{
    Firstname,
    Lastname,
    Dateofbirth,
}
public enum Status
{
    Ok,
    Error,
    Filenotfound
}
public enum Sizes
{
    Small,
    Medium,
    Large
}
```

15. 奇怪的函数

下面这个函数的作用是什么？怎么让代码更清晰？

```
public bool StrangeFunction(int n)
{
    for (int i = 0; i <= 13; i++)
    {
        if ((i == 1) // (i == 3) // (i == 5)
            // (i == 5) // (i == 7) // (i == 9)
            // (i == 11))
        {
            return true;
        }
    }
    return false;
}
```

很难说编写这个奇怪函数的目的到底是什么，但是看出它的作用并不难。如果一个数小于13并且是奇数，函数就返回true，否则返回false。

想测试一个数的奇偶，通常的方法是使用模运算符：

```
bool isOdd = (n % 2 != 0);
```

因此，可以这样重写这个函数：

```
bool IsOddAndLessThan13(int n)
{
    return (n < 13 && n % 2 != 0);
}
```

如果你热衷于代码重用，可以对代码进行重构，把奇偶测试的代码和"小于13"的代码分开（一般而言，软件项目不会有这种需求）：

```
bool IsOdd(int n)
{
    return (n % 2 != 0);
}
```

16. 日期重叠

写一个函数，当两个日期出现重叠的时候返回true。代码要尽量简洁清晰。

根据如下定义，假设日期范围是IDateRange：

```
public interface IDateRange
{
    DateTime? Start { get; set; }
    DateTime? End { get; set; }
}
```

在行业软件开发领域里，这种问题出现的频率相当高。它看起来非常难，不是因为代码复杂（实际不复杂），而是因为对所有情境建立模型非常麻烦，函数的逻辑很难理清。

你可以简化问题：假定输入的两个日期都为非空。题目并没有明确表示日期值能否为空，但由于检查空值很简单，可以在最后一步进行。

还可以假设开始的日期早于结束的时期，其目的也是简化问题。你可以在最后一步添加一个断言或者测试代码来做这件事。

通过绘制图解，可以清晰地看到所有情境，如图6-6所示。

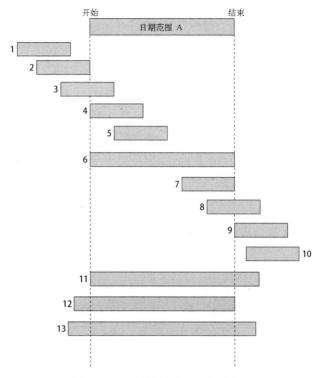

图6-6　不同情境下的日期范围比较

在图中可以看到13种情境。现在可以开始编写代码来逐个处理每一种情境，例如：

```
if (B.Start < A.Start && B.End < A.Start) {
    return false; // 第一种情况，无重叠
}
if (B.Start < A.Start && B.End == A.Start) {
    return true; // 第二种情况，有重叠
}
if (B.Start < A.Start && B.End > A.Start && B.End < A.End) {
    return true; // 第三种情况，有重叠
}
if (B.Start == A.Start && B.End > A.Start && B.End < A.End) {
    return true; // 第四种情况，无重叠
}
// 以此类推...
```

这种方法可行，但不够简洁清晰，不会给面试官留下深刻印象。

如果你仔细观察图6-6，就能发现有两种情况并没有出现日期重叠，分别是情况1（完全在日期范围A开始之前）和情况10（完全在日期范围B结束之后）。所有其他情况都会和日期范围A出现重叠，因此通过排除这两种特殊情况，可以极大地简化问题。如果发现其中一种情况，函数返回false（没有重叠）；如果没有发现，则可以推测出有日期重叠，因此返回true。

想要确认第一种情况，可以检查日期范围B的结束时间是否早于（或等于）日期范围A的开始时间。

```
(B.End <= A.Start)
```

同样，可以检查日期范围B的开始时间是否晚于（或等于）日期范围A的结束时间：

```
(B.Start >= A.End)
```

把这些代码组合在一起：

```
if (B.End <= A.Start || B.Start >= A.End) {
    return false; // 日期无重叠
} else {
    return true; // 日期重叠
}
```

或者更简单（但会变不清晰）：

```
return !(B.End <= A.Start || B.Start >= A.End);
```

现在，有了一个奏效的解决方案，就可以回头处理空值检测的问题了。这段示例代码并没有处理值为空的情况，如果出现空值会发生什么？你不能忽视空值，否则函数就会抛出 NullReferenceException异常。

注意 .NET中的DateTime?实际是一种非空值类型，但下面的示例代码使用了可空DateTime? 类型。

假设你把开始日期为空解释为"时间轴的起点"，把结束日期为空解释为"时间轴的终点"，那么日期范围(1/1/2012, null)可以解释为"2012年的第一天到时间轴的终点"，日期范围 (null, 1/1/2012)可以解释为"时间轴的起点到2012年的第一天"，日期范围(null, null) 可以解释为"整个时间轴"。最新版本的.NET并没有提供时间轴起点和终点的常量，因此只能使用DateTime. MinValue和DateTime.MaxValue。

```
DateTime? AStart = A.Start ?? DateTime.MinDate;
DateTime? AEnd = A.End ?? DateTime.MaxDate;
DateTime? BStart = B.Start ?? DateTime.MinDate;
DateTime? BEnd = B.End ?? DateTime.MaxDate;

return !(BEnd <= AStart || BStart >= AEnd);
```

在产品代码中，还需要确保日期范围的开始日期早于结束日期。

第7章
常见问题

程序员迟早都会碰到让人绝望的bug。有些bug难以重现，或只能在远程客户机上偶尔重现；有些bug非常困难、耗时，不值得修复，因此只能放任不管。但另一方面，有些bug的影响范围太大，不能无视，只能选择修复。同顽固性bug作斗争是一种重要的编程经验。有些程序员声称自己是专家，但又讲不出一两个修复bug的恐怖故事，我就会对其可信度深表怀疑。

下面讲述我亲身经历的一个恐怖故事。我被要求去协助某个团队修复一个幽灵般的bug。这个bug的优先级非常高，因为它会引起信息系统的数据丢失；而这个系统是用来管理孩子和家人的个人信息的。尽管每天都有数据丢失的报告，但这个团队却无法重现bug。

由于难度太高，支持团队得到了访问用户问题数据库的权限。在每天获得用户的书面授权书之后，权限只开放几小时。另外，用户的数据库版本也是个未知数，数据库中所有（数百个）的存储过程、函数、视图都加密了。数据库也没有任何版本信息，因此支持团队被迫去猜测、尝试数据库中每个对象的版本。

经过两星期紧锣密鼓的工作，我们终于修复了这个bug。事实证明，这个问题不是一个bug导致的，而是至少三个bug共同引起的。除此之外，这还暴露了一些严重的设计问题，最严重的三个问题如下。

- ❏ 一个数据库更新的竞态条件导致一些记录被分配到错误的索引键。某些情况下，这意味着有些家庭成员错误地和其他家庭建立了关联。
- ❏ 一个混乱的用户接口允许用户在没有提示的情况下删除数据。
- ❏ 一个有问题的子程序耽误了团队一些时间。

这个充满bug的系统阻碍了自己的成功。它的测试规模太小，没有覆盖到那些产生bug的代码。

这种故事每天都在发生，全世界的程序员都在谈论这些经验。当碰到这种情况的时候，你不可能感到高兴，但从这些经历当中，我们可以获得宝贵的经验教训。如果一名新手程序员向资深程序员求助，资深程序员问的第一个问题很可能是：你有没有检查过常见bug？

本章内容全部都和常见bug有关，包括并发问题、设计问题，以及可能导致bug的不良编码习惯。

7.1　并发编程

很多复杂的问题都源于一种情况：人们认为，只写给一位（或少数）用户使用并由其测试的软件，不经修改就能支持大批量用户同时操作。真正面临这种情况的时候，原本优秀、稳定的程序突然变成了到处bug、极不稳定的程序，并且还会出现之前从未有过的程序崩溃、数据冲突等问题。下面是一个简单的示例，告诉你程序是如何从稳定变得不稳定的。观察下列代码：

```
static void Main()
{
    Step1();
    Step2();

    if (Debugger.IsAttached)
        Console.ReadLine();
}

static void Step1()
{
    for (int i = 200; i > 0; i--)
    {
        Console.Write("ONE");
        Thread.Sleep(random.Next(50));
    }
}
static void Step2()
{
    for (int i = 200; i > 0; i--)
    {
        Console.Write("TWO");
        Thread.Sleep(random.Next(50));
    }
}
```

程序运行之后，向输出控制台写了100个"ONE"，然后又写了100个"TWO"，如图7-1所示。

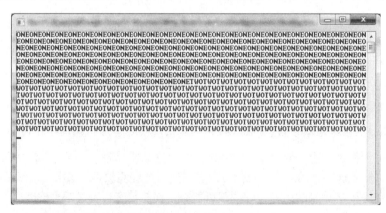

图7-1　有序输出

从技术上来说，这个程序已经有了1个线程，因为每个Windows进程在运行的时候都会创建至少1个线程（主线程）。下面是添加2个线程的代码。

```
static void Main()
{
    new Thread(Step1).Start();
    new Thread(Step2).Start();
}
```

你立刻就能发现这次输出和上次有区别（见图7-2）。"ONE"和"TWO"的排列被打乱了，而且每次运行，输出文本的顺序都有不同。

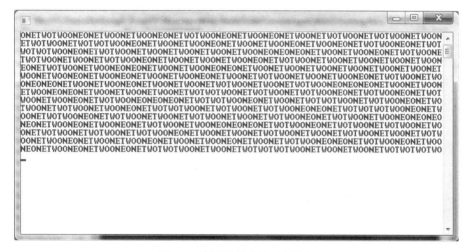

图7-2　使用线程后的无序输出

7.1.1　竞态条件

如果两个线程同时访问同一个共享数据，就会出现竞态条件，其结果取决于线程间的竞态种类。请注意，所有的多任务操作系统都有权在（几乎）任何时刻中断或切换线程。这意味着即使是一行C#或Java代码，也有可能出现竞态条件。（在运行之前，所有的高级编程语言必须被翻译成本地指令。因此，即使一行C#代码也有可能被翻译成多条指令。在指令完成之前，线程随时可以被中断。）

当两个线程同时访问一个共享数据的时候，如果都以读取和更改数据为目标，那么执行结果就是无法预测的。思考这样一个例子，两个线程都试图减少银行账户余额。由于事件执行的精确时间不同，其中一个线程可能会因为账户透支而撤销一部分数额。然而，如果线程间的同步没有问题，有些操作是可以被阻止的。

7.1.2 锁

所有现代的关系数据库管理系统（RDBMS）都提供同步数据访问机制，所有的现代编程语言也都提供代码段的同步或串行化机制。有些软件架构甚至具备完善的并行和并发工具，例如.NET框架中的任务并行库（TPL）。处理相应问题的时候，这些优势让程序员更加得心应手。然而，不论软件架构能在何种程度上支持并发特征，程序员都要具备良好的并发编程基础知识，只有这样，才能知道如何分析问题。管理共享数据访问的基础工具之一就是锁。

在现实意义上，获得一个锁就像获得了唯一的标识。具备了这个标识，你就有权限去访问并操作数据，而其他进程不会有这种权限，它们必须等你释放标识之后才能申请权限，而且在进行下一步操作之前必须获取标识。如果很多线程竞争同一个标识，或者一个线程释放锁的速度有些慢，那么其他所有线程都会进入等待状态，程序也会慢慢停止。因此，为了避免拥塞，线程应该尽快释放锁。同样，锁也应该只用来保护进程间真正共享的数据，而不是没有竞争风险的数据。滥用锁不仅浪费资源，还会给程序带来不必要的复杂性。

下面是一个例子，由于乱用并行特征，导致一个简单的程序出现了严重的错误。这个程序会不断地从一个初始余额为100的银行账户提取小额款项，直到余额不足为止。不论任何时候，账户都不允许透支。下面的代码是程序的核心类，名字叫BigSpender：

```
public class BigSpender
{
    public decimal Balance = 100m;
    Random rand = new Random();

    public void spendAll()
    {
        while (withdraw((rand.Next(5, 11))));
    }

    bool withdraw(decimal amount)
    {
        if (Balance - amount < 0)
        {
            Console.WriteLine(string.Format(
                "Balance is {0}, unable to withdraw {1}", Balance, amount));
            return false;
        }

        Console.WriteLine(string.Format(
            "Balance is {0}, withdrawing {1}", Balance, amount));

        Balance -= amount;

        if (Balance < 0) // 这不可能发生!（鬼才相信）
            Console.WriteLine(string.Format(
                "Balance is {0}, this should never happen...", Balance));
        return true;
    }
}
```

可以用下面的代码测试这个类：

```
var b = new BigSpender();
b.spendAll();

if (b.Balance < 0)
    throw new OverdrawnException();
```

运行测试代码，可以看到账户的开销顺序非常清晰，如图7-3所示。

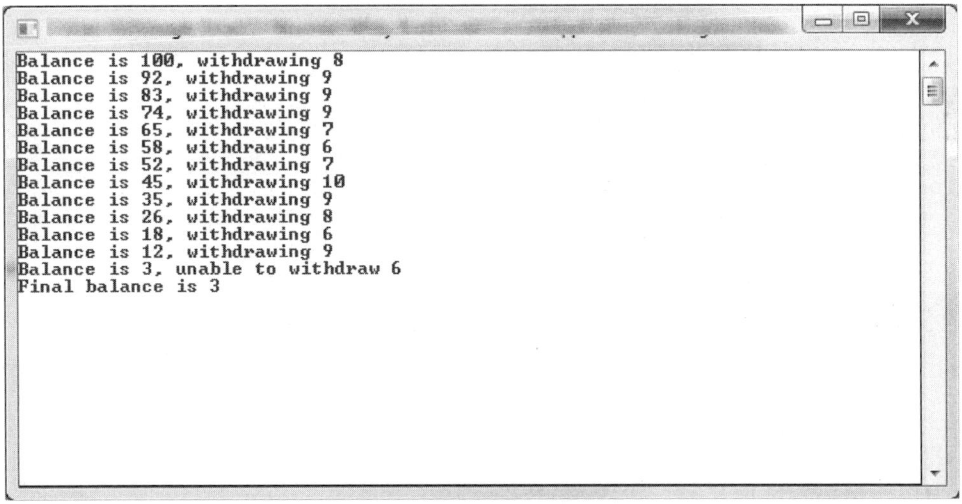

图7-3　有序的开销顺序，没有错误

注意观察BigSpender类中的withdraw方法，看它如何检查出Balance值足够提款数额。在单线程程序中，这个方法没有问题。在多线程程序中，它有时可行，但通常会失败。我们作一个小小的改动，为提款操作建立独立线程，看看会发生什么。

```
public void spendAllWithThreads()
{
    for (int i = 0; i < 5; i++)
        new Thread(spendAll).Start();
}
```

这个程序现在有非常严重的问题，从图7-4可以看出，程序连续出错。

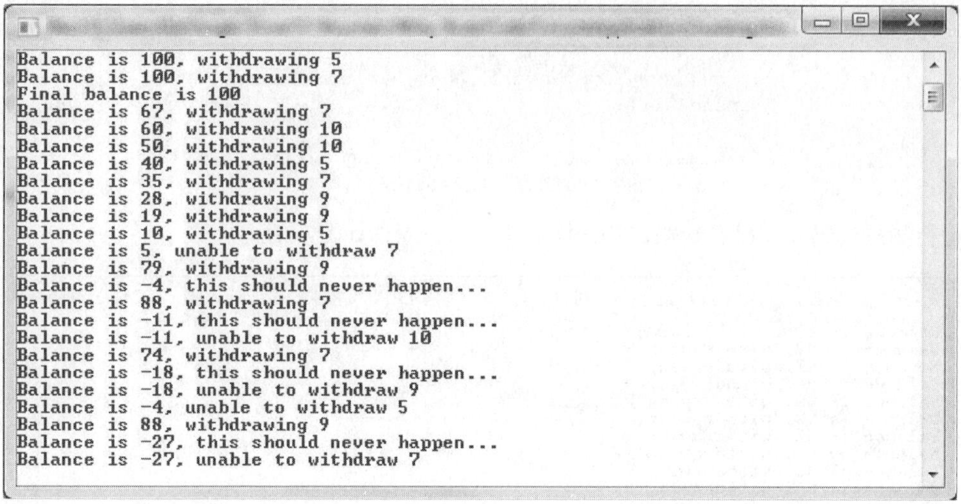

图7-4 混乱的开销顺序

为了弄清楚代码都做了什么，我们把线程ID写进文本，来追踪线程的进度，如图7-5所示。

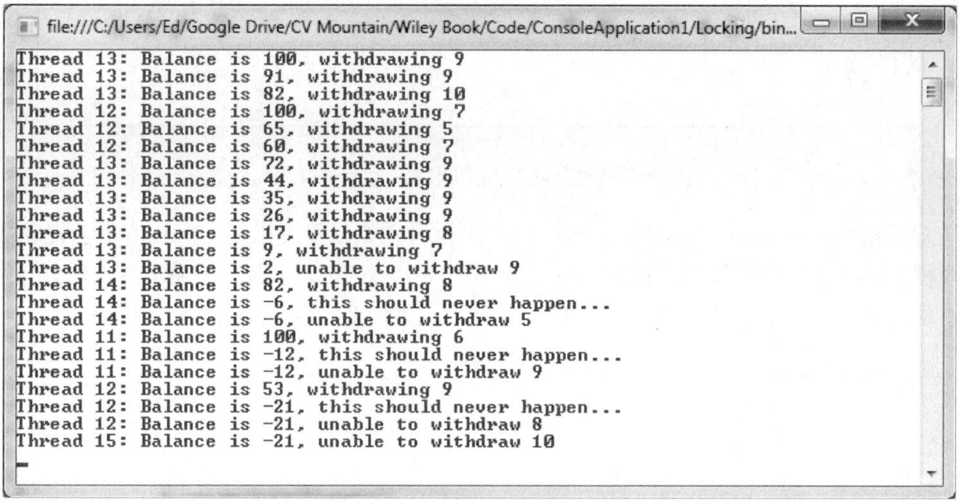

图7-5 线程都做了什么

从图7-5可以知道，线程的行为是重叠的，执行顺序无法预测。图中展示的只是一部分内容，但已足够清晰：同一个线程在读取和更新共享变量Balance的时候，它的值并没有保持一致，有其他线程在作修改。因此，每个线程在执行这段代码的时候，Balance的值都是无法预测的。

一个简单的改动就能修复这个问题：确保当有线程在操作Balance变量的时候，其他线程都不能改变Balance变量的值。如果线程想要从账户中提款，它必须先获取到锁。这样就能保证线程不会陷入冲突状态。

```
public void spendAll()
{
    lock (lockToken)
        while (withdraw((rand.Next(5, 11)))) ;
}
```

不幸的是，这导致所有线程必须等待第一个线程完成任务，完全没有利用到多线程的优势，如图7-6所示。

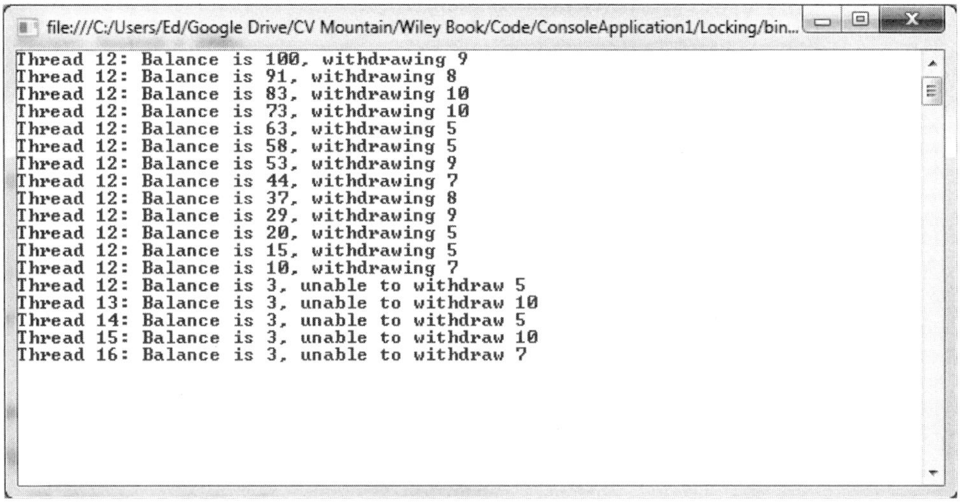

图7-6 线程在排队

一个更好的锁策略是允许所有线程同时运行，只把操作Balance的代码上锁，确保线程在读取和更新的时候，Balance的值能保持一致。可以把withdraw中相关代码用锁包围起来：

```
bool withdraw(decimal amount)
{
    lock (lockToken)
    {
        if (Balance - amount < 0)
        {
            WriteLineWithThreadId(string.Format(
                "Balance is {0}, unable to withdraw {1}", Balance, amount));
            return false;
        }

        WriteLineWithThreadId(string.Format(
            "Balance is {0}, withdrawing {1}", Balance, amount));

        Balance -= amount;

        if (Balance < 0) // 这不可能发生！ (鬼才相信)
```

```
        WriteLineWithThreadId(string.Format(
            "Balance is {0}, this should never happen...", Balance));
    }
    return true;
}
```

在图7-7中,可以看到所有线程都是同时进行的,并且没有了第一次代码的混乱和不可预测性。

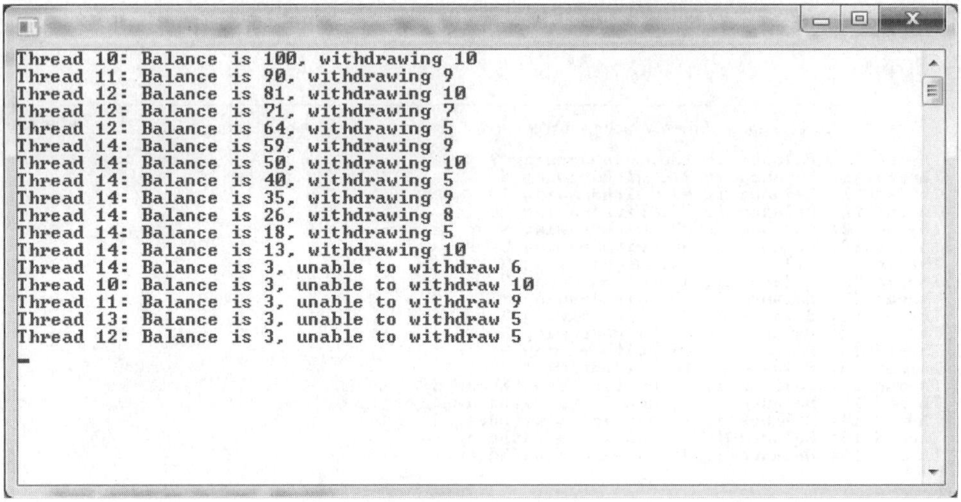

图7-7　多线程提款

7.1.3　死锁

当线程请求两个锁（假设为锁"X"和"Y"）的时候,死锁就有可能发生。假设一个线程占有了X锁,在其占有Y锁之前,另一个线程进入并占有了Y锁,等待X锁释放。第一个线程在得到Y锁之前不会释放X锁,而第二个线程在得到X锁之前不会释放Y锁。两个线程都会进入拥塞状态,直到其中一个被终止。这就是一个典型的死锁情境。

你应该知道Coffman条件,即一系列能导致死锁的条件。

❑ 资源独占：锁住的资源不能共享；如果资源被一个进程占用,其他进程就不能占用相同的资源。

❑ 持有等待：线程在等待锁释放的时候,可以占有另外一个锁。

❑ 不可抢占：占有锁的线程不能被（例如,另外一个线程或者操作系统）强制释放锁。

❑ 循环等待：例如,进程A等待进程B释放资源,进程B等待进程C释放资源,进程C等待进程A释放资源。

在实践当中,有些编程架构（比如.NET）的前3项条件大多数都已预设好：锁不能共享；支持多重锁；强制进程释放锁是非常困难的,会导致程序不稳定。程序员需要关注的是第4项条件,尽量避免循环等待。实践证明，一个非常简单的原则就能解决这个问题：当进程请求多重锁的时候，它们请求的顺序应该是固定的。例如，如果1个进程请求3个锁A、B和C，那么每个进程都应该按照先请求A、然后B、最后C的顺序，而不应该从请求B或者C开始。这个方法是可行的，它阻止了其他进程先锁住B或C，因而阻止了循环等待的形成。

7.1.4 活锁

解决死锁问题的一个方法是：如果一个线程无法获取所有锁，它就释放所有已经获取到的锁，等待固定时间，然后再次尝试。这个策略可以成功避免死锁，但却会导致活锁。

你可能有这样一种尴尬的经历：在狭窄的走廊行走时，你和迎面走来的人让向同一边，然后同时让向另一边，看起来就像是在跳舞一样。这就是活锁的一种形式。

在活锁中，多个线程同时尝试获取锁，然后在相同的时间间隔之后再次尝试。它们不断冲突，永远也无法获取到需要的锁。有时候，活锁比死锁更糟糕，尤其是不断的冲突会消耗大量CPU和RAM资源。

想解决这个持续的等待重试问题，有一个非常直接的方法：让线程的等待时间长度随机变化。这减少了线程的冲突几率，但会让总体等待时间增加，超过最小值。

7.2 关系数据库

经过多年的努力，人们认为数据库大体只有两种形态：一种是完全用于存储数据的地方，另一种是在云中的分布式"网络规模"和"最终一致性"键值对的集合。ORM（Object-Relational Mapping，对象关系映射）技术可以让程序员在不关注数据库传统（关系）种类的情况下执行CRUD（Create, Read, Update, Delete，建立、读取、更新、删除）操作。近些年来，NoSQL越来越流行，在有些人看来，传统的关系数据库几乎成了落后的代名词。关系数据库的反对者认为，不同种类的数据库会带来不必要的开销；关系数据库的拥护者则认为，现代的方案都缺乏对数据库重要特性的支持，例如DRI（Declarative Referential Integrity，声明引用完整性）。真相可能介于两者之间。

思考谨慎的程序员知道如何选择更好的数据库平台，也知道如何权衡利弊。有时候，为了避免数据库带来的开销，可以将坚持使用数据对象作为一个权宜之计，但借助RDBMS的特征（例如DRI）可以带来很多好处，而且服务器查询性能也是非常重要的因素。

所有程序员都应该理解关系数据库的原则，只有这样，才能明白RDBMS适用于怎样的需求。

还有一点需要记住，新技术那些迷人的特征并不能反映程序员的真实工作环境，他们可能在一个传统的"企业"开发环境下工作。在这些环境中，程序员需要精通Oracle或者SQL Server，而不是MongoDB、Redis、Memcached、等等。企业核心系统更可能使用传统的RDBMS，而大多数程序员在整个职业生涯中都可能会去这些企业求职。

7.2.1 数据库设计

不良的数据库设计会导致一系列难题。如果你的程序把数据存储在一个巨大的多值表中，或者有两个非常相似的表，经常搞混，那么你就遇到了数据库设计问题。如果你发现代码必须用大量子句处理边界情况，或者代码除了处理"边界情况"（未必是真正的边界情况）什么都没做，那么你同样遇到了设计问题。

很多设计问题都可以通过数据库规范化原则来避免，这些原则真的非常奏效。如果你觉得它们已经过时，或者违背了敏捷开发原则（其实并没有），那么我强烈建议你重新审视这些原则。

7.2.2 规范化

数据库规范化就是确保数据库设计（包括表、表里的列，以及表之间的声明关系）遵循一系列原则的过程。通过坚持这些原则，你的设计可以非常灵活（具有高度的适应性），也能避免或最大限度减轻冗余问题，这反过来也会减少或消除数据不一致的问题。

关于数据库的标准规范化，有些人持这种观点：良好的数据库设计往往是凭直觉产生的。这有点道理，对于精通规范化理论的资深数据库设计者，我非常信任其直觉；相对于那些没有经验的设计者，他们的直觉更加可靠、有效。

规范化原则本身并不难掌握，稍后我会总结这些原则。先把规范化扔在一边，讨论一下设计选择的问题。如果多个设计方案看起来都一样稳定、灵活，选择哪个就成了难题。对每个方案进行简单的测试有利于我们作出选择，而基于每个设计写出代码就是一个好的测试方法。如果团队内的人员对设计方案意见不统一，可以让不同阵营的人给对方设定时间限制，然后通过写代码去证明或反驳存在的问题。这是个很实用的方法。如果用新的设计方案来取代遗留系统，或对现有系统进行重大改动，可能马上就会有数据迁移的需求。最终，如果意见无法达成一致，团队领导就必须作出抉择。

1. 第一范式："没有重复项"

第一范式（下面简称为1NF）的一个非正式定义是，同一行的每个属性都只能有一个值。比如，不能把多个电话号码存储到"人员"表的"家庭电话"属性中。如果你见过用逗号（或者其他分隔符）分隔开的属性值，那就可能违反了1NF。

这条规则有时不太好解释。例如，一个叫name（用来存储人名）的属性可以用来存储人名的所有部分，比如"Inigo Montoya"；但有人却认为这违反了1NF，因为两个名字（"Inigo"和"Montoya"）存储在了一个属性里。的确，因此大部分数据库都用两个属性来存储人名：first name和last name。至于原来的设计到底有没有违反1NF，解释起来太过理论化，因为大多数系统都是通过姓氏来搜索人名，所以姓氏往往被设置成distinct。这个需求和规范化没有关系，但却让"name"在数据库中被拆分成至少两部分。很多时候，数据库遵循1NF原则的原因和规范化都没有什么关系。

2. 第二范式："禁止部分依赖"

符合第二范式（2NF）的表，必须先满足1NF。

如果仔细观察表中的属性，就能发现这样一个规律：在某些情况下，一些属性的组合可以成为每一行的唯一标识。例如，你会发现雇员编号、部门和入职日期的组合可以作为"工作经历"表中每一行的唯一标识，这三个属性就是一个候选复合键（candidate composite key）。

如果表中没有候选复合键，就可以认为符合2NF，不需要深究了。注意，一个表可能有多个复合键。虽然代理键经常取代自然键成为主键，但备选复合键也可以作为主键使用。

如果题目中的表有一个备选复合键，那你还需要再提一个问题：表中的每个非键属性是否都完全依赖于那个复合键？如果不是，这个表就不符合2NF。

假如"工作经历"表中有一个"紧急联系人姓名"属性，它明显依赖于雇员编号，但和雇员何时开始在部门工作毫无关联（复合键的其他部分）。因此，这是一种部分依赖关系，违反了2NF。可以把"紧急联系人姓名"属性移动到另一个表内，这样表就满足了2NF。例如，可以把它移动到雇员表中，然后用外键建立联系。

3. 第三范式："禁止传递依赖"

符合第三范式（3NF）的表，必须先满足2NF。

假设在"职员经历"表中，除了"紧急联系人姓名"还有"紧急联系人电话"，后者依赖于前者，但和职员本身并没有直接关系，而是一种传递依赖关系。如果你见过有类似现象的表，那它就违反了3NF。想解决这个问题，需要把"紧急联系人姓名"和"紧急联系人电话"都移动到新表中，然后在"职员经历"表中创建一个新的外键，和新表建立联系。

4. BC范式

BC范式（BCNF）和3NF很类似，因此有时也被称为3.5NF。

3NF的适用对象是非键属性（non-key attribute），而BCNF的适用对象是所有属性，与其是不是候选键的一部分无关。这是3NF和BCNF的区别。

5. BC范式之外

在实践中，把数据库规范化到BCNF就完全够用了，进一步规范化成其他晦涩难懂的范式，往往是不值得的。在面试中，你不太可能遇到有关高级范式的问题。

7.2.3　反规范化

在有些情况下，有所保留地遵从规范化原则也是可以接受的。一个例子是，当数据库被作为只读信息库使用的时候，比如数据资料仓储和联机分析（OLAP），就可以不完全遵从规范化原则。

如果数据库是只读的，就不会有更新异常发生；如果每次请求的数据不需要重新计算，适当的数据冗余也是有用的。在这种情形下，非规范化的数据库会比规范化的数据库更有优势。

数据库规范化的主要优势（如果不是最大优势的话）之一是数据完整性。如果数据库能恰当地规范化，RDBMS就可以屏蔽更新异常、孤儿行等数据不一致的问题。因此，不论在应用层发生什么，RDBMS都可以承担起保护数据的职责。如果数据完整性并不是优先级最高的需求，那么反规范化也是可以考虑的。

规范化不是非黑即白的。你可以建立一个规范化的数据库，同时出于性能的考量，允许一些非规范化表的存在。最理想的状况是你能以某种方式把这些表区分开，这样未来的程序员就能意识到数据库存在非规范化特例和有意的数据冗余，从而避免更新异常和数据不一致问题。

7.2.4　填充规范化数据库

当数据库仍在开发或第一次填充数据的时候，规范化（或者更宽泛些，数据库约束）会阻碍该过程的进行。你也许正在编写一个处理表数据的函数，由于该表以某种形式和其他表存在关联，你不得不同时处理其他表。在编写（测试）代码去处理一些边界情况的时候，你会发现有些数据库约束会阻碍你对表进行数据填充。如果相关表是简单的查找表，你可以考虑优先填充这些表；但如果情况复杂，你就只能考虑临时禁用数据库约束。当然，在准备将产品交付给客户之前，要启用这些约束进行测试。千万不要为了图方便而永久性禁用数据库约束，否则早晚会自食其果。这在后期会导致数据损坏，并且出现大量bug。

7.3　指针

在我还是个程序员新手的时候，一位满脸大胡子的智者前辈告诉我，程序员只分为两类：理解指针的程序员和不理解指针的程序员。如果你提前知道面试你的人是个"大胡子"，那就很可能在面试中被问到奇怪的指针问题。警告：即使面试官没有胡子，他也有可能要求求职者"解释这段指针代码"。郑重声明，我从不认为有胡子的程序员就是完全正确的。即使你没有胡子，也能把指针理解得非常好。

指针一般和C/C++紧密联系在一起，每个程序员都应该理解这些语言的基本语法，这能给你带来很多好处。除去别的不说，理解指针的程序员往往具备更深、更广的知识和经验。我并不是让你突击学习指针知识，以便在面试中不懂装懂——其他程序员能发现你伪装的蛛丝马迹。把这节内容看成一个需要理解的知识清单，如果发现自己不理解其中某些知识，就可以多用功准备。本章最后有C语言练习题，你可以用这些习题来测试自己的知识掌握度。

让我们从定义开始：指针是存储另一个变量地址的变量。思考图7-8中指针的关系，指针ptr存储了变量i的地址。也就是说，ptr指向i。

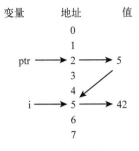

图7-8 指针

在C语言中，指针的声明和使用方式如下：

```
int *ptr;  // 指向整型变量的指针
ptr = malloc(10); // 分配内存，并且把地址存储在ptr
```

所有的C编译器都忽视无意义的空格，因此下面的声明都是一样的：

```
int *ptr;
int* ptr;
int * ptr;
int*ptr;
int     *     ptr;
```

注意，这样给ptr赋值是错误的：

```
int *ptr;
*ptr = malloc(10);  // 哦!
```

这个赋值操作的问题是试图把malloc返回的地址存储在ptr指向的对象里。因为ptr还未初始化，所以这么做是错的。指针的赋值操作和其他变量一样：

```
ptr = malloc(10);
```

可以用取址操作符（&）获得变量的地址：

```
//让ptr存储i的地址
ptr = &i;
```

除了直接给变量赋值，还可以用地址来赋值：

```
int *ptr;
int i;

i = 100;

// 把i的地址传给ptr
ptr = &i;

// 把i的值设为99
*ptr = 99;

printf("The value of i is %d\n",i);
```

目前为止，只展示了指向整型的指针，还可以让指针指向其他类型，包括char和struct。指针不仅可以指向数据类型，还可以指向函数。无类型的指针void *可以指向任何类型。

7.3.1 接收值类型参数的函数

C和C++中的函数可以接收值类型参数。调用的时候，函数会接收一个原变量的副本作为参数，即使函数修改了副本变量，对原变量也没影响。

```
void tryTomodifyArgument(int i) {

    // 这样做达不到目的

    i = 99;  // 只修改了本地数据副本
}

void main() {

    int i = 100;

    printf("i = %d\n",i);  // 100

    tryTomodifyArgument(i);  // 没有修改

        printf("i = %d\n",i);  // 始终是100

}
```

如果想在函数中修改变量，必须向函数传递引用。在C中，这是通过传递指针实现的。

```
void tryTomodifyArgument(int *i) {

    *i = 99;  // 通过解引用，操作原变量
}

void main() {

    int i = 100;

    printf("i = %d\n",i);  // 100

    tryTomodifyArgument(&i);  // 通过指向i的指针来修改值

    printf("i = %d\n",i);  // 现在是99

}
```

7.3.2 数组的处理

C编译器处理数组的方式和处理指针很相似，但是不完全一致。使用数组的时候，编译器会

默认读取数组的地址，就好像你对数组使用了取址操作符一样。下面的两行printf代码会打印相同的东西：myArray数组的地址。

```
int myArray[10];
printf("myArray = %p\n",(void*) myArray);
printf("&myArray = %p\n",(void*) &myArray);
```

myArray和&myArray之间存在一个细微的差异：两者都会被解析成指针，但第一个是指向整型的指针，而第二个是指向长度为10的整型数组的指针。如果函数的形参是指向数组的指针，却接收指向整型的指针（反之亦然），有时就会引起混淆（编译器也会警告）。下面的代码就会产生一个编译警告[①]：

```
/* 这段代码会产生编译警告
    形参是int *类型，但输入的是int (*)[10]型参数
*/
void handleArray(int * theArray) {
    // 使用数组指针...

}

void main() {
    int myArray[10];

    handleArray(&myArray);
}
```

下面代码是另一个相似的例子。当数组作为函数形参的时候，编译器会把数组解析成整型指针（或者指向整型数组的指针）。因此，sizeOfArray函数返回的是int类型的长度，通常是4字节。

```
int sizeOfArray(int a[10])
{
    return sizeof(a);
}

void main() {
    int myArray[10];

    /* 数组中的每个int都是4字节，因此数组所占的空间为4 * 10 = 40 */
    printf("sizeof(myArray) = %d\n",sizeof(myArray));  // 40

    /* 但是... 函数并没有接收数组，它接受了一个指向int的指针，为4字节*/
    printf("sizeOfArray(myArray) = %d\n",sizeOfArray(myArray));  // 4
}
```

7.3.3 值传递和引用传递

这里要强调的是，C函数通过值的形式来传递参数，这与.NET和Java是一样的。当对象传给

[①] 使用最新版的GCC，这段代码无法通过编译。编译器会给出错误提示，而不是警告。——译者注

方法后，方法接收对象的引用，但默认（别搞混了）对象引用本身是以值的形式传递的。这可能和你的直觉相悖，因为你有过这种经验：在.NET和Java中，把对象传给方法之后，你可以修改原对象的属性，但无法修改对象的引用。换言之，你无法用另一个对象去替代它，只有一份对象引用的副本。C语言中的函数接收一个指针也是一样，你可以改变指针指向的对象，但无法改变指针本身的值。为了使概念更加清晰，举例如下：

```csharp
namespace ValuesAndReferences
{
    class Program
    {
        static void Main()
        {
            int newValue = 100;

            Foo foo1 = new Foo();
            foo1.Bar = newValue;
            CheckItWorked(newValue, foo1);

            // 我们可以在方法中修改Foo的属性
            newValue = 99;
            replaceFooProperty(foo1,newValue);
            CheckItWorked(newValue, foo1);

            // 但是，我们不能替换对象本身，这会失败
            newValue = 98;
            replaceFoo(foo1, newValue); // 失败!
            CheckItWorked(newValue, foo1);

            // ...除非，我们使用ref关键字
            // 以引用的方式传递对象

            newValue = 97;
            replaceFoo(ref foo1, newValue);
            CheckItWorked(newValue, foo1);

            Console.ReadLine();
        }

        private static void CheckItWorked(int newValue, Foo foo)
        {
            Console.WriteLine(string.Format(
                "Attempt to change foo.Bar to {0} {1}",
                newValue, newValue == foo.Bar
                    ? "succeeded" : "**FAILED**"));
        }
        private static void replaceFooProperty(Foo foo, int value)
        {
            // 这没问题
            foo.Bar = value;
        }
```

```
        private static void replaceFoo(Foo foo, int value)
        {
            // 这不行! 原来的foo不会变化
            foo = new Foo();
            foo.Bar = value;
        }

        private static void replaceFoo(ref Foo foo, int value)
        {
            // 通过替换对象，可以达到目的（只在.NET里有效）
            foo = new Foo();
            foo.Bar = value;
        }
    }
}
```

这段代码运行之后，程序会显示每次尝试修改foo.Bar属性的结果，输出如图7-9所示。

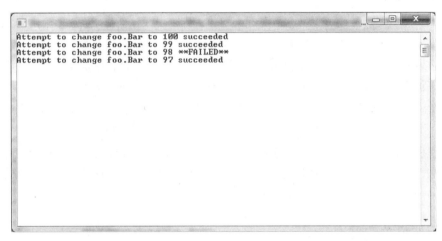

图7-9　参数是值不是引用

7.4　设计问题

　　本章的主题是"常见问题"，忽略设计问题将是一个重大失误。在程序员编写代码和修改代码的过程中，会遇到很多挑战，而设计问题（这里指的是系统设计，不是UI设计）往往是导致这些棘手问题的罪魁祸首。当看到bug接踵而至的时候，产品经理会感到绝望，他们有时会把这些问题怪罪到漏洞百出的代码上。这在某种程度上是对的，但更有可能是系统设计不良所导致的。程序员有责任给出最好的设计方案，但却经常被环境束缚：需求不明确，只关注产品功能，等等。在这种环境下，即使最好的程序员也束手无策，只能尝试说服产品经理一起解决设计上的缺陷。下面是一些宝贵的建议，你可以结合自己的经历来思考，并准备好用在面试中。为什么这些建议很"宝贵"？因为它们都是从我的亲身经历中得来的。

7.4.1　YAGNI不是走捷径的借口

几乎每个程序员（包括使用敏捷开发的程序员）都听说过YAGNI（You Ain't Gonna Need It,
适可而止）。这个简洁的忠告起源于敏捷运动。当时过度设计的现象非常严重，程序员总是试图
给程序添加过多花哨的功能，希望有朝一日能派上用场；YAGNI正是为了应对这种现象而出现
的。YAGNI原则鼓励程序员尽量简化设计，用最直接的方式完成工作，然后立刻停止。我个人
认为，在应对过度设计问题上，YAGNI原则确实很有价值，但我也担心人们会矫枉过正。换句
话说，对于那些构建可维护软件的基本需求，你应该谨慎对待，尽量不要动。例如，在最佳代
码方案的问题上，就不应该因YAGNI而妥协。请时刻记住："两点之间最远的距离是一条欲速则
不达的'捷径'。"

7.4.2　设计要考虑性能

在设计阶段，产品性能因素总是得不到重视，直到进入测试阶段，才暴露出诸多性能问题。
这是软件开发的一个常见错误。随着开发进度的推进，改善产品性能的难度越来越大；产品发布
后，难度达到最大。出众的性能和过硬的质量都来自于可靠的设计，在软件开发的过程中临时考
虑性能或质量难上加难。例如，不能为了让产品核心功能支持分布式处理，临时添加一个组件。

格言"硬件不值钱"（和软件开发的开销相比）不应该是忽略性能问题的借口，而且添加硬件
也有局限，比如，无法优化一个时间复杂度是$O(2^n)$的函数，也无法处理并行运算程序的共享状态。

你可能也听过"先运行起来，然后（如果需要）再加速"的建议。如果是在尝试解决问题或
者发明算法，这是条非常好的建议。然而，如果是在产品研发阶段，这就是条很糟糕的建议，除
非你想把第一版本的软件扔掉，重新开始。

7.4.3　不要只关注理论

有的人非常迷信理论，认为软件开发或项目管理的理论可以解决开发过程中的绝大多数问
题。这不完全正确，在有些情况下，无论怎么使用理论，问题就是无法解决。例如，不会有人认
为项目管理理论可以解决数学难题，也不会有人认为通过每日站立会议就制造出一件艺术品。对
于开发软件，道理是一样的：在合适的环境下，还需要有经验、有技术的人员齐心协力，才能达
成目标。众所周知，有些项目管理难题是通过铁腕手段攻克的，但这些和软件开发毫无关联。一
个著名的理论可以让软件开发项目启动、运转，但也仅限于此。在软件项目"启动和运转"之后，
软件质量是由那些优秀的程序员掌控的，与项目管理理论不存在任何联系。

总之，没有理论可以取代理智、谨慎的思考。你不能在没有设计蓝图的情况下制造出一件高
质量产品，不能在某个sprint[①]中添加"性能"需求，也不能通过发布前的测试提高对软件质量的
要求。

---

　① 敏捷开发的一个开发周期。——译者注

不论你和你的团队遵循怎样的理论（敏捷一般更好），都要确保团队里没有人心存幻想，认为理论会制造出好的软件。项目管理理论只能保证一般软件能按时交付，不超预算。

7.5 不良编码习惯

许多书的主题都和编码习惯有关，包括编码风格、编码规范、正确的做法和错误的做法，以及怎么像老板一样写代码。我极力推荐两本书：《程序员修炼之道》和《代码大全（第二版）》。这两本书都很有启发性，一直在激发我写出好代码的热情，而且也很实用、详细，用具体的例子阐述了良好的编码习惯。

本节所描述的不良编码习惯并不完整，仅简单列出面试中容易被亮红灯的问题。

7.5.1 错误的异常处理

如果无法在catch代码块中处理异常，那就应该让异常上浮。否则就隐藏了错误，会导致数据损坏和其他不良结果。如果部分异常必须通过一个操作抛出，就会导致数据状态不一致的问题，也可能导致数据损坏。

没有理由忽略catch块中的异常。一旦忽略，就掩盖了一个可能引起程序故障的问题。由于问题原因不明，调试难度也会加大。

另外，如果你捕获并重新抛出一个异常，要尽量避免对异常进行修改。例如，在.NET中，你可能因为重新抛出一个异常而重置调用栈。

```
void MyMethod() {
    try
    {
        RiskyOperation();
        // ...
    }
    catch (InvalidOperationException ex)
    {
        if (!TryToHandle(ex))
            throw ex; // 哦，仅仅重置了调用栈
    }
}
```

如果在RiskyOperation()方法中抛出异常，用这种方式重新抛出异常看起来就像异常来源于MyMethod()方法一样。想重新抛出一个异常，应该这样做：

```
try
{
    SomethingThatMightRaiseAnException();
    // ...
}
catch (InvalidOperationException ex)
```

```
{
    if (!TryToHandle(ex))
        throw; // 这会保留调用栈
}
```

最后要注意，永远不要写空的catch块。即使想临时留空稍后填充，也不要这样做。

不要这样做，这是个潜在隐患：

```
catch (Exception ex)
{
    // 不确定如何处理这种情况
}
```

相反，如果真的想在catch块中填上"占位符"，那你应该写点东西。在异常没被正确处理的时候，至少确保异常状态可以一目了然。

```
catch (Exception ex)
{
    throw new NotImplementedException();
}
```

7.5.2 不够谨慎

如果问我遭遇频率最高的bug，答案很可能是NullReferenceException类型的异常。在使用了一个值可为空的对象（大部分对象值都可以为空），但却没有检查对象是否初始化的时候，空引用异常就可能出现。

不要这样做：

```
if (myObject.Foo == null)
    DoSomething();
```

要这样做：

```
if (myObject != null)
    if (myObject.Foo == null)
        DoSomething();
```

这类建议是有道理的，你的眼光要实际一点。不要让你的项目充满不必要的空值检测代码，这会导致代码臃肿。如果你能合理假设对象已经被初始化，那就可以忽略空值检测，但大多数情况下，不能采取这种主观的假设。如果代码的执行逻辑正常，且没有抛出异常，对象通常都可以正常初始化；但如果出现异常，对象没有被初始化，应该怎么办？你需要决定哪个更重要：是要避免空值检测引起的代码混乱，还是要代码更健壮、稳定？

在面试中，几乎不可能在编写代码时达到处处谨慎。一定要记得关注空值检测，至少对面试官说出你的看法：出于产品健壮性考虑，代码应该包含额外的空值测试。至少完成一次空值检测代码，这样面试官就能知道到你有这种意识。

7.5.3　过于迷信

　　我并不是要教育你不要迷信。如果你一直以来都喜欢一些"仪式"，并且这些"仪式"能帮你写好代码，那就继续这样做吧。事实上，大多程序员并不会用魔法来写代码，除非把正则表达式算作魔法。询问你身边的程序员，问他迷不迷信，答案十有八九是"不迷信"。然而我在代码审查的过程中，却三番五次地发现费解之处，有些代码即使是作者本人也不知道作何解释，不知道写这段代码的原因是什么。当然，这种心理现象很常见。你可以在网上搜索"草包族科学"（cargo cult），通过了解背景知识，知道迷信是怎么出现的。

　　下面是几个编码迷信的例子。

- ❏ 必须在每行代码的间隔加上注释，否则就会觉得代码有问题。
- ❏ 喜欢把冗余代码注释掉（而不是删除），尽管有版本控制软件保留了文件的所有版本，仍害怕永远失去那些代码。
- ❏ 毫无理由地给所有数值文字添加类型后缀。
- ❏ 毫无理由地避免使用一些平台特征。
- ❏ 重复写一行代码，用来"保证它会运行"。

7.5.4　和团队对着干

　　对于怎么写代码，你可能有自己独到的看法。比如，你认为代码格式应该用空格缩进，那些用tab缩进代码的人应该被批斗。也许你是对的，但别忘了：如果你是团队中的一员，就有责任遵循既有的规则。如果仍然按照自己的方式去格式化代码、给变量命名，那你就没有和团队保持一致，这不是在帮助团队，反而是在给团队制造麻烦。这就好比一个人骑自行车通过十字路口，他行使了自己的优先通行权，但却被车撞了。他可能没犯错，但现在却不得不躺在医院里吃六个月流食。换句话说，程序员个人应该服从团队设定的规则，这和程序员"正确"与否没有关系。你可以尽一切可能讨论规则的对与错，但不要成为和团队格格不入的程序员，惹人生厌。

　　为什么规则如此重要，原因很简单：这会方便维护人员的工作。如果每个成员都不遵循团队规则，维护人员就不得不在工作中去学习每个人的特定规则。

　　当团队犯错的时候，你应该站出来指出错误。有些软件框架，特别是那些盲目自信的"架构师"开发的框架，往往缺点比优点多。当碰到这种框架的时候，你应该尝试修复它；但更实际的做法是去说服团队，让团队相信，即使无法立刻完成，也要把框架修复好。不要为了给团队制造一个"惊喜"，而去偷偷摸摸地修复某个有问题的框架。这花费的时间通常远超你的想象，而且无法保证能完全解决问题。如果真的出现了问题，你就把不在自己职责范围内的事情给搞砸了。那时，团队不会因为你做的额外工作而感激你。总之，与团队协同工作比单打独斗要好得多，也会减轻你的工作压力。

7.5.5 太多的复制粘贴

复制代码的主要问题是：代码的每次改变、修复、性能优化和添加功能，都必须在其他相同代码处重复进行一次。这会增加产品的维护开销，也会极大地增加系统在未来出错的概率，还会导致一些不易察觉的bug混进当前项目中。

- ❑ 只修复了一处代码的bug，其他复制的代码却没有改动，这会让维护人员变得被动。（"你说这个bug已经修好了，但很明显还在啊。"）
- ❑ 复制的函数已经作了重大改动，但后续程序员粗心大意，没看清这个改动，对两个函数进行了同步（两个函数完全一样了）。

当你想复制5行以上代码的时候，都要慎重考虑，尽量避免这些问题。通常来说，给代码加注释（"如果你修改了X，别忘了修改Y"）不是个好办法，其他人很容易看漏，而且随着不同代码副本的不断改动，它们和原始代码的关联会越来越少。

7.5.6 预加载

延迟加载技术是指，只有真正需要数据的时候，才从硬盘或数据库加载（或密集处理）数据。延迟加载可以极大提升系统性能，因为它可以减少不必要的系统资源占用开销。已经没人使用的普通加载会阻碍系统性能，是程序员的常见错误之一。

延迟加载的基本形式如下：

```
public class LazyLoader
{
    private List<string> _filenames = null;
    public List<string> GetFileNames
    {
        get
        {
            if (_filenames == null)
                LoadFileNames();

            return _filenames;
        }
    }

    private void LoadFileNames()
    {
        // 迭代一个文件夹，获取文件名
        // 浪费时间！不要做这种无用功！
        // 以此类推...

    }
}
```

有时候，程序员会在无意识的情况下写出"预加载"代码。如果你曾经在构造函数中用数据初始化了全部类成员，那就可能犯了这种错误。在构造函数中，提前初始化需要的数据也许有必要，但你是否考虑过未来的程序员会如何使用这个类？载入的数据一直都有用，还是只在有时有用？对于性能敏感的程序而言，构造函数的执行时间不应大于最小执行时间。在程序的运行过程中，如果类被不断实例化，性能问题就会越来越严重。

7.6 问题

本章讨论了修复bug时出现的一些情况，下面的问题可以帮你测试相关知识。

1. 锁排列

解释按顺序获得锁的重要性。换句话说，为什么锁排列很重要？

2. 锁住"this"

解释为什么锁住当前对象的引用不是个好习惯，C#代码如下：

```
lock (this)
{
    this.Name = "foo";
    this.Update();

    // 以此类推...
}
```

3. 锁住字符串

解释为什么锁住字符串不是个好习惯，C#代码如下：

```
lock ("my lock")
{
    this.Name = "foo";
    this.Update();

    // 以此类推...
}
```

4. 通过值传递修改对象

如果所有参数都通过值（不是引用）传递给方法，那么如何修改传递给方法的对象属性？

5. ref和out的区别

在C#中，ref修饰符和out修饰符有什么区别？

6. 规范化下面的表

表7-1包括Acme Widgets有限公司每位员工的信息种类，把这个表规范化为BCNF。

表7-1　"员工"表

列　名	描　述
员工编号	每位员工都有一个唯一编号，不可以和其他员工共享。如果员工离开后复职，会被分配一个新的编号
姓名	员工的姓名，例如"Inigo Montoya"
电话	所有员工的电话号码都包括部门分机号、移动/座机电话号码、传真号码、家庭电话
紧急联系人姓名	在紧急情况下能联系到的人员姓名
紧急联系人电话	紧急联系人的电话号码

7. 反规范化

描述什么是反规范化，说一个反规范化数据库的理由。

8. 捕获异常

阅读下列代码，解释为什么捕获基异常是个不好的习惯。

```
try
{
    DoSomething();
}
catch (Exception ex)
{
    if (ex is MyCustomException)
    {
        Panic();
    }
}
```

7.7　答案

1. 锁排列

解释按顺序获得锁的重要性。换句话说，为什么锁排列很重要？

按顺序获取锁可以避免因Coffman条件而导致的循环等待。因为线程互相持有对方需要的锁，所以会导致死锁，而按顺序获得锁可以避免死锁出现。

2. 锁住"this"

解释为什么锁住当前对象的引用不是个好习惯，C#代码如下：

```
lock (this)
{
    this.Name = "foo";
    this.Update();

    // 以此类推...
}
```

锁的对象最好是代码控制的资源，因为它们是类的私有数据。如果资源是公有的，那么其他代码也能对资源上锁，从而造成死锁。

注意，锁住一个对象的引用会阻止其他线程对相同引用上锁，但并没有其他影响。对象仍然可以访问，属性也可以更改。

3. 锁住字符串

解释为什么锁住字符串不是个好习惯，C#代码如下：

```
lock ("my lock")
{
    this.Name = "foo";
    this.Update();

    // 以此类推...
}
```

在.NET和Java中，撤销这个字符串是不可能的。编译器支持字符串恒定（immutability）的优势之一，是每个字符串都是驻留的（interned）。这意味着一个字符串的单一副本被读进内存之后，所有相同文本的字符串引用都会指向同一个内存地址。

因此，这个锁的真正作用是锁住指向字符串文本的引用，而这个引用可能正在被很多代码共享，甚至包括应用程序域之外的代码。把该引用锁住会导致其他代码无法使用该字符串，原因和问题2中的解释是一样的。

4. 通过值传递修改对象

如果所有参数都通过值（不是引用）传递给方法，那么如何修改传递给方法的对象属性。

虽然对象引用是通过值传递给方法的，但仍然可以修改对象属性，因为属性可以通过引用访问。例如，在编译和运行后，下面这段代码应该可以把Bar的值替换成新值：

```
private static void replaceFooProperty(Foo foo, int newValue)
{
    // 这可行
    foo.Bar = value;
}
```

回答这一问题的关键是，理解对象引用本身也是值传递。不过你无法在方法内替换对象引用的值，例如：

```
private static void replaceFoo(Foo foo, int value)
{
    // 这不可行! 原foo对象不会更改
    foo = new Foo();
    foo.Bar = value;
}
```

注意，在.NET中可以替换对象引用，但需要ref修饰符：

```
private static void replaceFoo(ref Foo foo, int value)
{
    // 通过替换对象, 可以达到目的 (针对.NET)
    foo = new Foo();
    foo.Bar = value;
}
```

5. ref和out的区别

在C#中，ref修饰符和out修饰符有什么区别？

这两个修饰符都允许在方法内部修改传给方法的参数值。在这方面，下面两个方法是等效的：

```
void update(ref int a) {
    a = 99;
}

void update(out int a) {
    a = 99;
}
```

out和ref都表明方法参数应该以引用的形式传递，这样就能在方法内部修改参数变量。

如果想向方法传递未初始化的参数引用（使用ref修饰符），就会出现编译错误"Use of unassigned variable"。out修饰符没有这条需求，引用是否初始化不影响使用。

正确代码如下：

```
int i; // 未初始化
replaceOutArg(out i, 99);  // 没问题!
```

下面的代码则会产生编译错误：

```
int i; // 未初始化
replaceOutArg(ref i, 99);  // 无法通过编译!
```

如果忘了给out修饰的参数赋予新值，就会产生一个编译错误：

```
private static void replaceOutArg(out int foo, int value)
{
    // 天啊, 忘了给foo赋值!
}

int i; // 未初始化
replaceOutArg(out i, 99);  // 无法编译!
```

6. 规范化下面的表

表7-1包括了Acme Widgets有限公司每位员工的信息种类，把这个表规范为BCNF。

表7-1 员工表

列 名	描 述
员工编号	每位员工都有一个唯一编号，不可以和其他员工共享。如果员工离开后复职，会被分配一个新的编号
姓名	员工的姓名，例如"Inigo Montoya"
电话	所有员工的电话号码都包括部门分机号、移动/座机电话号码、传真号码、家庭电话
紧急联系人姓名	在紧急情况下能联系到的人员姓名
紧急联系人电话	紧急联系人的电话号码

规范化数据表的方法是从1NF开始，一步一步来，每步都要验证表是否符合规范化规则。

1NF是没有重复项。表7-1显示，有一列数据包含所有员工的电话号码，这违背了1NF。为了解决这个问题，可以把这些数字移动到一个新表中，在新表和"员工"表之间建立一个外键，如图7-10所示。

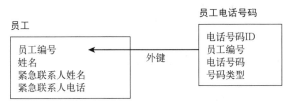

图7-10 第一范式

2NF是禁止部分依赖。如果表中的属性（列）只依赖备选键的一部分，就是部分依赖。表中唯一的备选键是"员工编号"（"员工姓名"不唯一，因此不是合适的键），这意味着其他属性对备选键不存在部分依赖，因此这个表自动符合2NF。

3NF是禁止传递依赖。这个例子确实违反了3NF，因为"紧急联系人电话"依赖于"紧急联系人"，而"紧急联系人"依赖于"员工编号"。为了解决这个问题，应该把"紧急联系人姓名"和"紧急联系人电话"移动到一个新表内，在"员工"表和"紧急联系人"表之间建立一个外键，如图7-11所示。

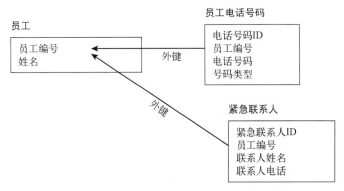

图7-11 第三范式

BCNF的规则和3NF一样，但约束范围包含主属性。唯一需要考虑的主属性是"员工编号"。这明显不是传递依赖，因此自动符合BCNF。

7. 反规范化

描述什么是反规范化，说一个反规范化数据库的理由。

反规范化是出于性能或稳定的需求，让数据库恰当地偏离规范化原则。

除非数据完整性不是重要的因素，否则一般不推荐数据库反规范化。数据仓库是典型的只读数据库，会周期性地丢弃重建，因此相对于数据完整性和数据规范化，性能才是更重要因素。

没有经过规范化的数据库不一定是反规范化数据库。

8. 捕获异常

阅读下列代码，解释为什么捕获基异常是个不好的习惯？

```
try
{
    DoSomething();
}
catch (Exception ex)
{
    if (ex is MyCustomException)
    {
        Panic();
    }
}
```

通常来说，除非你真的想处理DoSomething方法产生的所有异常，否则捕获基异常不是个好主意。虽然以这种方式使用DoSomething可能只会抛出一种异常，但其他程序员（甚至你自己）以后仍然会修改代码。你捕获了所有异常，但却只处理了MyCustomException，这无疑为代码埋下了隐患：其他异常本应上浮到上层catch块中，或者直接以未处理异常形式抛给系统。

如果catch块重新抛出未处理的异常，下面的代码还不至于太糟糕：

```
try
{
    DoSomething();
}
catch (Exception ex)
{
    if (ex is MyCustomException)
    {
        Panic();
    }
    else
    {
        throw;
    }
}
```

第8章

编程语言的特性

就像世界各地的语言一样，每个编程语言也有其独特的习惯用法。这些特性让语言变得有趣，表达能力更强，但也苦了学习语言的学生。一些高级技巧，比如施瓦茨变换，对外行人来说可能难以理解，但对熟练掌握Perl的人来说，却是一项基础知识。熟悉.NET的程序员通常更喜欢用LINQ替代循环。熟悉C的程序员对于"指针的指针的指针"司空见惯。类似的情况还有很多。

如果面试官想测试你对编程语言特性的了解程度，他一般不会问你编程语言的繁枝细节，而是直接考察你对一个语言或框架的熟练程度。假设你对某个语言很熟悉，那你一定知道该语言的大部分特性和技巧。

本章仅仅描述了编程语言特性的一些皮毛，只有在实践中才能体会更多特性。在完成习题之后，如果你发现自己对某个语言不如想象中那么熟练，最好的提升方法就是多阅读其他人的代码，仔细研究每个细节。固步自封无法让你取得进步。

我按照语言对本章进行了划分，因此你可以直接阅读感兴趣的章节。浮点数被单独列为一节，因为无论程序员使用哪种语言，都会用到这种数据类型。

世界上最常见的编程问题大概是："写一段反转字符串的代码。"为了向这个经典问题致敬，我在每个语言的问题中都加入了该问题的变种，包括T-SQL。

8.1 二进制小数和浮点数

你可能仍然记得在学校学过：分数不一定能精确地转化为十进制小数。1/2的十进制小数是0.5，但1/3的十进制小数却不是0.3，也不是0.33、0.333或0.3333333333。不论小数点后有多少位3，只要不用特殊符号，都无法用小数精确表示1/3。类似π的无理数无法用任何计数制精确表示，最好的解决方案是取近似值（甚至可以精确到小数点后数亿位）。在实践中，一些数字的精度缺失不是什么大问题，因为你永远也不会使用超过20位小数精度的数字。即使是极小的时间单位普朗克时间也只用了50个小数位。因此，数字的超高精度并没那么重要。

这个道理对计算机和二进制数据也完全适用。有些小数能用二进制精确表示，有些则不能。

需要什么样的精度完全取决于你的程序。

要理清一个概念：讨论十进制小数的时候，使用的是十进制小数点。同理，讨论二进制小数的时候，使用的是二进制小数点。在宏观上，二者都是小数点。

对于不同数量级的数字，小数点的位置也不断变化，这就是浮点概念的来源。大数值的数字在小数点左侧有更多位数字，小数值的数字在小数点右侧有更多位数字。因此，计算机使用的定宽数据类型（比如int）既可以存储大数值数字，又可以存储小数值数字。

除了灵活，很多编程框架也对浮点数提供了突破硬件限制的扩展：Java有`java.math.BigInteger`，Perl有`bigint`，C#有`System.Numerics.BigInteger`。这些扩展都允许数字表达范围超出±10^{127}的限制，但某些操作性能会降低。

在浮点数的计算过程中会产生误差。通常来说，避免误差最简单有效的方法是使用其他进制类型，例如十进制。大多数（如果不是全部的话）内置十进制数据类型在内部都会使用浮点表示法，但程序员可以从字面观察数字的精度，所以十进制更适合存储（例如）货币值，因为精度（或者至少是可预测的精度）是达标的。因此，如果你的软件框架要使用货币数据类型，十进制是最好的选择。另外，通过使用整型来执行数字运算，然后把小数点插入计算结果中，能避免运算精度的问题。

8.2　JavaScript

不论你爱它或是恨它，JavaScript就在那里，不离不弃。过去十年，JavaScript慢慢从一个被误认为是"Java"的语言，一跃成为世界第一的前端技术语言。我知道很多喜爱JavaScript的程序员，还有很多讨厌它的程序员，另一些人则对它又爱又恨。

如果开发互联网程序，那你早晚能见识到JavaScript的那些奇怪行为。本章的问题4（关于表达式结果`true`或`false`的问题）就是一个"奇怪"行为的典型例子，很多JavaScript程序员都已经习以为常了。

8.3　C#

C#的流行并不让人惊讶，它兼具Java和C的一些优秀特性，但并没有恼人的指针操作。C#的学习曲线非常平缓，最近又引入了很多出色的特性，比如拉姆达表达式（Lambda Expression），并行和异步式编程结构的内部支持。

提示：如果你在乎C#的正式名称，也可以叫它"Cool"，这是C#当初在全世界范围的发布名称，意思是"C-like Object Oriented Language"。这是微软开发C#的时候，给它的内部代号。至于这个名字是否对C#的流行有所贡献，我不予置评。

8.4 Java

Java是世界上最流行的编程语言之一。尽管发展速度不如C#，但它在企业开发环境下仍然占据主导地位，尤其是服务器开发领域。

Java的语句拖沓冗余，但大部分原因在于Java库和框架，而不是语言本身。Java几乎没有借鉴任何其他语言，学习语法也没有捷径。这让那些熟悉弱形式编程语言（类似Perl）的程序员感到头痛，但也带来了一个好处：Java语言的编程风格非常统一。因此，维护人员的工作难度会明显降低。

8.5 Perl

Perl诞生于1987年，是本章所涵盖编程语言中年龄最大的。Perl被认为是一种灵活且功能强大的编程语言，被昵称为"脚本语言中的瑞士军刀"。尽管功能如此强大，但有些程序员仍把Perl看成是一个"只写"编程语言，意思是写出的Perl代码都很难读懂。这些刻薄的程序员指出，Perl有太多的特殊符号和捷径，还指出Perl代码容易引起歧义，其他人必须猜测代码作者的意图。然而，这些批评却恰好是一部分程序员爱上Perl的原因。下面是一段Perl的示例代码，它可以达到程序员的目的，但相同逻辑的其他语言代码大部分会抛出异常或根本无法运行：

```
C:\code>perl -d -e 1

Loading DB routines from perl5db.pl version 1.37
Editor support available.

Enter h or 'h h' for help, or 'perldoc perldebug' for more help.

main::(-e:1): 1
    DB<1> $i=1; print ++$i; # 常规自增
2
    DB<2> $i='A'; print ++$i; # 字符自增
B
    DB<3> $i='AA'; print ++$i; # 字符序列自增
AB
    DB<4> $i='A1'; print ++$i; # 字符数字序列自增
A2
    DB<5> $i='ZZ'; print ++$i; # 字符序列的反转自增
AAA
    DB<6> $i='Z9'; print ++$i; # 字符数字序列的反转自增
AA0

    DB<7>
```

以你目前的编程经验而言，可能会觉得这种"想做什么都行"的逻辑太自由，让人不放心。

8.6　Ruby

有些程序员认为Ruby和Perl非常相似，只是Ruby对面向对象编程的支持更好，没有太多奇怪的用法。

8.7　Transact-SQL

Transact-SQL（T-SQL，微软版本的SQL）和本章其他编程语言不一样，在本质上是一种关系数据库（特别是SQL Server）查询处理语言，是基于标准SQL语言构建的。SQL有时被认为是一种声明性语言，这意味着程序员的SQL代码描述了能得到什么样的结果，而不是如何得到想要的结果。尽管被称作声明性语言，SQL（特别是T-SQL）却包括一些程序化要素，例如循环结构、IF语句和文本操作函数。这些结构非常方便，但也会误导缺少经验的SQL程序员，让他们误以为SQL和其他语言没什么区别，只是代码看起来比较难看。

如果程序员在学习SQL之前学过其他语言，他们可能会在SQL中尝试寻找其他语言的影子。毫无疑问，结果都是感到失望、沮丧。你可以用SQL写程序化代码，这就好比用螺丝刀敲钉子。只要你有精力和创造力，就能用T-SQL做其他语言能做到的所有事，但这并不意味着你应该这样做。用T-SQL代码可以颠倒字符串单词顺序（参考问题30），但我宁愿使用其他任意一种语言来实现这个目的。

SQL可以用少量代码实现大批量数据的查询与过滤，这正是SQL的强大之处。程序员可以用少量Perl或JavaScript代码处理大量任务，类似地，SQL也能让程序员用少量代码完成数据上的复杂操作。如果你认为SQL很繁琐，不妨试试在不使用数据库引擎的环境下写出等效的代码。

SQL新手经常犯一个错误：喜欢用SQL去遍历表中的每行数据，而不是在数据库上执行基于集合的操作。他们经常写几百行复杂的SQL代码，bug充斥其中，但是不知道使用少量集合操作代码就能得到更好的结果（更快、更有效率、更易调试）。

在面试中，面试官可能会鼓励你多写几行SQL代码，但这并不是SQL的标准用法。你应该按照SQL的本来面目来使用它，把那些诡计留给异常的面试官和古怪的网站吧。

8.8　问题

8.8.1　二进制小数和浮点数

1. 用二进制小数来表示0.1

十进制小数3/4（0.75）可以用二进制表示为0.11。把十进制分数1/10转换为二进制，可以在草稿纸或白板上写出演算过程。

2. 简单相加，得出惊人结果

为什么如下JavaScript代码的运算结果是意料之外的0.30000000000000004？

```
var n = 0.1;
n += 0.2;
document.writeln('0.1 + 0.2 = ' + n); // 0.30000000000000004
```

8.8.2　JavaScript

3. 颠倒字符串中单词的顺序

用JavaScript写一个简单的程序，把下面字符串中的单词顺序颠倒过来：

```
var dwarves = "bashful doc dopey grumpy happy sleepy sneezy";
```

你的程序输出应该是：

```
sneezy sleepy happy grumpy dopey doc bashful
```

4. 有些表达式比其他表达式拥有更高的平等权利

下列JavaScript表达式的结果分别是什么？

```
'' == '0'

'' == 0

false == 'false'

false == 0

false == '0'

null == undefined

'\t\r\n ' == 0

undefined == undefined

NaN == NaN

1 == true

1 === true
```

5. 代码块作用域

下面JavaScript代码的输出是什么？

```
x();

function x() {
```

```
        var x = 1;

        document.writeln("1: " + x);

        {
            var x = 4;
        }

        document.writeln("2: " + x);

        var f = function ()
        {
            document.writeln("3: " + x);
            var x = 3;
        };

        f();

        document.writeln("4: " + x);

    }
```

6. JavaScript会帮你做什么

这个函数会返回什么值？

```
function returnTrue()
{
    return
    {
        result: true;
    };
}
```

7. NaN

这段测试NaN的代码有什么问题？

```
if (dubiousNumber === NaN)
{
    // ...
}
```

8. 这到底是什么意思

在每个出现document.writeln()的地方，this引用了什么？

```
document.writeln("A: " + this);

var o = {
    f: function() {
        return this;
    }
```

```
    };

    document.writeln("B: " + o.f());

    var f = o.f;
    document.writeln("C: " + f());

    var obj = {};
    document.writeln("D: " + f.call(obj));

    var o = {
        f: function() {
            var ff = function() {
                return this;
            };
            return ff();
        },
        g: {
            h: function() {
                    return this;
            }
        }
    };

    document.writeln("E: " + o.f());

    document.writeln("F: " + o.g.h());
```

8.8.3　C#

9. 颠倒字符串中的单词顺序

用C#写一个简单的程序，把下面字符串中的单词顺序颠倒过来：

```
string dwarves = "bashful doc dopey grumpy happy sleepy sneezy";
```

你的程序输出应该是：

```
sneezy sleepy happy grumpy dopey doc bashful
```

10. 避免幻数

下面的方法用来计算两个日历年的差值。如果接收的"出生年份"比提供的"当前年份"大，就返回999，表示出生年份不可用。给出三种可行方案，让方法避免使用幻数999。

提示　考虑如何在不返回特定整数的情况下表示程序失败。

```
static int CalculateAge(int yearOfBirth, int currentYear)
{
    if (yearOfBirth > currentYear)
```

```
        return 999; // 非法出生日期

    return currentYear - yearOfBirth;
}
```

11. 不同平台的文件路径

下面的代码在Linux平台（用Mono编译）下无法正常工作。提出一个解决方案，让代码中的文件路径兼容Windows操作系统和其他平台。

```
string path = folder + "\\" + file;
```

12. 调试助手

如下列代码所示，使用DebuggerDisplay属性的影响是什么？

```
[DebuggerDisplay("X = {X}, Y = {Y}")]
public class LittleHelp
{
    private int x;

    public int X { get { return x; } set { x = value; Y = -value; } }
    public int Y { get; set; }

}
```

13. as关键字

as关键字能做什么？为什么非常有用？

14. 逐字字符串字面变量

什么是逐字字符串字面变量（verbatim string literal）？为什么非常有用？

15. 不可变字符串

如果字符串不可变，意味着字符串不能修改。在下列代码中，给myString添加字符会发生什么？

```
string myString = "prince";
myString += "ss"; // 如果字符串无法改变，我要如何做？
```

8.8.4　Java

16. 颠倒字符串中的单词顺序

用Java写一个简单的程序，把下面字符串中的单词顺序颠倒过来：

```
String dwarves = "bashful doc dopey grumpy happy sleepy sneezy";
```

你的程序输出应该是：

sneezy sleepy happy grumpy dopey doc bashful

17. 双括弧初始化

下面的代码用所谓的双括弧初始化，声明、创建并初始化了一个List<String>实例。

解释双括弧初始化的工作原理，并且在不使用双括弧初始化的情况下重写这段代码。

```java
List<String> list = new ArrayList<String>() {{
    add("Lister");
    add("Rimmer");
    add("Kryten");
}};
```

18. 标号块

虽然Java没有goto语句，但却有类似的结构，叫作编号块。它通常和break或continue一起使用。

在下面的代码中，当break语句执行的时候，会发生什么？

```java
int i;
int j = 0;
boolean found = false;
int[][] arr = {
    { 4, 8, 15, 16, 23, 42 },
    { 11, 23, 29, 41, 43, 47 },
    { 757, 787, 797, 919, 929, 10301 }
};
int find = 41;


iterate:
for (i = 0; i < arr.length; i++) {
    for (j = 0; j < arr[i].length; j++)
    {
        if (arr[i][j] == find) {
            found = true;
            break iterate;
        }
    }
}

if (found) {
    System.out.println("Found");
} else {
    System.out.println("Not found");
}
```

19. 只能有一个

说说下面这段代码实现了什么设计模式？

```java
public enum Highlander {
    INSTANCE;
    public void execute () {
        //...在这里执行操作...
```

```
        }
    }
```

8.8.5　Perl

20. 颠倒字符串中的单词顺序

用Perl写一个简单的程序，把下面字符串中的单词顺序颠倒过来：

```
my $dwarves = "bashful doc dopey grumpy happy sleepy sneezy";
```

你的程序输出应该是：

```
sneezy sleepy happy grumpy dopey doc bashful
```

21. 排序（101）

下面的Perl代码会按照大小顺序给数字排序，但存在错误。说说错在什么地方，并且提出改进意见，让数字按照从小到大的顺序排列。

```
my @list = ( 1, 4, 1, 5, 9, 2, 6, 5, 3, 5, 10, 20, 30, 40 );
print join ",", sort @list;
```

22. 排序（201）

假设你有如下一系列字符，写一段代码生成两个表：第一个以种族为标准进行排序，第二个先以年龄、后以种族为标准进行排序。

```
my @list = (
        [qw(Pippin     Hobbit    29)],
        [qw(Merry      Hobbit    37)],
        [qw(Frodo      Hobbit    51)],
        [qw(Legolas    Elf       650)],
        [qw(Gimli      Dwarf     140)],
        [qw(Gandalf    Maiar     2021)],
        [qw(Aragorn    Man       88)],
        [qw(Sam        Hobbit    36)],
        [qw(Boromir    Man       41)],
);
```

23. 排序（301）：施瓦茨变换

在Perl中，施瓦茨变换是排序的常用手段（可以称之为Perlish[①]），也是展示Perl用少量代码完成复杂转换的最佳示例。下面的转换会把一组整数按照每个数字的字符数量进行排序：

```
my @list = (111111111,22222222,3333333,444444,55555,6666,777,88,9);

my @sorted =
    map { $_->[1] }
```

[①] 这个词在字典里查不到，是Perl加上-ish词根合成的词，意思是很非常"Perl"化的东西。——译者注

```
        sort { $a->[0] <=> $b->[0] }
        map { [length $_, $_] } @list;
```

```
print join ',', @sorted
```

运行之后，程序会输出：

```
9,88,777,6666,55555,444444,3333333,22222222,111111111
```

下面是另外一组数字，这次用英语单词表示数字：

```
my @list = qw/three two one six five four nine eight seven/;
```

使用施瓦茨变换，按照从"one"到"nine"对这组数字进行排序。

24. 具体情况具体分析

类似排序的内置函数对调用的上下文很敏感。如果在列表上下文中调用排序函数，就能返回一个列表；如果在标量上下文中调用排序函数，就会返回未定义值。

写一个名为sensitiveSort的子程序，在标量上下文中对@_进行排序，并返回一个字符串。换句话说，重新封装内置排序函数，使它可以在标量上下文中不再返回未定义的值。

25. 代码偏离程序员本来意图

观察下面这段代码，它会依次输出数组内每个数字的平方以及所有数字平方的和。代码可以运行，但存在一些意料之外的结果。这些结果是什么？如何避免？

```
use strict; use warnings;

my @array = (1 .. 9);
my $sum = 0;

foreach my $num (@array) {
    print "$num^2=";
    $num = $num * $num;
    print "$num\n";
    $sum += $num;
}

print "Sum of squares is $sum\n";
```

输出是：

```
1^2=1
2^2=4
3^2=9
4^2=16
5^2=25
6^2=36
7^2=49
8^2=64
9^2=81
```

```
Sum of squares is 285
```

26. Perl不是Java

下面Perl代码的行为总是超出程序员预期，这是为什么？按照程序员的本来目的重写这段代码。

```perl
my $dwarves = "bashful doc dopey grumpy happy sleepy sneezy";

print &ReverseWords($dwarves);

sub ReverseWords {
    my $arg = shift;

    if ($arg != null) {
        return join ' ', reverse split ' ', $dwarves;
    }
}
```

8.8.6 Ruby

27. 颠倒字符串中的单词顺序

用Ruby写一个简单的程序，把下面字符串中的单词顺序颠倒过来：

```ruby
dwarves = "bashful doc dopey grumpy happy sleepy sneezy";
```

你的程序输出应该是：

```
sneezy sleepy happy grumpy dopey doc bashful
```

28. 在不使用临时变量的情况下交换变量值

写一段代码来交换两个变量值，但是不允许使用临时变量。

换句话说，以这段代码开始：

```
x == 1
y == 2
```

写代码来获得这个结果：

```
x == 2
y == 1
```

29. &&=操作符

下面这段代码的作用是什么？如何正确使用？

```
myString &&= myString + suffix
```

8.8.7　Transact-SQL

30. 颠倒字符串中的单词顺序

用T-SQL写一个简单的程序，把下面字符串中的单词顺序颠倒过来：

```
DECLARE @dwarves VARCHAR(MAX)
SET @dwarves = 'bashful doc dopey grumpy happy sleepy sneezy'
```

你的程序输出应该是：

```
sneezy sleepy happy grumpy dopey doc bashful
```

31. 相关子查询

下面的数据表包括一组用户，每位用户都有声望和位置：

```
CREATE TABLE [dbo].[Users](
         [Id] [int] NOT NULL,
         [Reputation] [int] NULL,
         [DisplayName] [nchar](40) NULL,
         [Location] [nchar](100) NULL,
         [JoinDate] [smalldatetime] NULL
)
```

利用相关子查询，写一个SELECT语句，获取在同一地点声望高于平均值的所有用户。

32. 日期是多少

下面两行SQL代码会向"用户"表插入一行新数据。假设这段代码至少可以正常运行一次（当开发者完成并测试的时候），那么代码存在哪些潜在问题？如何修改才能避免这些问题？

```
INSERT INTO Users (Id, DisplayName, JoinDate)
VALUES (1, 'Ted', CONVERT(smalldatetime,'12/01/2015'))
```

33. 排序规则

考虑这样一种情况：你的SQL Server数据库被部署在客户地点，现存的SQL Server实例和其他数据库共存。这些数据库你无法控制，也没有任何信息。在这种情况下，下面的CREATE TABLE语句会有怎样的潜在问题（或者缺失了什么信息）？如何解决这个问题？

```
CREATE TABLE #temp
(
    [Id] int    identity(1,1) NOT NULL,
    [Name] nvarchar(100) NULL,
    [DateJoined] smalldatetime NULL
)
```

34. 从表中随机选择一行数据

写一个SELECT语句，从"用户"表中随机选出一行数据。假设表的长度在10到10 000之间。

8.9　答案

1. 用二进制小数来表示0.1

十进制小数3/4（0.75）可以用二进制表示为0.11。把十进制分数1/10转换为二进制，可以在草稿纸和白板上写出演算过程。

为了测试你对十进制小数转换成二进制的理解，面试官很可能会问你类似问题。这道题有个圈套，因为1/10无法精确转换为二进制小数，只能得到一个近似值。计算机也正是这样做的，它会存储一个近似值，然后让编程框架"假装"（大部分情况）存储了一个精确值。

对有些面试官而言，仅知道无法用二进制精确表示0.1还不够，你还要把思考过程展示出来。下面是个例子，告诉你如何把转换的过程写出来。

首先，在小数点前面写上0，然后留出9或10个空白，如图8-1所示。

$$0.\underline{\quad}\ \underline{\quad}\ \underline{\quad}\ \underline{\quad}\ \underline{\quad}\ \underline{\quad}\ \underline{\quad}\ \underline{\quad}\ \underline{\quad}$$
$$\frac{1}{2}\quad\frac{1}{4}\quad\frac{1}{8}\quad\frac{1}{16}\quad\frac{1}{32}\quad\frac{1}{64}\quad\frac{1}{128}\quad\frac{1}{256}\quad\frac{1}{512}$$

图8-1　0.1转换为二进制

然后，把空白下面的分数值都计算出来写在下面，如图8-2所示。如果你不知道是哪些分数，注意观察空白在二进制小数点后的位置，分数是按照2^{-1}、2^{-2}、2^{-3}等顺序排列的。

$$0.\underline{\quad}\ \underline{\quad}\ \underline{\quad}\ \underline{\quad}\ \underline{\quad}\ \underline{\quad}\ \underline{\quad}\ \underline{\quad}\ \underline{\quad}$$
$$\frac{1}{2}\quad\frac{1}{4}\quad\frac{1}{8}\quad\frac{1}{16}\quad\frac{1}{32}\quad\frac{1}{64}\quad\frac{1}{128}\quad\frac{1}{256}\quad\frac{1}{512}$$

0.5　0.25　0.125　0.0625　0.015625　0.00390625
0.03125　0.0078125　0.001953125

图8-2　分数转换成小数

你可能记不住1/16之后的小数值。遇到这种情况，可以询问面试官是否记得，或者直接向他借一个计算器。你不会因此而减分，大多数人都记不住这些数值，我也不例外。通过向面试官求助，他会知道你解决问题的方向是对的。

现在，可以开始把0.1转换为二进制小数了，过程很程式化。

(1) 从二进制小数点处开始。

(2) 向右移动（依次计算）。

(3) 如果当前位值（place value）大于十进制小数，那么该位置填充"0"，然后重复步骤(2)。

(4) 如果当前位值小于等于十进制小数，那么该位置填充"1"，然后用十进制小数减去当前位值。

(5) 如果步骤(4)的减法结果为0，运算结束。

(6) 否则，重复步骤(2)。

把0.1代入这些步骤当中，从二进制小数点开始，向右移动。可以看到当前位置的值是0.5，如图8-3所示。

首先关注这里

$$0 . \underset{\underset{\substack{0.5 \quad 0.25 \quad 0.125 \quad 0.0625 \quad 0.015625 \quad 0.00390625 \\ 0.03125 \quad 0.0078125 \quad 0.001953125}}{\frac{1}{2} \quad \frac{1}{4} \quad \frac{1}{8} \quad \frac{1}{16} \quad \frac{1}{32} \quad \frac{1}{64} \quad \frac{1}{128} \quad \frac{1}{256} \quad \frac{1}{512}}}{\_\_ \ \_\_ \ \_\_ \ \_\_ \ \_\_ \ \_\_ \ \_\_ \ \_\_ \ \_\_}$$

图8-3 第一个二进制位的值是0.5

根据步骤(3)，在这个位置填上"0"。图8-4展示了当前的转换进度。

$$0 . \underset{0}{\_\_} \ \_\_ \ \_\_ \ \_\_ \ \_\_ \ \_\_ \ \_\_ \ \_\_ \ \_\_$$

$$\frac{1}{2} \quad \frac{1}{4} \quad \frac{1}{8} \quad \frac{1}{16} \quad \frac{1}{32} \quad \frac{1}{64} \quad \frac{1}{128} \quad \frac{1}{256} \quad \frac{1}{512}$$

0.5 0.25 0.125 0.0625 0.015625 0.00390625
0.03125 0.0078125 0.001953125

图8-4 在第一个空白处填上"0"

现在，重复步骤(2)和步骤(3)。在到达第4个位置之前，所有空白处的值都是"0"。第4个位置的值是0.0625，如图8-5所示。

该位的值小于0.1

$$0 . \underset{0}{\_\_} \ \underset{0}{\_\_} \ \underset{0}{\_\_} \ \_\_ \ \_\_ \ \_\_ \ \_\_ \ \_\_ \ \_\_$$

$$\frac{1}{2} \quad \frac{1}{4} \quad \frac{1}{8} \quad \frac{1}{16} \quad \frac{1}{32} \quad \frac{1}{64} \quad \frac{1}{128} \quad \frac{1}{256} \quad \frac{1}{512}$$

0.5 0.25 0.125 0.0625 0.015625 0.00390625
0.03125 0.0078125 0.001953125

图8-5 查找小于0.1的值

接下来按步骤(4)操作，在第4个空白处填上"1"，然后减去0.1当前位置的值。图8-6展示了当前的进度和如何进行减法。

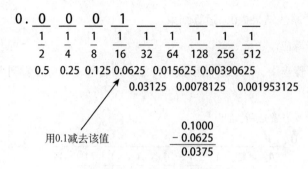

图8-6　减去一个位值

执行减法的差值是0.0375。经过步骤(5)和步骤(6)之后，回到步骤(2)，从下一个二进制位继续执行。该位置填 "1"，因为0.0375大于0.03125。

至此，面试官应该会打断你（因为你思路清晰，知道如何计算），或者问（可能有点讽刺的口吻）你想计算多少位二进制小数。如果面试官没有打断你，建议你在完成前几位计算之后就停止，然后向面试官解释，二进制小数位不止9位，会无限循环下去，类似于：

0.000110011001100110011001100110011001100110011…

照这样下去，计算过程是没有尽头的。因此，把这个十进制小数精确转换为二进制是不可能的。

另外，我真心希望你在面试之外的场合永远也不用做这种转换运算。

2. 简单相加，得出惊人结果

为什么如下JavaScript代码的运算结果是意料之外的0.30000000000000004？

```
var n = 0.1;
n += 0.2;
document.writeln('0.1 + 0.2 = ' + n); // 0.30000000000000004
```

如果你能理解用二进制表示浮点数的固有限制，就不会对这种计算结果感到吃惊。回忆问题1，0.1无法用二进制精确表示，只能以近似值的形式存储。因此，这个运算结果是近似值相加的和。

同时也要知道，仍然存在可以精确表示的小数。如果你没有意识到这种限制，就可能会错误地认为JavaScript（或者其他语言）对所有小数都会返回不一致的结果。

因此，这个问题也可以这样问：

下面JavaScript表达式的结果是true还是false？

```
(0.1 + 0.2) === 0.3
```

这道题的答案不像上道题那么明显，是 "false"。问题的关键在于理解用二进制表示十进制小数存在误差。

3. 颠倒字符串中的单词顺序

用JavaScript写一个简单的程序，把下面字符串中的单词顺序颠倒过来：

var dwarves = "bashful doc dopey grumpy happy sleepy sneezy";

你的程序输出应该是：

sneezy sleepy happy grumpy dopey doc bashful

JavaScript有时和Perl一样简洁。和Perl一样，JavaScript也有针对数组的连接函数、分割函数、反转函数。

```
var sevrawd = dwarves.split(' ').reverse().join(' ');
document.writeln(sevrawd);
```

4. 有些表达式比其他表达式拥有更高的平等权利

下列的JavaScript表达式的结果分别是什么？

'' == '0'

'' == 0

false == 'false'

false == 0

false == '0'

null == undefined

'\t\r\n ' == 0

undefined == undefined

NaN == NaN

1 == true

1 === true

有些比较结果可能会出乎你的预料。相等操作符（==）通常会在比较之前进行强制类型转换，以确保每个值的类型相同。转换过程有时和你想象的一样，有时不一样。对严格相等操作符（===）而言，如果比较双方的类型不同，它就会返回false。因此，在大多数情况下，严格相等操作符的结果是可预测的；但需要注意一种例外情况，NaN === NaN会返回false。

```
'' == '0'              // false

'' == 0                // true
```

```
false == 'false'        // false

false == 0              // true

false == '0'            // true

null == undefined       // true

'\t\r\n ' == 0          // true

undefined == undefined // true

NaN === NaN             // false

1 == true               // true

1 === true              // false
```

5. 代码块作用域

下面JavaScript代码的输出是什么？

```javascript
x();

function x() {

    var x = 1;

    document.writeln("1: " + x);

    {
        var x = 4;
    }

    document.writeln("2: " + x);

    var f = function ()
    {
        document.writeln("3: " + x);
        var x = 3;
    };

    f();

    document.writeln("4: " + x);

}
```

这段代码的输出是：

```
1: 1
2: 4
3: undefined
4: 4
```

理解问题答案的第一步是要知道JavaScript没有代码块作用域。如果用其他语言来解析这段代码：

```
{
    var x = 4;
}
```

相当于在块作用域内声明了一个新的变量（或者产生一个编译错误）。在JavaScript中，这个变量会替换掉原变量，覆盖x的值。

那么，为什么第二个"块"没有改变x的值？

即使JavaScript没有块作用域，但却有函数作用域。函数作用域是单方面的，也就是说，函数会继承声明时所处函数代码的作用域（在这里是函数x的作用域），但无法改变作用域内的变量。函数也有自身的"private"（或者"inner"）作用域，会覆盖内层函数的作用域。如果出现变量名冲突，以最内层作用域为准。

如果函数继承上下文的作用域，为什么调用f()的时候x是undefined？

变量声明一般会被提升至所处作用域的顶层，和var声明的位置没有关系。下面的函数：

```
function () {
    document.writeln(x);
    var x = 1;
}
```

可以理解成：

```
function () {
    var x = undefined;
    document.writeln(x);
    x=1;
}
```

注意，当变量声明被提升的时候，变量赋值不会同时提升。

回到原问题上，函数表达式：

```
var f = function ()
{
    document.writeln("3: " + x);
    var x = 3;
};
```

可以理解成：

```
var f = function ()
{
    var x = undefined;
    document.writeln("3: " + x);
```

```
        x = 3;
    };
```

该（匿名）函数作用域内的变量声明和赋值不会影响到函数作用域之外的变量。因此，赋值操作x = 3不会改变最后一行输出中的x值。

如你所见，面试官可以问太多有关JavaScript的问题。

6. JavaScript会帮你做什么

这个函数会返回什么值？

```
function returnTrue()
{
    return
    {
        result: true;
    };
}
```

有点出乎意料（本章的题目都是这样），这个函数的返回值和预想的不一样。乍一看，这个函数似乎会返回一个对象，该对象有一个属性result，值为true。但实际上，函数会返回undefined。提示：如果你能按下面的方式重写代码，函数就能正常工作。

```
function returnTrue()
{
    return {
        result: true;
    };
}
```

区别在于return语句的那行代码。JavaScript规定返回值必须和return关键字处在（或开始于）同一行，否则JavaScript就会认为你少写了一个分号，并默认添加。换句话说，如下代码：

```
return
    5;
```

可以理解成：

```
return;
    5;
```

在JavaScript中，对一些语句自动添加分号并不是bug。ECMAScript语言文档（ECMA-262，7.9节）有以下内容（重点强调）：

一些 **ECMAScript** 语句（空语句、变量语句、表达式语句、**do-while** 语句、**continue** 语句、**break** 语句、**return** 语句和 **throw** 语句）必须以分号结束。分号可以在源代码中显式地写出来。然而为了方便，有些情况下也允许代码中没有分号。

---

7. NaN

这段测试NaN的代码有什么问题？

```
if (dubiousNumber === NaN)
{
    //...
}
```

在JavaScript中，NaN是唯一和自身比较后返回false的值。这意味着if中的表达式只会返回false。即使dubiousNumber的值是NaN，结果也一样。

幸运的是，JavaScript提供了内置函数来检测NaN。

```
isNaN(NaN) === true
```

8. 这到底是什么意思

在每个出现document.writeln()的地方，this都引用了什么？

```
document.writeln("A: " + this);

var o = {
    f: function() {
        return this;
    }
};

document.writeln("B: " + o.f());

var f = o.f;
document.writeln("C: " + f());

var obj = {};
document.writeln("D: " + f.call(obj));

var o = {
    f: function() {
        var ff = function() {
            return this;
        };
        return ff();
    },
    g: {
        h: function() {
                return this;
        }
    }
};

document.writeln("E: " + o.f());

document.writeln("F: " + o.g.h());
```

运行之后，这段JavaScript代码会产生如下输出：

```
A: [object Window]
```

`this`默认引用全局对象（`window`）。

```
B: [object Object]
```

函数`f()`是对象o的一个属性。当函数以`o.f()`的形式通过对象调用的时候，`this`的引用对象变成了父对象o。

```
C: [object Window]
```

当直接调用函数f的时候（没有引用对象），`this`引用的对象是全局对象（`window`）。

```
D: [object Object]
```

当函数以`call()`方式调用的时候，`this`引用的对象是`call`函数的第一个参数。如果第一个参数不是对象，或者是`null`，那么`this`会引用全局对象（`window`）。在这段代码中，我提供了obj作为引用对象。

```
E: [object Window]
```

函数`ff()`不是对象o的属性，因此`this`引用全局对象（`window`）。

```
F: [object Object]
```

`h()`是嵌套对象g的函数，因此`this`引用父对象g。

9. 颠倒字符串中的单词顺序

用C#写一个简单的程序，把下面字符串中的单词顺序颠倒过来：

string dwarves = "bashful doc dopey grumpy happy sleepy sneezy";

你的程序输出应该是：

sneezy sleepy happy grumpy dopey doc bashful

下面的C#程序会用`String.Split()`拆开原字符串，然后使用`Enumerable.Reverse()`反转数组排列顺序，最后用`String.Join()`把单词重新构造成字符串。

```
using System;
using System.Linq; // 供Reverse()方法使用

namespace Ace
{
    public class ReverseWords
    {
        public static void Main(string[] args)
        {
            string dwarves = "bashful doc dopey grumpy happy sleepy sneezy";
```

```
        string sevrawd = String.Join(" ", dwarves.Split(' ').Reverse() );
        Console.WriteLine(sevrawd);
    }
  }
}
```

10. 避免幻数

下面方法用来计算两个日历年的差值。如果接收的"出生年份"比提供的"当前年份"大，就返回999，表示出生年份不可用。给出三种可行方案，让方法避免使用"幻数"999。

提示 考虑如何在不返回特定整数的情况下表示程序失败。

```
static int CalculateAge(int yearOfBirth, int currentYear)
{
    if (yearOfBirth > currentYear)
        return 999; // 非法出生日期

    return currentYear - yearOfBirth;
}
```

通常，要尽量避免使用幻数。在示例代码中，999用来表示计算失败的情况。这是一个幻数，在后续工作中，维护人员必须永远记住这个数字的含义。不仅如此，如果有一天999变成一个可用年龄（这是可能的），这段代码就会出错。

想避免这个问题，方法之一是让函数返回一个可空的整数。因此，一旦计算失败，函数就能返回null，而不是一个整数。这个方法不会对返回值造成混淆：如果成功，返回int；失败则返回null。由于null甚至不是一个可用整数，所以永远也不会对可用年龄造成混淆。

```
static int? CalculateAge(int yearOfBirth, int currentYear)
{
    if (yearOfBirth > currentYear)
        return null; // 非法出生日期

    return currentYear - yearOfBirth;
}
```

方法之二是对参数使用out修饰符来返回年龄计算的结果，并把函数返回值变更为bool。如果计算失败，函数就返回false。在使用计算结果之前，调用代码需要检查返回值来判断年龄的可用性。

```
static bool CalculateAge(
                         int yearOfBirth,
                         int currentYear,
                         out int Age)
{
    Age = currentYear - yearOfBirth;

    return Age >= 0;
}
```

另一个解决方法是在计算失败的情况下抛出异常。抛出的异常可以是 `ArgumentOutOf` `RangeException`。调用代码需要捕获并处理这个异常，但无效日期无法被当作异常处理，因为定义不清晰。

```
static int CalculateAge(int yearOfBirth, int currentYear)
{
    if (yearOfBirth > currentYear)
        throw new ArgumentOutOfRangeException();

    return currentYear - yearOfBirth;
}
```

11. 不同平台的文件路径

下面的代码在 Linux 平台（用 Mono 编译）下无法正常工作。提出一个解决方案，让代码中的文件路径兼容 Windows 操作系统和其他平台。

```
string path = folder + "\\" + file;
```

如果你知道如何使用 `Path.Combine()`，那就再也不会用字符串拼接来合并文件路径了。（你能保证吗？）

```
string path = Path.Combine(folder, file);
```

12. 调试助手

如下列代码所示，使用 `DebuggerDisplay` 属性的影响是什么？

```
[DebuggerDisplay("X = {X}, Y = {Y}")]
public class LittleHelp
{
    private int x;

    public int X { get { return x; } set { x = value; Y = -value; } }
    public int Y { get; set; }
}
```

在使用 Visual Studio 开发调试程序的时候，这个属性非常有用。在中断执行中的程序（Debug ➤ Break All）之后，将鼠标悬停在对象实例上，这样就能看到 `DebuggerDisplay` 属性中格式化的数据，如图 8-7 所示。

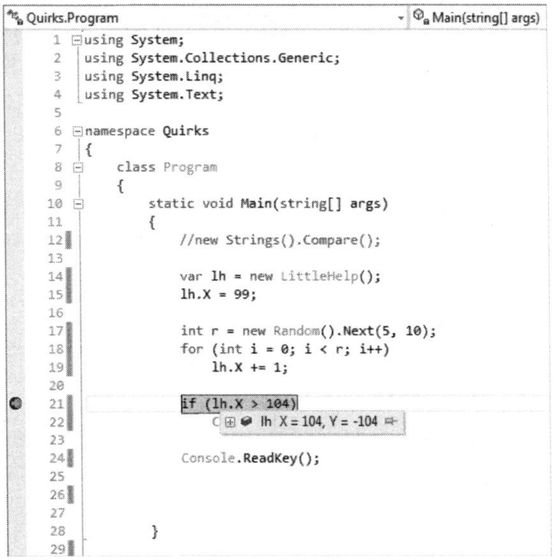

图8-7 DebuggerDisplay工具提示

图8-8显示了没有使用DebuggerDisplay属性时，调试的默认显示。

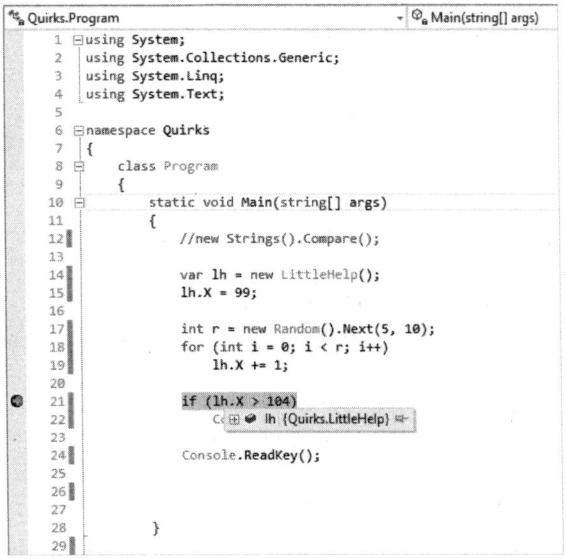

图8-8 没有使用DebuggerDisplay的调试界面

13. as关键字

as关键字能做什么？为什么非常有用？

as关键字代表一种类型转换操作,目的是把变量转换为特定类型。如果转换失败,会返回 null,而不是抛出异常。这点非常有用,因为它让程序员节省了捕获和处理异常的工作。它和 下面的表达式是等效的:

```
expression is type ? (type)expression : (type)null
```

下面的代码展示了抛出异常和返回null的不同点:

```
public class Foo
{
}

public class Bar : Foo
{
}

public class TestFooBar
{
    public void test()
    {
        Foo foo = new Foo();
        Bar bar = new Bar();

        Object list = new List<string>();

        var test = bar as Foo; // 没问题, 把bar转换成Foo

        var test1 = list as Foo; // 没问题, 但test1是null

        var test2 = (Foo)list; // 抛出异常
    }
}
```

14. 逐字字符串字面变量

什么是逐字字符串字面变量? 为什么非常有用?

C#中的字符串字面变量可以包括转义字符, 例如\t (tab)、\n (换行) 和\u00BB (Unicode 符号»)。

```
string s = "My \t string \n contains \u00BB symbols";
```

当向控制台输出字符串s的时候, 字符串的显示如图8-9所示。

图8-9 包括转义字符的字符串

如果不需要编译器解析转义字符，可以使用逐字字符串字面变量。只需在字符串前面加上@符号，如下所示：

```
string s = @"My \t string \n contains \u00BB symbols";
```

控制台的输出字符串如图8-10所示。

图8-10 逐字字符串字面变量

如果逐字字符串字面变量包含引用字符，那么可以用连续引号避免转义。

```
string s = @"My \t string \n ""contains"" \u00BB symbols";
```

控制台的输出字符串如图8-11所示。

图8-11 包含引号的逐字字符串字面变量

15. 不可变字符串

如果字符串不可变,意味着字符串不能修改。在下列代码中,给myString添加字符会发生什么?

```
string myString = "prince";
myString += "ss"; // 如果字符串不能修改, 我要如何做?
```

.NET里的字符串确实是不可变的（immutable），字符串在创建之后，就无法用不安全代码进行修改。问题中的示例代码看起来似乎和事实不符，但表象是具有欺骗性的。

操作字符串的语法看似修改了字符串，但实际并非如此：myString引用的对象被一个新的字符串对象替代了。你可以用Object.ReferenceEquals()方法来验证，如果对象实例相同，它会返回true。

```
public void Compare()
{
    string a = "prince";
    string b = a;

    Console.WriteLine(string.Format("a == '{0}', b=='{1}'", a, b));
```

```
Console.WriteLine(string.Format("(a == b) == {0}", (a == b)));
Console.WriteLine("Object.ReferenceEquals(a,b) == " +
    Object.ReferenceEquals(a, b));

// 现在，通过“修改”a，引用会变化。
a += "ss";

Console.WriteLine(string.Format("a == '{0}', b=='{1}'", a, b));
Console.WriteLine(string.Format("(a == b) == {0}", (a == b)));
Console.WriteLine("Object.ReferenceEquals(a,b) == " +
    Object.ReferenceEquals(a, b));

// 重置原始值，返回原引用！
a = "prince";

Console.WriteLine(string.Format("a == '{0}', b=='{1}'", a, b));
Console.WriteLine(string.Format("(a == b) == {0}", (a == b)));
Console.WriteLine("Object.ReferenceEquals(a,b) == " +
    Object.ReferenceEquals(a, b));

}
```

16. 颠倒字符串中的单词顺序

用Java写一个简单的程序，把下面字符串中的单词顺序颠倒过来：

String dwarves = "bashful doc dopey grumpy happy sleepy sneezy";

你的程序输出应该是：

sneezy sleepy happy grumpy dopey doc bashful

先以空格为分隔符对字符串进行分割，然后使用一个LIFO栈颠倒表中的元素顺序。

```
import java.util.*;
import java.lang.*;

public class Main
{
    public static void main (String[] args)
    throws java.lang.Exception
    {
        String dwarves = "bashful doc dopey grumpy happy sleepy sneezy";

        List<String> list = Arrays.asList(dwarves.split(" "));
        Stack<String> s = new Stack<String>();
        s.addAll(list);

        String sevrawd = "";

        while (!s.empty()) {
            sevrawd += s.pop() + " ";
        }
```

```
            System.out.println(sevrawd);
        }
    }
```

17. 双括弧初始化

下面的代码用所谓的双括弧初始化，声明、创建并初始化了一个List<String>实例。

解释双括弧初始化的工作原理，并且在不使用双括弧初始化的情况下重写这段代码。

```
List<String> list = new ArrayList<String>() {{
    add("Lister");
    add("Rimmer");
    add("Kryten");
}};
```

双括弧的信息量很大。第1个括弧创建了1个匿名内部类，第2个括弧声明了一个实例初始化块。当匿名内部类实例化的时候，初始化块开始执行，对初始化列表添加3个字符串。这种初始化方式对final类不奏效，因为final类无法建立内部匿名子类。

问题中的代码还可以这样写：

```
List<String> list = new ArrayList<String>();
list.add("Lister");
list.add("Rimmer");
list.add("Kryten");
```

18. 标号块

虽然Java没有goto语句，但却有类似的结构，叫作编号块。它通常和break或continue一起使用。

在下面的代码中，当break语句执行的时候，会发生什么？

```
    int i;
    int j = 0;
    boolean found = false;
    int[][] arr = {
        { 4, 8, 15, 16, 23, 42 },
        { 11, 23, 29, 41, 43, 47 },
        { 757, 787, 797, 919, 929, 10301 }
    };
    int find = 41;

iterate:
    for (i = 0; i < arr.length; i++) {
    for (j = 0; j < arr[i].length; j++)
    {
        if (arr[i][j] == find) {
            found = true;
            break iterate;
        }
```

```
        }
    }

    if (found) {
        System.out.println("Found");
    } else {
        System.out.println("Not found");
    }
```

这段代码在一个二维数组中查找值为41的元素，通过对数组迭代并比较每个元素来执行查找过程。当找到目标元素的时候，布尔变量found的值会变成true，然后执行break语句。break终止标号块内的循环，函数会继续在if (found)处执行。

19. 只能有一个

说说下面这段代码实现了什么设计模式？

```
public enum Highlander {
    INSTANCE;
    public void execute () {
        //...在这里执行操作...
    }
}
```

单例模式是一种设计模式，只允许对象存在一个实例。当对象操作的资源是唯一系统资源（如系统队列、某个硬件资源）的时候，需要控制访问数量，单例模式是非常有用的。实现单例模式的方法有很多种，但据称这种使用枚举的方法是最好的（*Effective Java*（第二版），乔舒亚·布洛克著）。

20. 颠倒字符串中的单词顺序

用Perl写一个简单的程序，把下面字符串中的单词顺序颠倒过来：

my $dwarves = "bashful doc dopey grumpy happy sleepy sneezy";

你的程序输出应该是：

sneezy sleepy happy grumpy dopey doc bashful

Perl中有一个简单实用的算法。

(1) 以单词为单位对字符串进行拆分。

(2) 颠倒由步骤(1)获取的单词列表顺序。

(3) 在步骤(2)获取的单词之间插入空格。

步骤(1)可以用split操作符。

my @words = split ' ', $dwarves;

当单个空格作为分隔字符的时候，split会查找所有连续空格（不只是单个空格），丢弃所有前导空格、尾随空格以及单词间的多余空格。因此，不论字符串中有什么空格，split都能搞定。

步骤(2)颠倒单词顺序。

```
my @reverse = reverse @words;
```

步骤(3)把倒序的单词组合在一起，单词间用空格连接。

```
my $sevrawd = join ' ', @reverse;
```

三行代码完成了任务，也可以合并成一行代码：

```
my $sevrawd = join ' ', reverse split ' ', $dwarves;
```

21. 排序（101）

下面的Perl代码会按照大小顺序给数字排序，但存在错误。说说错在什么地方，并且提出改进意见，让数字按照从小到大的顺序排列。

```
my @list = ( 1, 4, 1, 5, 9, 2, 6, 5, 3, 5, 10, 20, 30, 40 );
print join ",", sort @list;
```

如果使用cmp操作符，排序默认以字母为准。题目中的排序方式和下列代码相同：

```
sort { $a cmp $b } @list;
```

按照字母顺序排序的结果是：

```
1,1,10,2,20,3,30,4,40,5,5,5,6,9
```

要按照数字大小排序，必须使用数字比较操作符：

```
sort { $a <=> $b } @list;
```

返回按数字大小排序的列表：

```
1,1,2,3,4,5,5,5,6,9,10,20,30,40
```

如果想按降序对数字进行排序，只需把sort代码内的参数顺序互换即可。

```
sort { $b <=> $a } @list;
```

这次返回一组降序排列的数字：

```
40,30,20,10,9,6,5,5,5,4,3,2,1,1
```

22. 排序（201）

假设你有如下一系列字符，写一段代码生成两个表：第一个以种族为标准进行排序，第二个先以年龄、后以种族为标准进行排序。

```perl
my @list = (
        [qw(Pippin    Hobbit    29)],
        [qw(Merry     Hobbit    37)],
        [qw(Frodo     Hobbit    51)],
        [qw(Legolas   Elf      650)],
        [qw(Gimli     Dwarf    140)],
        [qw(Gandalf   Maiar   2021)],
        [qw(Aragorn   Man       88)],
        [qw(Sam       Hobbit    36)],
        [qw(Boromir   Man       41)],
);
```

按种族排序相对简单，只需考虑每一项数据的种族名：

```perl
my @race = sort { $a->[1] cmp $b->[1] } @list;
```

如果是先年龄后种族的排序方式，逻辑上就稍微复杂一些，因为若两项数据相等，Perl的比较操作符会返回0。因此，可以使用逻辑或操作符 || 进行"平局"的比较，如下列代码所示。

```perl
my @race = sort {  $a->[2] <=> $b->[2]
               || $a->[1] cmp $b->[1] } @list;
```

合并两段代码，得到下面完整的Perl代码，来生成题目要求的两个表：

```perl
use strict; use warnings;

my @list = (
        [qw(Pippin  Hobbit 29)],
        [qw(Merry   Hobbit 37)],
        [qw(Frodo   Hobbit 51)],
        [qw(Legolas Elf    650)],
        [qw(Gimli   Dwarf  140)],
        [qw(Gandalf Maiar  2021)],
        [qw(Aragorn Man     88)],
        [qw(Sam     Hobbit 36)],
        [qw(Boromir Man     41)],
);

my @race = sort { $a->[1] cmp $b->[1] } @list;
print "Sorted by race:\n";
&printCompany(@race);

print "Sorted by age then race:\n";
@race = sort {   $a->[2] <=> $b->[2]
             ||  $a->[1] cmp $b->[1] } @list;

&printCompany(@race);

sub printCompany() {

    foreach my $i (@_) {
```

```
        print "$i->[0]\t$i->[1]\t$i->[2]\n";
    }

    print "---\n";
}
```

这段代码的输出如下：

```
Sorted by race:
Gimli    Dwarf    140
Legolas  Elf      650
Pippin   Hobbit   29
Merry    Hobbit   37
Frodo    Hobbit   51
Sam      Hobbit   36
Gandalf  Maiar    2021
Aragorn  Man      88
Boromir  Man      41
---
Sorted by age then race:
Pippin   Hobbit   29
Sam      Hobbit   36
Merry    Hobbit   37
Boromir  Man      41
Frodo    Hobbit   51
Aragorn  Man      88
Gimli    Dwarf    140
Legolas  Elf      650
Gandalf  Maiar    2021
---
```

23. 排序（301）：施瓦茨变换

使用施瓦茨变换，按照从"one"到"nine"对这组数字进行排序。

my @list = qw/three two one six five four nine eight seven/;

用散列表建立英语单词和对应数值的映射关系，可以极大地简化这个问题。你可以对整数值进行排序，然后利用散列表查找对应的单词。

```
my @numbers = qw/three two one six five four nine eight seven/;

my %values = (
    'one'   => 1,
    'two'   => 2,
    'three' => 3,
    'four'  => 4,
    'five'  => 5,
    'six'   => 6,
    'seven' => 7,
    'eight' => 8,
    'nine'  => 9
);
```

```
# 这是排序方法，使用%values的散列映射
my @sorted =
    map { $_->[1] }
    sort { $a->[0] <=> $b->[0] }
    map { [$values{$_}, $_] } @numbers;

print join ',', @sorted;
```

24. 具体情况具体分析

类似排序的内置函数式对调用的上下文很敏感。如果在列表上下文中调用排序函数，就能返回一个列表；如果在标量上下文中调用排序函数，就会返回未定义值。

写一个名为sensitiveSort的子程序，在标量上下文中对@_进行排序，并返回一个字符串。换句话说，重新封装内置排序函数，使它可以在标量上下文中不再返回未定义的值。

解答问题的关键在于理解wantarray操作符。想要确定子程序（或者eval代码块）的调用上下文是列表还是标量（或空）上下文，唯一可靠的方法就是使用wantarray操作符，代码如下所示。

```
use strict; use warnings;

sub sensitiveSort {
    return wantarray ? sort @_ : join ',', sort @_;
}

my @list = ( 1, 4, 1, 5, 9, 2, 6, 5, 3, 5, 10, 20, 30, 40);

# 列表上下文
print "The first element is: " . (sensitiveSort (@list))[0];

# 标量上下文
print "\nThe sorted list: " . sensitiveSort(@list);
```

25. 代码偏离程序员本来意图

观察下面这段代码，它会依次输出数组内每个数字的平方以及所有数字平方的和。代码可以运行，但存在一些意料之外的结果。这些结果是什么？如何避免？

```
use strict; use warnings;

my @array = (1 .. 9);
my $sum = 0;

foreach my $num (@array) {
    print "$num^2=";
    $num = $num * $num;
    print "$num\n";
    $sum += $num;
}

print "Sum of squares is $sum\n";
```

输出是:

```
1^2=1
2^2=4
3^2=9
4^2=16
5^2=25
6^2=36
7^2=49
8^2=64
9^2=81
Sum of squares is 285
```

在题目的代码中，有一个针对数组的循环，以$num作为迭代变量。通过更改迭代变量的值，可以得到每个数字的平方。然而，在修改迭代变量的时候，同时修改了原始数组中的元素，这正是这段代码的错误所在。对代码作者而言，这很可能是一个意料之外的错误。你可以在循环之后把数组中的所有元素输出到控制台，观察值的变化。

```
print join "\n", @array;
```

可以看到，数组元素都变成了原来值的平方。

```
1
4
9
16
25
36
49
64
81
```

这种错误很容易出现。想避免这种意外，最好的方法是不在循环内修改迭代变量的值，如下列代码所示。

```
use strict; use warnings;

my @array = (1 .. 9);
my $sum = 0;

foreach my $num (@array) {
    my $square = $num * $num;
    print "$num^2=" . $square . "\n";
    $sum += $square;
}

print "Sum of squares is $sum\n";

print join "\n", @array;
```

现在，运行这段修改后的代码可以得到相同的结果，也避免了修改原数组的问题。

```
1^2=1
2^2=4
3^2=9
4^2=16
5^2=25
6^2=36
7^2=49
8^2=64
9^2=81
Sum of squares is 285

The original array remains as first initialised:

1
2
3
4
5
6
7
8
9
```

26. Perl不是Java

下面Perl代码的行为总是超出程序员预期，这是为什么？按照程序员的本来目的重写这段代码。

```perl
my $dwarves = "bashful doc dopey grumpy happy sleepy sneezy";

print &ReverseWords($dwarves);

sub ReverseWords {
    my $arg = shift;

    if ($arg != null) {
        return join ' ', reverse split ' ', $dwarves;
    }
}
```

如果你使用Java或C#等编程语言的时间很长，就可能有使用前检查参数是否为null的习惯。这通常是个好习惯。

然而题目中的这段代码却失败了，因为Perl没有内置null值，最相似的变量是undef。Perl会把null（没有双引号）解释为bareword（一个字符串），意味着这行代码：

```perl
    if ($arg != null) {
```

等效于：

```perl
    if ($arg != 'null') { # bareword解释为字符串
```

还没完，另一个问题出在数值比较上。Perl使用数值比较操作符!=，而不是字符串比较操作符cmp，这会让Perl编译器更偏离正轨。这行代码会被解释为：

```
if ($arg != 0) { # 字符串'null'的数字解释
```

现在，当把七个小矮人的名字作为参数传给函数的时候，Perl会把那些字符串解析成数字，确切地说是0。这意味着if表达式的结果永远也不会是true。

```
if (0 != 0) { # 永远不是true
```

老练的Perl程序员会注意到这段代码少了两个有用的程序指令：

```
use warnings;
use strict;
```

将这两条指令添加进代码之后，Perl编译器就可以对代码给出错误提示。

```
C:\code>PerlIsNotJava.pl
Bareword "null" not allowed while "strict subs" in use
at C:\code\PerlIsNotJava.pl line 11.
Execution of C:\code\PerlIsNotJava.pl aborted due to
compilation errors.
```

这段代码作者的本意可能只是想确保参数在操作前可用，因此下面的代码可以正常工作：

```
use warnings;
use strict;

my $dwarves = "bashful doc dopey grumpy happy sleepy sneezy";

print &ReverseWords($dwarves);

sub ReverseWords {
    my $arg = shift;

    if ($arg) {
        return join ' ', reverse split ' ', $dwarves;
    }
}
```

27. 颠倒字符串中的单词顺序

用Ruby写一个简单的程序，把下面字符串中的单词顺序颠倒过来：

```
dwarves = "bashful doc dopey grumpy happy sleepy sneezy";
```

你的程序输出应该是：

```
sneezy sleepy happy grumpy dopey doc bashful
```

可以使用如下代码：

```
print dwarves.split.reverse.join(' ')
```

28. 在不使用临时变量的情况下交换变量值

写一段代码来交换两个变量值，但是不允许使用临时变量。

换句话说，以这段代码开始：

```
x == 1
y == 2
```

写代码来获得这个结果：

```
x == 2
y == 1
```

交换两个变量的值是我在上学时最早学到的技巧之一。我的方法是借助一个临时变量存储其中一个变量值，然后再进行变量替换。

```
initialize two variables...
x = 1
y = 2

now swap them...
temp = x
x = y
y = temp
```

如果用Ruby（和Perl），就不需要使用临时变量，因为它具备一种叫作并行赋值的语言特征：

```
x = 1
y = 2

x,y = y,x  # 并行赋值，交换值
```

另外，你还应该知道一种叫作按位异或交换（XOR swap）的技巧。这种方法有点耍小聪明，不建议在实际开发中使用，因为除非你早就知道这个小把戏，否则代码很难理解。

```
# 初始化两个变量
x = 1
y = 2

# 用异或交换它们
x = x ^ y
y = x ^ y
x = x ^ y
```

想要理解这种神奇的交换技巧，你需要回忆按位异或的相关知识。按位异或的规则是"非此即彼，不能兼有"。下面是按位异或的真值表：

```
0 xor 0 = 0
0 xor 1 = 1
1 xor 0 = 1
1 xor 1 = 0
```

　　如果你能单步调试进入按位异或交换内部，观察二进制数值（不是十进制）的变化过程，就更容易理解这种操作的本质。

```
# 二进制数
x = 01  # = 二进制 1
y = 10  # = 二进制 2
# 交换
x = x ^ y # 01 ^ 10 = 11 = 二进制 3
#  (x异或y的值)
y = x ^ y # 11 ^ 10 = 01 = 二进制 1  (交换成功!)
x = x ^ y # 11 ^ 01 = 10 = 二进制 2  (交换成功!)
```

29. &&=操作符

下面这段代码的作用是什么？如何正确使用？

```
myString &&= myString + suffix
```

你应该很熟悉布尔操作符逻辑或||和逻辑与&&。你还可能知道逻辑或等于操作符||=，当变量存在且没有赋值时，可以用这个操作符给变量赋值。使用它可以很方便地给变量赋默认值。

```
a ||= 1 # 如果没有初始值，则设为1
```

逻辑与等于操作符与之类似，不同的是只有当变量已被赋值的情况下，才可以给变量赋值。如果你想对已初始化的字符串变量追加字符串（如后缀），使用它非常方便。

30. 颠倒字符串中的单词顺序

用T-SQL写一个简单的程序，把下面字符串中的单词顺序颠倒过来：

```
DECLARE @dwarves VARCHAR(MAX)
SET @dwarves = 'bashful doc dopey grumpy happy sleepy sneezy'
```

你的程序输出应该是：

```
sneezy sleepy happy grumpy dopey doc bashful
```

如果拿其他语言的答案（大多数是一行代码）进行对比，就能知道T-SQL不擅长处理这类问题。

```
DECLARE @dwarves VARCHAR(MAX)
SET @dwarves = 'bashful doc dopey grumpy happy sleepy sneezy'

DECLARE @sevrawd VARCHAR(MAX)
SET @sevrawd = ''

WHILE LEN(@dwarves) > 0
BEGIN
    IF CHARINDEX(' ', @dwarves) > 0
    BEGIN
        SET @sevrawd = SUBSTRING(@dwarves,0,CHARINDEX(' ', @dwarves))
            + ' ' + @sevrawd
        SET @dwarves = LTRIM(RTRIM(SUBSTRING(@dwarves,CHARINDEX(' ',
```

```
                @dwarves)+1,LEN(@dwarves))))
        END
        ELSE
        BEGIN
            SET @sevrawd = @dwarves + ' ' + @sevrawd
            SET @dwarves = ''
        END
    END

    SELECT @sevrawd
```

31. 相关子查询

下面的数据表包括一组用户，每位用户都有声望和位置：

```
CREATE TABLE [dbo].[Users](
            [Id] [int] NOT NULL,
            [Reputation] [int] NULL,
            [DisplayName] [nchar](40) NULL,
            [Location] [nchar](100) NULL,
            [JoinDate] [smalldatetime] NULL
)
```

利用相关子查询，写一个SELECT语句，获取在同一地点声望高于平均值的所有用户。

相关子查询是一个嵌套（内部）查询，依赖于父（外部）查询的结果。在下面的答案中，内部查询使用了父查询生成的用户地点数据。注意，表别名被用来唯一地指定某个特定表。

```
SELECT DisplayName, Reputation, Location
FROM Users u
WHERE Reputation >
(SELECT AVG(Reputation)
FROM Users u1
WHERE u1.Location = u.Location)
```

现在，你知道了相关子查询的真正含义，就可以写出SQL代码，并且不经意地提到这个专业名词，面试官会给你加分的。

另外，你还应该知道（在面试中也应该提到）大多数相关子查询都可以和连接操作一起使用。例如，下面这段代码也可以作为问题的答案：

```
SELECT u.DisplayName, u.Reputation, u.Location
FROM Users u
INNER JOIN
(SELECT Location, AVG(Reputation) as AvgRep
FROM Users
GROUP BY Location) as u1
ON u.Location = u1.Location
AND u.Reputation > AvgRep
```

不论相关子查询是否存在，查询优化器（多数RDBMS都有）都会对代码制定一份优化执行计划。如果性能至关重要（通常来说不是最重要的因素），就要用基准测试并比较不同的查询方案，以此决定哪个更有效率。但是一般来说，使用连接对相关子查询的效率并没有太大影响。

32. 日期是多少

下面两行SQL代码会向"用户"表插入一行新数据。假设这段代码至少可以正常运行一次（当开发者完成并测试的时候），那么代码存在哪些潜在问题？如何修改才能避免这个问题？

```
INSERT INTO Users (Id, DisplayName, JoinDate)
VALUES (1, 'Ted', CONVERT(smalldatetime,'12/01/2015'))
```

这段SQL代码的潜在问题是，日期文本可能被错误地解析。日期'12/01/2015'根据不同的日期格式，既可以理解成12月1日，也可以理解成1月12日。

不要以为服务器或数据库内的日期格式永远也不会改变。如果你身处程序员众多的大型团队，日期格式必然会变更。即使服务器端不变，在客户端、第三方组件或者客户的某些数据上，也迟早会发生改变。

想正确处理日期格式，方法并不难，只需遵循一些简单的原则即可。首先，你使用的日期文本格式应该没有歧义。

下面的代码使用T-SQL把包含日期的字符串转换成smalldatetime类型。你可以观察到不同语言设置对日期格式转换的影响：

```
set language us_english
select CONVERT(smalldatetime,'12/01/2015') as [Date]

Output:

Changed language setting to us_english.
Date
-----------------------
2015-12-01 00:00:00
```

当语言设置为british的时候，SQL Server会把日期文本解析为完全不同的一个日期。

```
set language british
select CONVERT(smalldatetime,'12/01/2015') as [Date]

Output:

Changed language setting to British.
Date
-----------------------
2015-01-12 00:00:00
```

如果日期以这种方式被错误解析，结果会相当严重。例如，日期可能代表移民签证的有效日期，或者一份人寿保险的过期期限。为了避免日期文本的歧义，可以采用以下两种格式中的一种：

```
// 格式1
YYYYMMDD // 对于纯日期格式（没有时间）来说，注意没有连字符！
```

```
20121210 // 2012年12月10日
19011111 // 1901年11月11日

// 格式2
YYYY-MM-DDTHH:MM:SS // 对于特定的时间+日期，注意"T"选项

1920-08-18T00:00:00 // 1920年8月18日，00:00:00
2012-01-10T01:02:03 // 2012年1月10日，01:02:03
```

这两种格式出自ISO 8601日期标准文档。无论使用哪种语言、哪种日期格式设置，SQL Server都可以用标准的方式解析日期文本。请注意，最好避免使用一些大同小异的日期格式，因为它们同样会造成歧义。

```
YYYY-MM-DD // 歧义！
YYYY-MM-DD HH:MM:SS // 歧义！（忘了"T"）
```

33. 排序规则

考虑这样一种情况：你的SQL Server数据库被部署在客户地点，现存的SQL Server实例和其他数据库共存，这些数据库你无法控制，也没有任何信息。在这种情况下，下面的CREATE TABLE语句会有什么样的潜在问题（或者缺失了什么信息）？如何解决这个问题？

```
CREATE TABLE #temp
(
    [Id] int     identity(1,1) NOT NULL,
    [Name] nvarchar(100) NULL,
    [DateJoined] smalldatetime NULL
)
```

创建表的时候，表中所有的文本列（例如varchar、nvarchar等）的排序规则默认和数据库相同。然而临时表（用#标识）却不是这样，临时表的排序规则和tempdb数据库（这个数据库是SQL Server创建的，专门用来存储临时表）保持一致。tempdb数据库的排序规则可能和你的数据库排序规则不一样，这会导致运行错误"无法解决排序冲突"。根据问题的性质，一种解决方案是，在创建临时表的时候，对所有文本字段指定COLLATE DATABASE_DEFAULT。

```
CREATE TABLE #temp
(
    [Id] int     identity(1,1) NOT NULL,
    [Name] nvarchar(100) COLLATE DATABASE_DEFAULT NULL,
    [DateJoined] smalldatetime NULL
)
```

另一个解决方案是对join字句添加相同的排序修饰符。

```
SELECT * from #temp
INNER JOIN Users ON
 [name]=[DisplayName] COLLATE DATABASE_DEFAULT
```

34. 从表中随机选择一行数据

写一个SELECT语句，从"用户"表中随机选出一行数据。假设表的长度在10到10 000之间。

这个问题至少有两个解决方案。第一个方案是使用SQL Server 2005的TABLESAMPLE语句。

```
SELECT TOP 1 *
FROM Users
TABLESAMPLE (1 ROWS)
```

由于某些原因，这个方法并不理想。首先，TABLESAMPLE属于页级别的操作，不是行级别。它可以从表中随机抽取一个页面，然后返回页面中的所有行。如果你只想要一行（或*n*行），那你需要在select字句中添加TOP 1（或TOP *n*），但很不幸，如果你以这种方式约束行数，有一些行将永远也不会被选出来。例如，如果一个页面有10行数据，你的查询用TOP 5进行约束，那么页面的后5行数据将永远被排除在外。因此，在使用TABLESAMPLE子句的时候，要权衡好利弊。

其次，如果你的表只有一个页面，那TABLESAMPLE就会返回全部行或根本不返回任何行，这可能和你的想法背道而驰！

TABLESAMPLE比较适合从大型表中提取若干行数据，但不适合从小型的表中随机提取单行数据。

TABLESAMPLE存在局限是固有的，在MSDN官方文档里有详细的描述，其中包括了"从一些独立行中选择随机数量样本"的替代解决方案。

下面就是文档中给出的建议，展示了如何从SalesOrderDetail表中提取出1%的数据样本：

```
SELECT * FROM Sales.SalesOrderDetail
WHERE 0.01 >= CAST(CHECKSUM(NEWID(), SalesOrderID)
              & 0x7fffffff AS float)
/ CAST (0x7fffffff AS int)
```

这个查询值得仔细研究，因为它包括了一些有用的技巧。首先，注意CHECKSUM函数有两个参数：内置函数NEWID()和每行的SalesOrderID值。通过在这些值上执行校验和操作生成散列值，可以保证表中每一行的校验值都是唯一的。

另外，如何把这些唯一的值转换成0到1之间的数？CHECKSUM函数返回了一个-2^{31}到2^{31}的INT值。通过更改符号位（按位与0x7fffffff），该INT值可以转换为正数，然后再转换为浮点数。最后一步除以0x7fffffff可以得到一个0到1之间的结果。如果这个数字小于等于0.01（1%），那么该行数据就会被选作最终结果。基于随机数均匀分布的事实，查询的目的得以完成。

如果只需要一行（或固定数量的行）数据，查询过程可以简化为：

```
SELECT TOP 1 * FROM Users
ORDER BY NEWID()
```

这是随机选择一行数据的最简单方法，也是大多数面试官期待的答案。

第9章
软件测试：不只是测试人员的工作

软件测试种类繁多，几乎每种都让程序员觉得厌烦。程序员的职责是创造代码，构建产品，添加功能，并且要让一切流程都能正常运转。测试则恰恰相反，它的目的是发现问题，发掘边界情况，深入系统内部并让它停止工作。二者的立场完全不同，所以大多数人认为，程序员并不适合测试自己的工作成果。

"我不明白——这在我的机器上一切正常啊。"

——几乎每位程序员都碰到过这种情况

但有一种测试很适合程序员，那就是单元测试。每个人都同意这一点，程序员确实应该多承担单元测试的职责。有人甚至认为程序员应该在编码之前完成单元测试代码。先写测试代码、再写功能代码的开发方式称为TDD（Test-Driven Development，测试驱动开发）。虽然它的普及度还不及POUT（Plain Old Unit Testing，传统的普通单元测试），但TDD的拥护者们声称，它不仅可以提高程序员的工作效率，还可以改善代码质量。

单元测试存在一些难点，尤其是处理外部依赖。在不增加代码复杂度的前提下，如何将单元测试同外部依赖（例如数据库、网络）剥离，一直是单元测试的难题。过度耦合（组件A依赖于组件B、C、D和E）会妨碍旧代码执行单元测试，因为测试的目标函数很难完全独立于其他模块运行。

有很多工具和技术可以用来解决这些难题，最常见的一项技术就是模拟对象（mock object）。使用模拟对象可以把具体依赖（类）转变为抽象依赖（接口），这让测试更加简化。很多工具都可以达成这个目标。程序员可以利用这些工具动态地（在运行期间）打破依赖关系，还可以用模拟对象替换仿造类和功能组件。这些工具有的免费，有的则价格不菲。

9.1 单元测试

单元测试用于测试代码单元功能的正确性。关于到底什么是"单元"，存在一些争论。有些程序员认为单元相当于类，有些则认为单元相当于方法或函数，还有些认为单元只是程序的最小独立组件。最精辟的看法是：单元是程序沿着函数或方法执行的单通路（可能是多条路径中的一条，取决于函数包含多少逻辑）。

一些实用主义程序员喜欢把单元定义成人为打造的"事物"，认为单元的定义没有意义，并以此作为借口，总是把争论的焦点转移到清晰代码的编写和软件发布上。

不论单元的定义是什么，所有理智的程序员都应该知道单元测试不是纯人工完成的工作。单元测试是一项自动化测试，测试对象是独立组件，通过对比实际结果和预期结果得出结论。

9.2 测试驱动开发

很多程序员都赞同先写测试代码后写功能代码的观点，认为先写测试代码有很多好处。

- ❑ 它会迫使程序员仔细思考："这段代码要做什么？"换句话说，先写测试代码会让程序员在编码前思考具体需求，在开发后期减少编码的重复工作。
- ❑ 它促使程序员用最少代码量通过测试，然后停止编码。这可以最小化代码膨胀导致的负面影响。
- ❑ 它促使程序员写出易于测试的代码。易于测试的代码往往也是模块化的代码，对外部模块的依赖性也最小。

测试驱动开发是一种越来越流行的软件开发流程，很多面试官都很看重这方面的经验。

9.2.1 行为驱动开发

行为驱动开发（BDD）是测试驱动开发的进化。二者的结果一样，都是代码化的单元测试；但行为驱动开发更关注"单元"的行为，并且引入了一些特定词汇，有助于团队的交流和测试文档的编写。行为驱动开发一般需要工具的支持，例如NBehave。

9.2.2 红、绿、重构

同其他理论体系一样，测试驱动开发也有核心概念，就是"红、绿、重构"。这个概念描述了一种编码和测试的理想流程。

- ❑ 红　首先完成一个或多个单元测试代码，用来测试那些尚未完成的功能代码。测试会失败，测试框架显示一个红色信号。
- ❑ 绿　下一步是用最少代码量让测试通过。这一步不需要考虑代码的优雅性和扩展性，只关注测试能否通过。测试一旦通过，测试框架会显示一个绿色信号。
- ❑ 重构　最后一步是让代码通过新测试，并且修改代码，提高代码的可维护性，使其符合其他主要质量标准。先写测试代码的主要好处是：在重构的时候，程序员可以确保自己不会无意破坏代码的正确行为。

9.3 写出优秀的单元测试

单元测试的理念已经存在了很长时间，尽管一直有争论，但仍有一些被广泛认同的正确做法。

9.3.1 运行速度快

最重要的标准是单元测试的运行速度要快。如果单个测试需要1秒运行时间，看起来是无关紧要的；但如果10 000个测试每个都需要1秒，运行整个测试套件所花费的时间就会相当巨大（10 000秒大概是3小时）。你对测试套件作的任何改动都不该让测试的执行效率变低。例如，包含数据库交互访问的单元测试就不是好的单元测试，因为花费时间过长。

9.3.2 尽量简单

单元测试要尽量简单。写代码的过程要简化，代码本身也要易于阅读。复杂的单元测试很容易阻碍开发进程。一定不要创建规模庞大的测试套件，由于难以理解，这会令团队中的程序员无法更新测试代码。（很明显，不只测试代码，所有代码都是这样，但这个原则用在这里非常合适。）

一个单元测试应该只负责测试一个程序模块，这有利于程序员跟踪测试失败结果。如果单元测试的覆盖面过大，会导致排查错误的时间增加。不过这并不是一条硬性原则，在某些情况下，为了减少初始化/释放资源的开销，允许一个单元测试覆盖多个程序模块。

9.3.3 目的明确

单元测试的目的要明确。换句话说，测试的逻辑应该一目了然。如果你阅读测试代码的时候皱起了眉头，那十有八九是代码太复杂了。所有良好的编码习惯对单元测试都适用（"避免代码重复"可能是个例外，因为单元测试看起来都差不多）。为了让代码易于理解，方法和变量的命名要清晰，代码间要多使用空格。如果有些测试代码实在无法简化，记得添加代码注释。

9.3.4 具有指导性

单元测试的结果应该具有指导性。当测试失败的时候，应该指出哪里出现了问题，从而给程序员带来很多便利，帮助提早发现问题，避免向客户演示程序的时候出错或者在火箭到达平流层之后发生故障。好的单元测试不仅能帮你发现问题，还可以指出问题的源头。单元测试的输出应该和你见过的bug报告类似。对我个人而言，好的bug报告会让我心情愉悦。

9.3.5 具有独立性

单元测试应该是独立的。如果测试对外部环境有太多依赖，在任何时间都可能运行失败，因此你不得不花很多时间去调查失败原因。假设一个测试依赖于某个环境变量的特定值,而另外一个测试也被添加到了测试套件中,后者依赖于同一个环境变量的不同值,那么其中一个测试必然会失败。这和竞态条件(或者打地鼠游戏)很相似:在一个测试修改变量值的同时,另一个测试却把变量修改成了另外一个值。

注意　如果你的功能代码使用了过多全局状态变量,那你要担心的不是单元测试的稳定性,而是代码本身存在巨大隐患。

9.4　测试运行缓慢的模块

单元测试运行速度要快的观点,在业内引发了相当热烈的辩论。"必须快速运行"被一些程序员解读为不应该测试运行缓慢的模块。他们认为,如果代码包括一些效率较低的操作,比如通过网络连接数据库、读取硬盘数据等,就不应该进行单元测试,因为测试过程必然很慢。

这个观点大错特错。在任何时候都不能忽略测试,除非你不关心程序的对错。

简而言之,任何耗时的测试都应该和测试套件相隔离,可以在固定周期内放在系统后台运行。如果真的很慢,可以一天只运行一次。它们一般可以被分割成若干测试集,以便在不同的机器上同时运行。这些测试可以被看作回归测试套件的素材,在UAT(User Acceptance Test,用户接受度测试)之前执行。

有很多方法可以用来处理效率较低的测试,但千万不要把这些测试和单元测试混在一起,也不要因为慢就放弃这些测试。

9.5　单元测试框架

如果一个人写单元测试时不使用任何软件框架,那他一定是受虐狂。单元测试框架有很多优点,缺点我还暂时没有发现。如果你想写单元测试,最好使用测试框架。

在单元测试框架中,xUnit是最著名、也是使用最广泛的框架之一。大多数主流编程语言都有xUnit的家族成员:

- ❑ .NET的NUnit
- ❑ C++的CppUnit
- ❑ Java的JUnit
- ❑ Perl的Test::Class
- ❑ Ruby的Test::Unit
- ❑ PHP的PHPUnit

❑ Python的Unittest（以前称为PyUnit）

❑ Delphi的DUnit

如果使用Visual Studio写代码，就应该知道微软的Visual Studio单元测试框架，名字恰好就是"微软Visual Studio单元测试框架"。这个测试框架内置在Visual Studio IDE中，有一个命令行工具（MSTest.exe）用来执行测试。很多程序员自然而然地把"MS Test"当成了Visual Studio测试框架，但严格来说二者并不相同。微软测试框架和NUnit非常相似，只是NUnit出现更早。二者都用代码属性来标识测试类（包含单元测试的类）和测试方法（实际的单元测试）。

下面是一个测试类的例子，用Visual Studio编写，包含一个单元测试用例。标识测试类和测试方法的属性加粗表示。

```
[TestClass]
public class TestClass
{
    [TestMethod]
    public void MyTest()
    {
        Assert.IsTrue(true);
    }
}
```

在NUnit中，等价的属性是[TestFixture]和[Test]：

```
[TestFixture]
public class TestClass
{
    [Test]
    public void MyTest()
    {
        Assert.IsTrue(true);
    }
}
```

注意，这个测试调用了Assert类的IsTrue方法。这样的测试代码是无效的，并没有测试任何东西。标准的测试应该把预期结果和实际结果作比较，如下所示。

```
[TestClass]
public class TestClass
{
    [TestMethod]
    public void MyTest()
    {
        bool actualResult = Foo();

        Assert.IsTrue(actualResult);
    }
}
```

9.6 模拟对象

有时候，两个对象被牢牢绑定在一起，想要独立测试其中一个非常困难。例如，你有一个执行数据运算的方法，该方法的数据来源于数据库。想对方法进行单元测试，你肯定不希望从数据库直接获取数据，原因如下。

- ❑ 你想对测试数据拥有完全的掌控权。例如，想要确保测试数据覆盖到稀有的边界情况，但这些数据在数据库中可能并不存在；或者不想在测试前检查数据库中数据的覆盖情况，因为时间开销很大。
- ❑ 数据库建立连接和查询数据的开销也很大。避免这部分开销（同时符合其他单元测试标准），测试的运行速度就会加快。

思考下面的方法：

```
public decimal CalcFoo()
{
    var df = new DataFetcher();
    var data = df.GetData();

    var result = data.Take(100).Average();

    return result;
}
```

CalcFoo方法依赖于具体类DataFetcher的GetData方法。如果把DataFetcher的引用替换成接口IDataFetcher的引用，就可以在需要的时候（即编写单元测试的时候）用一个虚拟（模拟）类替换它。下面是改进后的代码，使用到了接口：

```
public decimal CalcFoo(IDataFetcher df)
{
    var data = df.GetData();
    var result = data.Take(100).Average();

    return result;
}
```

下面是完整的代码，包括IDataFetcher接口和DataFetcher类：

```
interface IDataFetcher
{
    void Combobulate();
    List<decimal> GetData();
    bool IsFancy { get; set; }
}

public class DataFetcher : IDataFetcher
{

    public List<decimal> GetData()
```

```
    {
        var result = new List<Decimal>();

        #region Data-intensive code here

        // ...

        #endregion

        return result;
    }

    public bool IsFancy { get; set; }

    public void Combobulate()
    {
        #region data intensive combobulation
        // ...
        #endregion
    }
}
```

在下面的代码中，模拟对象实现了接口的GetData()方法，但返回的是固定值。

```
public class FakeDataFetcher : IDataFetcher
{

    // 伪方法，返回一组固定的十进制数
    public List<decimal> GetData()
    {
        return new List<decimal> {1,2,3};
    }

    // 我的单元测试不需要这个属性
    public bool IsFancy { get; set; }

    public void Combobulate()
    {
        // 我的单元测试不需要这个方法
        throw new NotImplementedException();
    }
}
```

现在，你可以用FakeDataFetcher来编写单元测试，并且对于FancyCalc方法接收的数据拥有完整的控制权。

```
[TestMethod]
public void FancyCalcTest()
{
    var fakeDataFetcher = new FakeDataFetcher();

    var fc = new FancyCalc();
    var result = fc.CalcFoo(fakeDataFetcher);
```

```
        Assert.IsTrue(result == 2m);
    }
```

总之，你现在有了一个完全独立的FancyCalc方法，它和DataFetcher类不存在任何依赖关系。对其进行单元测试的时候，可以选择任何想要的数据。不过这个方法也存在一项重大缺陷：对于不同类型的数据，需要创建不同版本的DataFetcher类。模拟框架的出现，正是为了弥补这一缺陷。

模拟框架（Moq）让程序员不必为了重写一个（或几个）方法而实现整个接口。如果你使用了Moq（随便选一个模拟框架），那就只需实现GetData方法，不用考虑IsFancy和Combobulate方法。例子中的接口比较简单，如果接口的扩展性非常强，Moq会更有利于测试工作。

顺便一提，这种用接口来替代具体类的技巧，是依赖注入的一种形式，可以轻松地用其他类实现来替代类似DataFetcher的依赖关系。

9.7　问题

现在，你大致了解了软件测试的基本概念，是时候做题练练手了。

1. 你应该测试什么

观察下列代码，你认为这是合格的单元测试吗？

```
private static void TestRandomIntBetween()
{
    int expectedResult = 99;

    int actualResult = RandomIntBetween(98, 100);

    if (expectedResult == actualResult)
        Console.WriteLine("Test succeeded");
    else
        Console.WriteLine("Test failed");
}
```

2. 你到底为什么测试

观察下列代码，你认为这是一个恰当的单元测试吗？

```
private static void TestRandom()
{
    int unexpectedResult = 42;
    Random rand = new Random();

    int actualResult = rand.Next(1, 1000000);

    if (unexpectedResult != actualResult)
        Console.WriteLine("Test succeeded");
```

```
        else
            Console.WriteLine("Test failed");
}
```

3. 测试驱动开发（第1部分）

写一个测试 IsLeapYear 方法的单元测试，用2013年的一个任意日期作为测试数据。IsLeapYear 方法的函数签名如下：

```
public static bool IsLeapYear(DateTime date)
```

2013年不是闰年，因此测试应该返回断言为 false 的结果。你不需要实现 IsLeapYear 方法。

4. 测试驱动开发（第2部分）

假如你的团队中有人从网络上复制了如下代码：

```
public static bool IsLeapYear(DateTime date)
{
    return date.Year % 4 == 0;
}
```

看到这段代码后，你在网络上搜索出了一个判断闰年的可靠方法，把闰年定义为"可以被400整除，或者可以被4整除但无法被100整除"。

现在：

(1) 对第一个版本的 IsLeapYear 写一个测试，以1900（非闰年）作为测试数据，输出测试失败的信息；

(2) 根据之前的算法描述，重写 IsLeapYear 方法；

(3) 重新测试改进后的 IsLeapYear 方法，证明新的算法是正确的。

5. 单元测试和集成测试

单元测试和集成测试的区别是什么？

6. 单元测试的额外好处

除了所有测试普遍具有的好处，单元测试还有什么其他好处？

7. 为什么使用模拟对象

程序员在写单元测试的时候，为什么喜欢用模拟对象？

8. 单元测试的局限

单元测试有很多好处，有什么局限吗？

9. 测试样本数据的选择

假设给你一个函数，该函数会返回字符串中频率最高的字符。例如，对于字符串"aaabbc"，函数会返回"a"；如果字符串为空，或有多个频率最高的字符，函数就会返回null。

为了确保函数功能的正确性，你会给单元测试选择怎样的测试数据？

10. 对于单元测试的代码覆盖率，你的目标一般是多少

如果测试的目标代码只有1行，那么单元测试的目标就是覆盖全部代码。如果目标代码有100行，单元测试运行了其中的75行代码，那么测试的代码覆盖率就是75%。

对于单元测试而言，理想的代码覆盖率是多少？

11. 用什么来测试单元测试

如果程序员十分担心单元测试代码的正确性，为什么不用单元测试来测试单元测试呢？

9.8 答案

1. 你应该测试什么

观察下列代码，你认为这是合格的单元测试吗？

```
private static void TestRandomIntBetween()
{
    int expectedResult = 99;

    int actualResult = RandomIntBetween(98, 100);

    if (expectedResult == actualResult)
        Console.WriteLine("Test succeeded");
    else
        Console.WriteLine("Test failed");
}
```

这道题没有陷阱，题中的代码正是单元测试的实例。调用RandomIntBetween方法的时候，预期结果是99。这段代码没有使用单元测试框架，但仍然是个有效的单元测试，只不过非常原始而已。

2. 你到底为什么测试

观察下列代码，你认为这是一个恰当的单元测试吗？

```
private static void TestRandom()
{
    int unexpectedResult = 42;
    Random rand = new Random();

    int actualResult = rand.Next(1, 1000000);

    if (unexpectedResult != actualResult)
        Console.WriteLine("Test succeeded");
    else
```

```
        Console.WriteLine("Test failed");
    }
```

这段测试代码会先获取一个1～1 000 000的随机数，然后检查该数是否等于42。这个测试会在999 999种情况下"成功"，只在1种情况下"失败"。程序员可能认为1～1 000 000的随机数永远也不会返回42（几率太低），并用这种错误的假设来测试Random类。仔细阅读代码的话，代码作者的这种意图很容易猜到。

作为原则之一（这是硬性原则，不仅是一个建议），测试不应该为了得到成功或失败的结果而依赖于某个概率性事件。

另一个问题是，用单元测试来测试底层框架并不合适。题目中，测试创建了一个.Net的System.Random对象，然后通过返回一个不等于42的数字来确认它的行为。

除了能在理论上检测.NET框架的错误，这样一个测试对程序员没有任何好处，未来的调试和维护开销也很大。不值得为了这唯一"理论上的好处"而这么做。（当然，如果你真的用这种测试发现了一个.NET的bug，那我收回之前的话，你赢了。）

只有不熟悉单元测试的新手才会写出这种测试代码，他们不知道自己的测试目标是什么。实际上，你的单元测试应该只负责测试自己写的代码，而不是底层软件架构。

3. 测试驱动开发（第1部分）

写一个测试IsLeapYear方法的单元测试，用一个2013年的任意日期作为测试数据。IsLeapYear方法的函数签名如下：

public static bool IsLeapYear(DateTime date)

2013年不是闰年，因此测试应该返回断言为false的结果。你不需要实现IsLeapYear方法。

代码如下：

```
using System;
using Microsoft.VisualStudio.TestTools.UnitTesting;

namespace UnitTests
{
    [TestClass]
    public class TestClass
    {
        [TestMethod]
        public void IsLeapYear2013()
        {
            Assert.IsFalse(IsLeapYear(new DateTime(2013, 1, 1)));
        }
        public static bool IsLeapYear(DateTime date)
        {
            // 尚未编写代码...

            return false;
```

```
        }
    }
}
```

4. 测试驱动开发（第2部分）

假如你的团队中有人从网络上复制了下面这段代码：

```
public static bool IsLeapYear(DateTime date)
{
    return date.Year % 4 == 0;
}
```

看到这段代码后，你在网络上搜索出了一个判断闰年的可靠方法，把闰年定义为"可以被400整除，或者可以被4整除但无法被100整除"。

现在：

(1) 对第一个版本的IsLeapYear写一个测试，以1900（非闰年）作为测试数据，输出测试失败的信息；

(2) 根据之前的算法描述，重写IsLeapYear方法；

(3) 重新测试改进后的IsLeapYear方法，证明新的算法是正确的。

问题有三部分。第一部分的答案应该如下所示。

```
[TestMethod]
public void IsNotLeapYear1900()
{
    Assert.IsFalse(IsLeapYear(new DateTime(1900, 1, 1)));
}
```

把题目中的算法转化为代码很容易，可以用两个语句完成。第一个是"可以被400整除"：

```
(date.Year % 400 == 0)
```

第二个是"可以被4整除但无法被100整除"：

```
(date.Year % 4 == 0 && date.Year % 100 != 0)
```

现在就可以重写IsLeapYear方法了：

```
public static bool IsLeapYear(DateTime date)
{
    return (date.Year % 400 == 0)
        || (date.Year % 4 == 0 && date.Year % 100 != 0);
}
```

最后，你要重新测试IsLeapYear方法，并且让1900（非闰年）通过测试。图9-1展示了用MSTest.exe运行测试的输出结果。

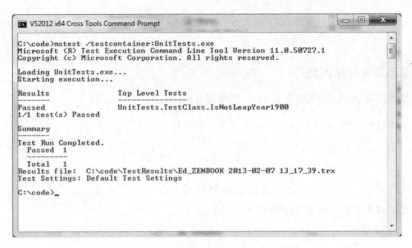

图9-1　用MSTest.exe运行的测试结果

5. 单元测试和集成测试

单元测试和集成测试的区别是什么？

有时候，单元测试和集成测试的差别很细微，没必要去刻意区分。然而，单元测试存在一些业内公认的标准，如果违背了其中某些标准，就不能严格算是单元测试。

单元测试的标准如下：

❑ 只负责测试一个功能单元；

❑ 在测试代码范畴之外不存在任何外部依赖；

❑ 不查询数据库，不使用外部资源；

❑ 没有文件系统操作；

❑ 不依赖于外部环境或配置参数；

❑ 不依赖于运行顺序；

❑ 不依赖于其他测试的结果；

❑ 运行速度快；

❑ 要有一致性，每次运行的结果都一样。

如果一个测试不符合这些标准，那就可能是集成测试。集成测试也非常有价值，但不应该和单元测试混用。

6. 单元测试的额外好处

除了所有测试普遍具有的好处，单元测试还有什么其他好处？

其他优势包括：

❑ 单元测试发生在软件开发生命周期（SDLC）之前，在此阶段修复bug的开销较小；

❑ 在程序员改动代码的时候，如果有配套的单元测试，他们就能更放心（以单元测试通过作为标准），因为可以知道改动有没有破坏原来的系统；

❑ 单元测试可以让程序员更系统地处理边界情况，这些测试可以作为回归测试重复利用；

❑ 对于如何使用程序代码，单元测试提供了具体、可执行的实例，可以看成是一种"活"技术文档。

7. 为什么使用模拟对象

程序员在写单元测试的时候，为什么喜欢用模拟对象？

下面是一些主要原因。

❑ 独立性需求，这意味着测试可以集中处理一个程序单元。在测试旧代码或者高耦合度组件的时候，使用模拟对象非常有用。

❑ 通过消除外部依赖（包括硬件、数据库、网络、等等），来确保测试可以快速运行。

❑ 通过伪造一个确定性的组件，来获取对函数输入数据的控制权。

❑ 在所有组件依赖模块完成之前，就可以开始测试。

8. 单元测试的局限

单元测试有很多好处，有什么局限吗？

很多程序员和面试官都非常热爱单元测试，但有些面试官还会问你单元测试的局限，由此来判断你的经验是否够丰富。

在一些情况下，单元测试并不适用。

❑ 对琐碎的代码（比如.NET中的自动属性）写单元测试，这种代码不值得测试。

❑ 测试的目标代码没有逻辑，例如简单地通过其他API进行交互的代码。

❑ 如果单元测试本身的代码难度比目标代码还要高，就不值得这么做。这也说明目标代码应该尽量简单，只有这样，单元测试才有必要进行。

❑ 如果不能判断代码单元所返回的数据是否正确，就无法写出单元测试。

❑ 如果代码是为了探索某个想法而产生的试探性代码，并且（关键在于）你知道代码最终会被丢弃，那么就不值得写单元测试。

除了这些情况，还存在一些逻辑限制。

❑ 按定义来说，单元测试不负责测试组件间的集成度。

❑ 单元测试可以证明代码是否会出现特定的错误，但除非代码很简单，否则无法证明代码完全没有错误。

❑ 测试本身的代码量可能远大于测试目标的代码量，完成和维护测试代码的开销比较大，不值得去做。

❑ 测试代码本身可能有bug，特别是单元测试代码数量巨大的时候。

❑ 如果一套单元测试的运行频率很低，那么这些测试代码就很难和目标代码保持同步。对这些代码进行同步工作也很不值得。

同时也要知道，想不写单元测试，有些理由是说不通的。在面试中，你要尽量避免提及这些理由。

❑ "单元测试太浪费时间了。"这大概是拒绝单元测试的最常见理由，它忽略了对单元测试的长久需求，以及测试的作用。另外，对于单元测试的执行手段也缺乏了解，单元测试是自动化测试，不是纯人工的工作。

❑ "单元测试无法覆盖所有输入数据的组合，因此不值得去做。"这个观点有个逻辑错误，是假两难推理。即使单元测试无法覆盖所有输入数据组合，仍可以带来很多好处，这个选择不是非此即彼的。

❑ "单元测试是一种代码膨胀。"这个观点在某种程度上是对的，如果代码本身就混乱不堪，进行单元测试无异于给团队雪上加霜。但是，为了让代码易于持久维护，所有代码（包括测试代码在内）的结构都要清晰。这不是不写单元测试的理由。

9. 测试样本数据的选择

假设给你一个函数，该函数会返回字符串中频率最高的字符。例如，对于字符串"aaabbc"，函数就会返回"a"；如果字符串为空，或有多个频率最高的字符，函数就会返回null。

为了确保函数功能的正确性，你会给单元测试选择怎样的测试数据？

问题的答案包括一系列测试数据。为了确保函数行为的正确性，数据不仅要覆盖正常情况（例子中的字符串），还要覆盖边界情况。边界情况就是出现频率较低的输入数据，在写函数代码的时候，程序员可能会忘记或忽略这些数据。对于输入数据，可以设定一些合理的约束。例如，可以假设提供的字符串永远是可用字符串，不会是其他数据类型，但不能假设字符串不是null。测试数据应该包括如下类型的字符串，每种至少选择一个。

❑ 题目中给定的字符串"aaabbc"
❑ 字符出现频率相等的字符串"abc"
❑ 空字符串""
❑ null字符串
❑ 包含数字的字符串"1112223"
❑ 包含标点符号的字符串"!!!$$%"
❑ 包含空格的字符串"\t\t\t\n\n\r"
❑ 包含注音字符的字符串"ééééáó"
❑ 包含Unicode字符的字符串"»»»½¼¾"
❑ 包含引号的字符串""""''"
❑ 包含不可打印和控制字符的字符串"NUL NUL NUL SOH SOH STX"

- ❑ 大型字符串
- ❑ 每个字符出现频率都很高的字符串
- ❑ 每个字符数量都相等并且出现频率很高的字符串

10. 对于单元测试的代码覆盖率，你的目标一般是多少

如果测试的目标代码只有1行，那么单元测试的目标就是覆盖全部代码。如果目标代码有100行，单元测试运行了其中的75行代码，那么测试的代码覆盖率就是75%。

对于单元测试而言，理想的代码覆盖率是多少？

这道题有陷阱，因为单元测试的质量和代码覆盖率没有必然联系。例如，一个代码覆盖率为100%的测试在运行过程中没有出现任何错误，但一个低覆盖率的单元测试却暴露了很多bug，这种事情很常见。

随着经验的积累，你可以找到单元测试数量、代码覆盖率和单元测试质量之间的平衡点。代码覆盖率不要生硬地计算，凭经验就能获得理想的覆盖率数据。

如果面试官执着于此，那他很可能心里有一个固定数字。在你不得不选择一个数字的时候，一般建议选择80%。你还要提到边际效应递减的问题，一旦覆盖率超过80%，回报就会变小。其他影响代码覆盖率的因素也要有所提及。写单元测试的目的是创造出有用的测试，而不是实现高代码覆盖率。

11. 用什么来测试单元测试

如果程序员十分担心单元测试代码的正确性，为什么不用单元测试来测试单元测试呢？

关于为什么程序员不对测试代码写测试代码，主要有两个原因。

- ❑ 单元测试应该尽量简化，代码包含的逻辑要尽量少或根本没有。因此，不值得对如此简单的单元测试进行测试。
- ❑ 单元测试会把实际结果和预期结果作比较。如果结果不符，就说明程序代码或测试代码有错误，但不论错误在哪，都需要进一步排查错误。这意味着单元测试和测试目标在相互测试，没有必要再写一个测试。

9

第10章
选择合适工具

今天，软件开发工具数量庞大、种类繁多，给开发者带来福音的同时，也限制了其自由。如果需要一个文本编辑器，有太多优秀的编辑器可供选择，并且能免费下载。如果需要把UNIX行结束符转换成Windows格式，你可以从成百上千的工具中选择（假设你没有自己写）。大多数程序员都有最喜欢的正则表达式构造和测试工具；每个Windows程序员都应该知道Sysinternals工具。在享受现代集成开发环境（例如Visual Studio和Eclipse）带来的便利时，你还应该知道sed、awk、grep等命令能做什么。如果你不知道，就少了很多乐趣。Visual Studio是一个非常强大的开发工具，但也要注意不要吃了工具定律[①]的亏。

> "我称之为工具定律，公式如下：给小男孩一个锤子，他会发现所有东西都需要敲一敲。"
>
> ——亚伯拉罕·卡普兰

10.1　Visual Studio

如果你运用微软平台的技术写代码，就应该对Visual Studio非常熟悉，不需要过多介绍。很多程序员对Visual Studio又爱又恨：爱是因为它功能强大、使用方便，恨则是因为它风格奇特、用法古怪。说句公道话，Visual Studio最近的版本功能越来越好，使用更加方便，奇怪的用法也有所减少。如果你能接受新的默认配色方案，并且不讨厌所有字母大写的菜单，那你一定会爱上最新版本的Visual Studio。10.6.1节是有关Visual Studio IDE的一些问题。

10.2　命令行工具

不论你使用哪种操作系统，喜欢哪种编程语言，都要具备下列工具的基本知识，否则就会失去很多乐趣，工作效率也会降低。很多工具最初都是为UNIX专门设计的，但今天几乎所有操作

---

① 表现为对熟悉工具的过度依赖。——编者注

系统都能使用它们，包括任何版本的Windows。

很明显，本章的所有电话号码都是虚构的，不要尝试拨打这些号码。如果你想要生成一组随机的电话号码，可以使用下面的Perl脚本。

```perl
use strict; use warnings;

use Date::Calc qw( Add_Delta_DHMS );

my @start = (1980,1,1,0,0,0);

for ( my $i = 0; $i < 12500; $i++ )
{
    my $h = int( rand( 24 ) );
    my $m = int( rand( 60 ) );

    my $p1 = int( rand( 1000 ) );
    my $p2 = int( rand( 10000 ) );

    my @date = Add_Delta_DHMS(@start,$i,0,$h,$m);

    printf("%4d-%02d-%02d %02d:%02d:%02d %03d-%04d\n", @date, $p1, $p2);
}
```

这个脚本会输出12 500条假的通话记录，每一条都有一个随机的电话号码。要用这些数据创建文件，可以直接把脚本的输出重定向到文件中，如图10-1所示。如果你需要在Windows机器上安装Perl，下载地址为http://www.activestate.com/activeperl/downloads。

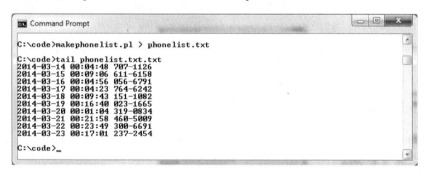

图10-1　为测试生成的日志文件

10.3 PowerShell

PowerShell在本质上是一个通过命令行管理Windows系统的工具。由于和.NET高度集成，并且内置脚本语言，PowerShell对程序员和系统管理员都是不可多得的工具。如果你从没用过PowerShell（很多程序员都没用过），那么就通过10.6.3节的题目了解一下吧。

10.4 Sysinternals 工具

对于Windows用户来说，最令人恼火的莫过于用Visual Studio编译解决方案时，突然跳出"文件正在使用中"的错误提示。你可能会尝试关掉所有资源浏览器窗口，重启Viusual Studio，在椅子上旋转三周，最后得到相同的结果。如果经历过这种事情，你也许知道Sysinternals工具中的进程管理器可以帮你排查故障，解决这个问题。若没用过这个工具，就赶快下载一个吧（http://technet.microsoft.com/en-US/sysinternals）。10.6.4节是有关Sysinternals工具的一些问题。

10.5 管理源代码

如果你曾和其他程序员在一个团队共事，我敢打赌你们用过源代码版本控制系统。即使没用过，也肯定知道源代码版本控制系统的优点（你们一定发现了组员之间同步代码的难处）。在专业的编程环境中，版本控制软件是个至关重要的工具，其重要性和实用性仅次于IDE（或者编译器加文本编辑器）。

本节的问题全部和版本控制系统相关。所有版本控制系统的目的都是一样的，但每个系统实现目的的方法有所不同。

10.5.1 Team Foundation Server

如果是为微软平台开发程序，你早晚会用到Team Foundation Server（TFS）。这个工具提供的功能不仅限于版本控制，还包括项目跟踪，自动数据收集和报告，以及使用Team Build的自动化构建。有这样一种说法：如果团队把TFS完全当作版本控制软件来使用，那还不如用其他工具，从而避免管理TFS带来的额外开销。除了版本控制，你还应多了解TFS的其他高级功能，这会给你的工作带来更多好处。

10.5.2 Subversion

Subversion是为了替代CVS（Concurrent Versioning System，是个年头比较久的版本控制系统，最初是一系列命令脚本的集合）而出现的。相对于CVS，Subversion在很多地方都有改进，包括：

- ❑ 原子性提交；
- ❑ 创建分支效率更高；
- ❑ 基于树结构的代码提交（不是基于文件）。

10.5.3 Git

Git为代码提供了一种分布式版本控制系统（DVCS），这是它最出众的功能。Git是分布式的，没有服务器扮演主代码库的角色。Subversion和TFS这类版本控制系统则不同，它们是集中式的，核心服务器是不可或缺的部分。

当代码有改动的时候，Git不会把改动提交到主代码库，而是对每个开发者的本地代码副本进行同步。通过点对点的方式交换改动（补丁）信息，使所有Git代码库的数据都可以同步。这有很多好处，包括：

- 即使不连接网络，用户也能提交改动；
- 由于不需要连接远程服务器，很多Git操作速度很快；
- 因为团队内每个开发者都有一份相同代码库的副本，所以如果代码库崩溃或数据被损坏，负面影响会被降到最低。

对Git新手来说，有一个细节非常令人困惑：Git如何使用SHA1散列值来唯一标识每一次的提交操作？图10-26（参见10.7节）显示了一份代码副本的日志内容，注意第一次的提交被标识为：

```
commit 0e1771a65e03e25de2be10706f5655bf798d62b8
```

这看起来很麻烦，但实际并非如此。大多数Git命令会接收散列值的前几个字符，因此不需要把所有字符都输入（或者复制/粘贴）进去。只要不引起歧义，输入部分字符即可。例如，下面两个Git命令的执行结果是一样的：

```
git checkout 0e1771a65e03e25de2be10706f5655bf798d62b8
```

```
git checkout 0e17   # 没有提供其他版本信息，但和上面的版本一样
                     # 因为前四位字符都是 "0e17"
```

基于Git的分布式特性，使用SHA1散列值是一种符合逻辑的解决方案。由于没有核心服务器，所以无法生成并追踪连续的版本号。

10.6 问题

10.6.1 Visual Studio

1. Visual Studio的Build和Rebuild

在Visual Studio中，Build Solution和Rebuild Solution（见图10-2）有什么区别？你会如何进行选择？

2. 找到隐藏的异常

考虑这样一种情况，一段有问题的try/catch代码隐藏了一个重要异常：

```
try {
    RiskyOperation();
}
catch (Exception ex) {
    // 待办事项: 问问马克，这种情况怎么处理
}
```

10

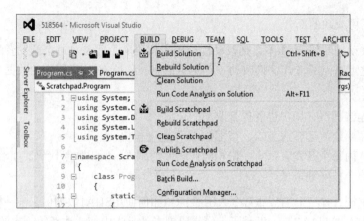

图10-2　Build和Rebuild

catch块会捕获全部异常，然后悄无声息地全部跳过。程序会继续运行，就像从没出现过异常一样。如果这种糟糕（或者未完成）结构的异常处理方式遍布整个程序，处理起来就会非常麻烦。为了确认问题来源，在每个catch块内都设断点也是不现实的。

如果你想证明代码中（不）存在隐藏异常，会如何使用Visual Studio去完成这个任务？

3. 目标CPU平台

可以通过Visual Studio指定项目编译的目标平台，包括32位平台（x86）、64位平台（x64）和Any CPU，如图10-3（圆圈）所示。

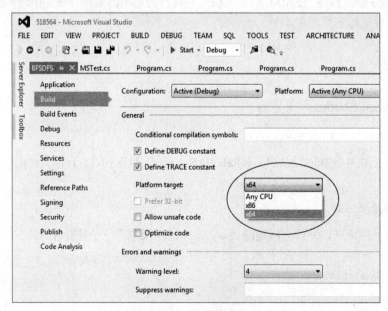

图10-3　生成目标

考虑如下问题。

❑ 对于生成的可执行文件而言，"Any CPU"选项意味着什么？

❑ 如果用Any CPU选项生成了一个可以在32位机器上执行的文件，那么能否将这个文件原封不动地复制到64位机上运行？反过来可行吗？

❑ 假设供应商给了你一个非受管64位DLL，你手里还有一个用Any CPU选项生成的可执行文件。把这两个文件放在32位机器上运行，会有什么问题？

❑ 如果只有.NET编译的可执行文件（即没有项目设置文件），你该如何判断该程序的平台（32位、64位、任意）？

4. 理解Visual Studio项目配置

假设你在开发产品的一个新功能。开发和测试一直都在使用默认的Debug配置，但项目工程使用的却是Release配置。由于配置不同，你的代码无法在主项目中正常工作，而且你无法在调试模式下重现问题。

出现配置模式问题的时候，什么样的代码会引起这种异常行为？

10.6.2　命令行工具

5.用grep大海捞针

给定一个包含几百万电话号码的文本文件，用grep确定号码555-1234是否在此文件中。

文件中的部分文本如图10-1所示。（注：tail命令可以用来显示文件的最后部分，在答案中不需要使用tail。）

6.用grep查找多条数据

给定一个包含几百万电话号码的文本文件（部分信息如图10-1所示），使用grep查找一组以555开头的电话号码。

举个例子，类似555-1234、555-0000的号码应该出现在你的grep命令结果中，999-1234和000-0000应该排除掉。

7. 用sort对输出的数据排序

除了读写文件，大多数工具还支持标准流操作：stdin（输入）、stdout（输出）和stderr（错误）。写一组命令，利用流操作对grep输出的数据进行排序。使用grep命令，查找以555开头的电话号码，然后用sort命令按照字母顺序进行排序。

你的输出结果应该如图10-4所示。

8. 使用uniq和sort找出唯一值

图10-4中存在一些重复的电话号码。在原命令的基础上进行改进，使输出数据中的电话号码只出现一次。

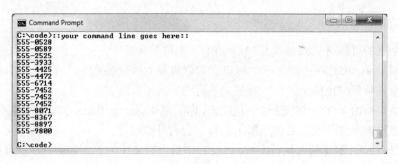

图10-4 有序输出

9. 重定向stderr来忽略错误信息

假设你有一个工具，在正常操作的过程中会产生很多错误信息，让你很难找到非错误信息。

假定这个工具把所有错误信息写入stderr。写一行命令，使用重定向对错误信息进行过滤，让命令窗口（或终端窗口）只显示所有非错误信息。

出于命令的完整性考虑，假定工具名称为chatterbox。

10. 使用awk对文本文件切片

参考图10-1所示文件，写一个awk命令，从文件中提取电话号码，并对结果进行排序，然后去除所有重复的号码。

可以假设图10-1中显示的就是文件的全部内容，而且每行的格式和样本中的格式完全一样。

11. 用sed隐藏数据

假设你在phonelist.txt中发现了一些重复的电话号码，需要给老板写一份有关这些号码的报告。由于报告也有可能被转发给其他人，出于保护数据的需要，你想在提交报告之前修改部分号码。

例如，把555-7452替换成xxx-7452。

使用sed写一行命令，把所有区号（也就是前三位数字）替换成xxx，不要修改非区号数字。例如，替换的结果不能是xxx-xxx2。

10.6.3 PowerShell

12. PowerShell中的String.Formats

写一个PowerShell命令，通过调用.NET的String.Format方法体会不同日期格式的用法。

下面是一个使用C#的例子：

```
String.Format("{0:d/M/yyyy HH:mm:ss}", date);
```

13. 用PowerShell操作对象

观察下面的XML文件，使用PowerShell把`platform`元素的文本内容从`LIVE`改成`TEST`。假定XML的文件名是release.xml。

```
<release>
  <platform>LIVE</platform>
</release>
```

你的命令应该得出这样的结果：

```
<release>
  <platform>TEST</platform>
</release>
```

10.6.4 Sysinternals工具

14. 用进程浏览器找到打开文件的句柄

说说如何使用进程浏览器来找到打开文件的进程（即阻止你对文件进行删除或重命名的进程）。

15. 找到修改注册表的进程

假设你刚安装了Visual Studio 2012，但不喜欢全是大写字母的菜单。后来在网上搜到一种解决方案，通过修改注册表让Visual Studio的菜单字体变为小写。一切都进行得很顺利。直到有一天，你发现菜单字体又变成了大写，怀疑系统中的某程序修改了注册表，但又不知道具体是哪个程序。

设置Visual Studio菜单字体的注册表项是`HKEY_CURRENT_USER\Software\Microsoft\VisualStudio\11.0\General\SuppressUppercaseConversion`。

说说如何使用进程监视器找出修改注册表的进程。

10.6.5 管理源代码

- Team Foundation Server

16. TFS的搁置功能

描述TFS的"正在搁置"功能。团队中的程序员能如何从这个功能中获益？

17. 用封闭签入功能保护代码

描述TFS封闭签入功能的主要优点，并比较封闭签入和持续集成的异同。

- Subversion

10

18. Subversion基础知识

如何使用Subversion的基础命令执行下面的操作？

❑ 创建新的本地代码库。
❑ 向新创建代码库的工程中导入文件夹。
❑ 从代码库中导出工程。
❑ 对工程添加文件。
❑ 对代码库提交工作副本的改动。

19. 使用Subversion创建分支和标签

描述用Subversion创建分支（branch）和标签（tag）的区别。

20. 使用Subversion恢复提交的变更

假设Subversion分支中的代码提交记录如下：

```
123 (250 new files, 137 changed files, 14 deleted files)
122 (150 changed files)
121 (renamed folder)
120 (90 changed files)
119 (115 changed files, 14 deleted files, 12 added files)
118 (113 changed files)
117 (10 changed files)
```

编号123代表最新版本的代码分支。你的代码本地副本已经是最新。

在保留其他改动的前提下，用什么Subversion命令可以撤销编号为118和120的改动？

● Git

21. Git基础知识

如何使用Git的基础命令执行下面的操作？

❑ 创建新的本地代码库。
❑ 向新创建的代码库添加文件。
❑ 把代码副本的改动提交给代码库。

22. 用git bisect命令找出错误版本

解释git bisect能如何帮你查找引起bug的版本？

10.7 答案

1. Visual Studio的Build和Rebuild

在Visual Studio中，Build Solution和Rebuild Solution（见图10-2）有什么区别？你会如何进行

选择?

在使用Build Solution选项的时候，Visual Studio只编译那些它认为需要更新的项目。如果认为一切都是最新的，Visual Studio就什么也不做。这种编译方案或项目的方式被称作增量编译，是Visual Studio的默认编译行为。

按F5键调试项目的时候，Visual Studio会保存所有更新过的源文件，然后执行编译。这和你自己保存文件然后执行Build Solution是一样的。

Clean Solution选项（位于图10-2中圆角方框的下方）会移除项目产生的输出文件（不是所有），之后的方案被称为"干净状态"。这个功能很有用。例如，你想要复制方案文件夹，但里面有很多大型二进制（比如，可执行）文件，此时就可以先执行Clean Solution。在清理之后，为了重新生成项目输出文件，下一次编译项目会重编译所有的必要源文件。

Rebuild Solution选项相当于先执行"清理"，然后执行"生成"。当你认为Visual Studio的文件改动记录有问题或不同步的时候，这个功能就能派上用场。

2. 找到隐藏的异常

考虑这样一种情况，一段有问题的try/catch代码隐藏了一个重要异常：

```
try {
    RiskyOperation();
}
catch (Exception ex) {
    // 待办事项：问问马克，这种情况怎么处理
}
```

catch块会捕获全部异常，然后悄无声息地全部跳过。程序会继续运行，就像从没出现过异常一样。如果这种糟糕（或者未完成）结构的异常处理方式遍布整个程序，处理起来就会非常麻烦。为了确认问题来源，在每个catch块内都设断点也是不现实的。

如果你想证明代码中（不）存在隐藏异常，会如何使用Visual Studio去完成这个任务？

当程序运行的时候，如果出现未处理的CLR异常，Visual Studio会默认中断程序，进入调试模式。在题目中，代码处理了所有的异常，但却没做任何有用的事情。

当异常抛出的时候，不管代码有没有捕获到，你都可以用Visual Studio强制进入调试模式。这可以用来证明代码中存在隐藏的异常（换句话说，异常被捕获，但却没有重新抛出或者没有用有效的方式处理）。

你可以通过菜单DEBUG ➤ Exceptions找到这个选项，如图10-5和10-6所示。

10

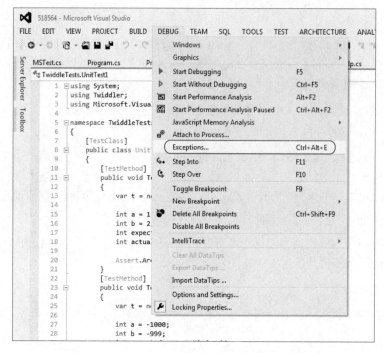

图10-5 找到Exceptions对话框

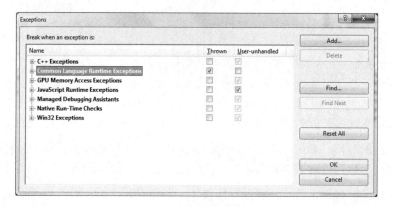

图10-6 CLR异常抛出时中断程序

3. 目标CPU平台

可以通过Visual Studio指定项目编译的目标平台，包括32位平台（x86）、64位平台（x64）和Any CPU，如图10-3（圆圈）所示。

考虑如下问题。

❑ 对于生成的可执行文件而言，"Any CPU"选项意味着什么？

❏ 如果用Any CPU选项生成了一个可以在32位机器上执行的文件,那么能否将这个文件原封不动地复制到64位机上运行? 反过来可行吗?

❏ 假设供应商给了你一个非受管64位DLL,你手里还有一个用Any CPU选项生成的可执行文件。把这两个文件放在32位机器上运行,会有什么问题?

❏ 如果只有.NET编译的可执行文件(即没有项目设置文件),你该如何判断该程序的平台(32位、64位、任意)?

如果使用Any CPU选项,程序编译之后就可以同时在32位和64位平台上运行。换句话说,如果程序在32位机器上启动,就会以32位进程的形式运行;如果在64位机器上启动,就会以64位进程的形式运行。在.NET4.5之前,Any CPU选项的功能就只有这些,但Visual Studio 2012和.NET 4.5添加了一个"Any CPU,Prefer 32-bit"选项,如图10-11所示(见问题4答案)。这个选项意味着:在64位机器上,即使理论上可以用64位进程运行,也仍会以32位进程的形式运行。

不管.NET程序的编译机器是32位还是64位,可执行文件的运行平台都不会受到影响,程序的平台是由工程设置(如果使用MSBuild,就是命令行选项)决定的。你可以在64位机器上编译32位可执行文件,即使这个程序不会被放在32位机器上运行,也可以在64位机器上运行。同样,在64位机器上编译32位程序一样可行,而且也能在32位机上运行。

在.NET 4.5之前,Any CPU选项有时会出现问题。和.NET程序集不同,非托管DLL的运行平台在编译期就已经确定了。因此,以64位方式编译的非托管DLL只能在64位平台上运行。如果尝试用32位.NET程序调用该DLL,就会出现`BadImageFormatException`的运行异常。同样,如果用64位.NET进程载入32位非托管DLL,也会出现一样的异常。要注意的是,程序以哪种方式载入、哪种方式运行,只与可执行文件有关,与配套程序集和DLL无关。

如果你想确定.NET可执行文件的运行平台,可以使用.NET工具corflags.exe。图10-7、图10-8、图10-9和图10-10描述了这个工具的用法。

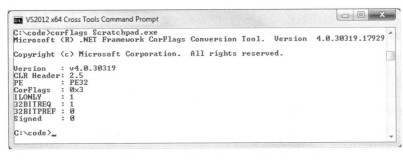

图10-7 x86的CorFlags命令输出

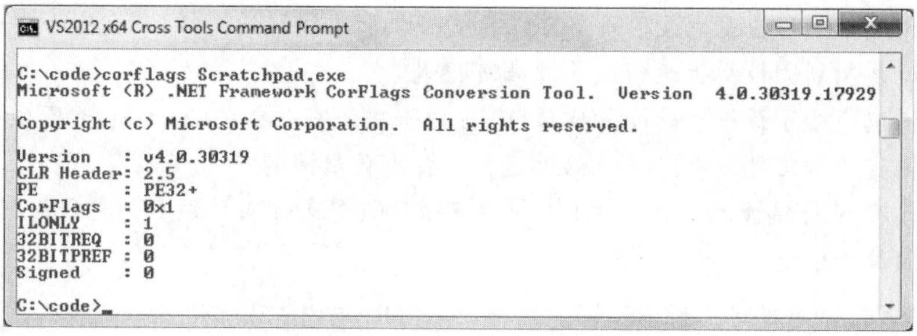

图10-8 x64的CorFlags命令输出

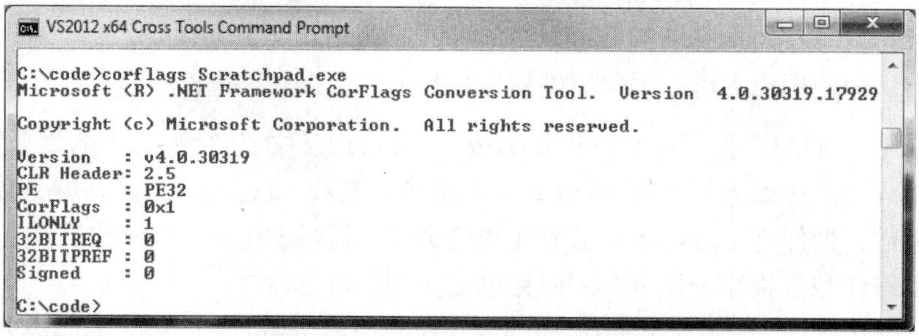

图10-9 Any CPU的CorFlags命令输出

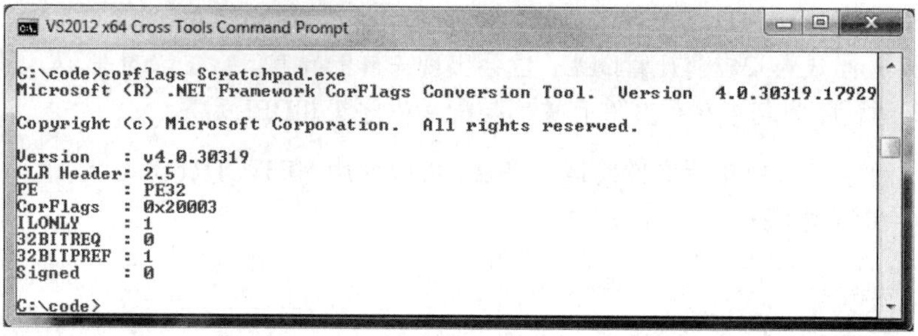

图10-10 Any CPU，32位Preferred的CorFlags命令输出

还可以用CorFlags工具改变.NET可执行程序的目标平台。

4. 理解Visual Studio项目配置

假设你在开发产品的一个新功能。开发和测试一直都在使用默认的Debug配置，但项目工程使用的却是Release配置。由于配置不同，你的代码无法在主项目中正常工作，而且你无法在调试模式下重现问题。

出现配置模式问题的时候，什么样的代码会引起这种异常行为？

考虑Debug和Release配置区别的时候，多数程序员会想到Debug模式下的调试数据被存储在PDB文件中。这确实是一条重要区别（可以交互式调试），但并没有解释为什么Release和Debug

模式下代码的行为不同。

你可以打开Visual Studio工程属性页，在Debug和Release配置之间切换（如图10-11和图10-12所示）。可以注意到（默认）Release模式会关闭"Define DEBUG constant"选项。

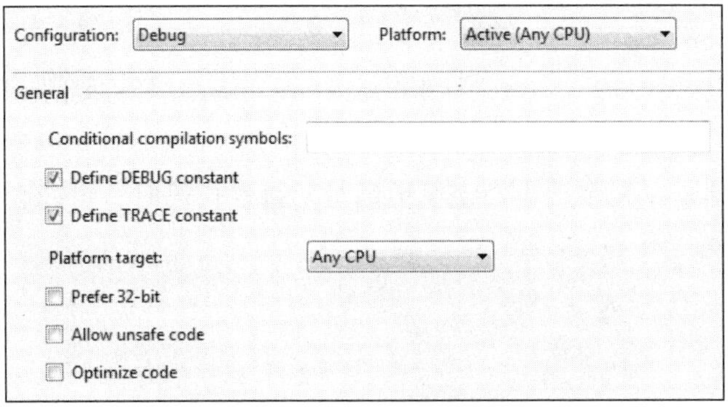

图10-11　Debug模式的常量设置

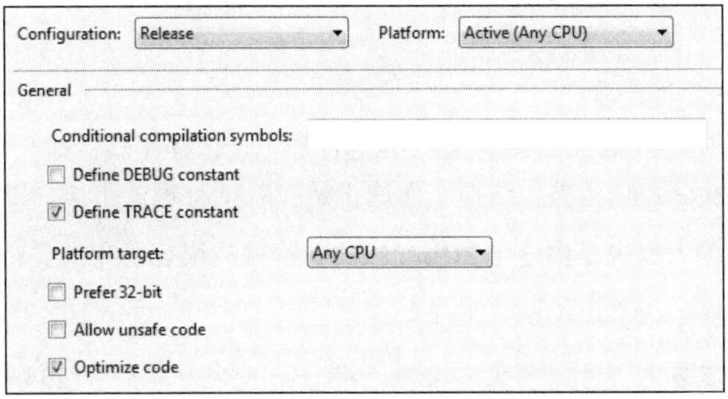

图10-12　Release模式的常量设置

想选中该选项，可以这样写：

```
#define DEBUG
```

不选中该选项，可以这样写：

```
#undef DEBUG
```

如果你写的代码用条件编译指令#if DEBUG标识的话，就会在没有定义DEBUG的情况下跳过编译。

```
static void Main(string[] args)
{
    Init();

    DoWork();
```

```
#if DEBUG
    CheckDatabase(); // 如果DEBUG宏没有定义，就不会执行
#endif

    Finish();
}
```

大多数程序员不会用#if/#endif去标识CheckDatabase这样重要的函数，因为这很明显是错的，这个函数不论是否在Debug模式下都应该被调用。

在实际中，特别是在程序员小心谨慎地编写防御性代码时，可能会在一个断言中调用CheckDatabase:

```
static void Main(string[] args)
{
    Init();

    DoWork();

    Debug.Assert(CheckDatabase()); // 注意：必须返回true!

    Finish();
}
```

代码作者的意图是，只要CheckDatabase返回false，程序就会跳出警告；但他没有意识到这行代码在未定义DEBUG时会被忽略掉，而这正是在Release模式下编译的情况。

题目中提到的问题大概也是由这个原因导致的，程序员很容易犯这类错误。

5. 用grep大海捞针

给定一个包含几百万电话号码的文本文件，用grep确定号码555-1234是否在此文件中。

文件中的部分文本如图10-1所示。（注：tail命令可以用来显示文件的最后部分，在答案中不需要使用tail。）

这个问题可以用grep轻松解决。面试官可能没有明确提到grep，但出现这类问题（在一个大文件中查找所有X）的时候，你都可以使用grep命令解决。

想确认文件是否包含数字555-1234，可以这样使用grep:

```
grep 555-1234 phonelist.txt
```

如果文件中存在555-1234，就会显示相应的文本行；如果不存在，就什么也不显示。

6. 用grep查找多条数据

给定一个包含几百万电话号码的文本文件（部分信息如图10-1所示），使用grep查找一组以555开头的电话号码。

举个例子，类似555-1234、555-0000的号码应该出现在你的grep命令结果中，999-1234和000-0000应该排除掉。

想要回答这个问题，需要在grep中使用正则表达式，如下所示。

```
555-[0-9][0-9][0-9][0-9]
```

可以使用较简单的匹配模式，比如555-，但若想避免潜在的错误匹配问题，需要写得更具体。现在，你可以在grep命令中使用这个正则表达式，如图10-13所示。

注意，如果题目只要求输出电话号码（不是整行数据），可以使用-o选项只输出匹配文本。还可以通过-E选项使用grep的扩展正则表达式语法，这会让正则表达式更加简洁。这两个命令选项在图10-13中都有显示。

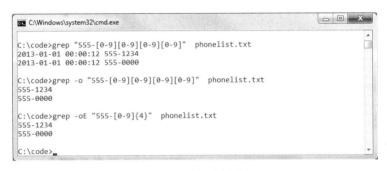

图10-13　查找电话号码

7. 用sort对输出的数据排序

除了读写文件，大多数工具还支持标准流操作：stdin（输入）、stdout（输出）和stderr（错误）。写一组命令，利用流操作对grep输出的数据进行排序。使用grep命令，查找以555开头的电话号码，然后用sort命令按照字母顺序进行排序。

如果你曾经使用管道命令输出数据，就很容易回答这个问题。

使用上道题答案的grep命令，加上排序命令，就可以得到题目要求的输出，如图10-14所示。

图10-14　对管道输出排序

8. 使用uniq和sort找出唯一值

图10-4中存在一些重复的电话号码。在原命令的基础上进行改进，使输出数据中的电话号码只出现一次。

同样，如果你熟悉管道和排序，这道题就很简单。图10-15展示了一种方法，可以输出有序唯一值列表。

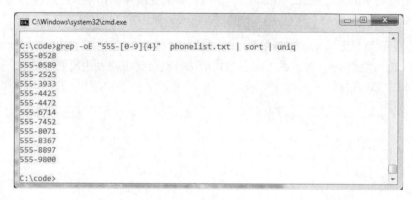

图10-15　有序、唯一号码列表

很多版本的sort命令都内置返回唯一值的功能。因此，还可以这样使用sort命令：

```
grep -oE "555-[0-9]{4}" phonelist.txt | sort -u
```

9. 重定向stderr来忽略错误信息

假设你有一个工具，在正常操作的过程中会产生很多错误信息，让你很难找到非错误信息。

假定这个工具把所有错误信息写入stderr。写一行命令，使用重定向对错误信息进行过滤，让命令窗口（或终端窗口）只显示所有非错误信息。

出于命令的完整性考虑，假定工具名称为chatterbox。

Windows和UNIX都可以通过文件描述符指定标准流，这是解决问题的关键。三种标准流的文件描述符分别是0（stdin）、1（stdout）和2（stderr）。与重定向操作符（大于号：>）一起使用的时候，可以把错误信息发送给文件或再也看不到的地方（空设备）。

在类UNIX操作系统中，可以把stderr流发送到/dev/null，如下所示。

```
chatterbox 2> /dev/null
```

在Windows系统中，用下列代码将其发送到空设备。

```
chatterbox 2> NUL
```

当然，如果你不想在控制台/终端看到错误信息，可以把错误发送给一个文件：

```
chatterbox 2> errors
```

还可以把stdout和stderr分别发送到两个不同的文件：

```
chatterbox 1> output 2> errors
```

相反地，可以把stderr重定向到stdout：

```
chatterbox 2>&1
```

10. 使用awk对文本文件切片

参考图10-1所示文件，写一个awk命令，从文件中提取电话号码，并对结果进行排序，然后去除所有重复的号码。

可以假设图10-1中显示的就是文件的全部内容，而且每行的格式和样本中的格式完全一样。

awk命令可以从文本文件中提取列数据，使用非常方便。它默认以空格为分隔符，把一行文本分割成几部分，每部分都用内置awk变量标识，比如$1、$2、$3、等等（$0代表整行文本数据）。

想要从phonelist.txt获取一个不重复、有序的电话号码列表，可以使用awk命令：

```
awk '{print $3}' phonelist.txt | sort | uniq
```

awk命令会输出phonelist.txt的第3 "列" 数据。如果你想灵活使用这个命令，要注意两件事情。

❑ 在GNU标准中，gawk和awk的作用一样。通常来说，gawk可以看成是awk的简单替代品。如果你的机器上没有awk，就使用gawk。

❑ 如果在Windows系统中使用awk，你可能需要用双引号（"）代替单引号（'）。

如果文本处理操作频率很高，就要在实践中多学习awk知识，特别是awk处理关联数组的方式。例如，你可以用下面的命令获取phonelist.txt中存在重复的号码。

```
awk '{ if(a[$3]) {print $3 } a[$3]=$3 }' phonelist.txt
```

在这个例子中，awk命令对所有电话号码构建了一个关联数组，如果号码存在重复，就会打印出该号码。它不会打印只出现一次的号码，因为表达式if(a[$3])对这些号码的运算结果不是true。

11. 用sed隐藏数据

假设你在phonelist.txt中发现了一些重复的电话号码，需要给老板写一份有关这些号码的报告。由于报告也有可能被转发给其他人，出于保护数据的需要，你想在提交报告之前修改部分号码。

例如，把555-7452替换成xxx-7452。

使用sed写一行命令，把所有区号（也就是前三位数字）替换成xxx，不要修改非区号数字。例如，替换的结果不能是xxx-xxx2。

对于题目中这类快速替换的问题，用sed命令（"sed"是"stream editor"的缩写）可以完美解决。唯一需要特别了解的是正则表达式，其他方面都非常简单。下面的sed命令可以用来隐藏电话号码：

```
sed 's/[0-9][0-9][0-9]-/xxx-/'
```

还可以把sed和awk一起使用，这样就能获得重复号码，然后加密：

```
awk '{ if(a[$3]) {print $3 } a[$3]=$3 }' phonelist.txt | sed 's/[0-9][0-9][0-9]-/xxx-/'
```

命令的执行结果如图10-16所示。注意，此处使用gawk和sed的环境是Windows，因此用的是双引号，不是单引号。

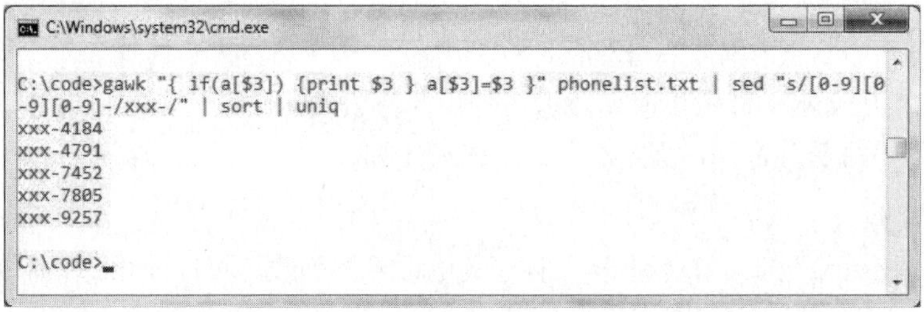

图10-16 用sed加密数据

12. PowerShell中的`String.Formats`

写一个PowerShell命令，通过调用.NET的`String.Format`方法体会不同日期格式的用法。

下面是一个使用C#的例子：

```
String.Format("{0:d/M/yyyy HH:mm:ss}", date);
```

由于PowerShell和.NET关系密切，可以在命令行直接使用.NET框架类。这是使用.NET功能的便捷方法，还可以避免编码和测试的开销。

你可以直接使用静态方法`String.Format`：

```
[string]::Format("{0:f}", (Get-Date) )
```

注意，例子中使用了PowerShell命令行工具`Get-Date`来获取当前日期和时间，以此作为`String.Format`的参数。如果不使用`String.Format`方法，可以用内置格式操作符`-f`：

```
"{0:f}" -f (Get-Date)
```

还可以使用`Get-Date`命令的`-format`选项：

```
Get-Date -format "f"
```

这些方法都能避免编译.NET应用程序产生的开销，你可以选择其中一种方法来试验不同的日期格式。

更多示例如图10-17所示。

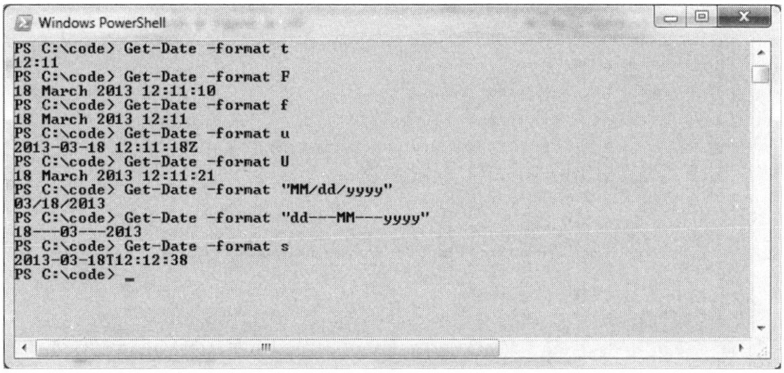

图10-17　试验不同日期格式的简易方法

13. 用PowerShell操作对象

观察下面的XML文件，使用PowerShell把platform元素的文本内容从LIVE改成TEST。假定XML的文件名是release.xml。

```
<release>
  <platform>LIVE</platform>
</release>
```

你的命令应该得出这样的结果：

```
<release>
  <platform>TEST</platform>
</release>
```

PowerShell和传统命令行工具的根本区别在于：它能创建和.NET交互的真正对象，而不是对象的文本表示。PowerShell文档称之为管道对象。在之前的问题中，我们看到了用管道来传递不同命令之间的文本，这是管道的强大功能之一。在PowerShell中，这个功能被发挥得更加淋漓尽致，你甚至可以用管道在命令间输出对象和对象属性。也就是说，如果用PowerShell变量加载XML文档，就能直接操作文档中的所有元素，不必绕弯路使用awk或grep命令。

图10-18展示了这种用法，用少量PowerShell命令就能完成任务。

图10-18还说明了PowerShell的一种奇怪行为。打开PowerShell窗口，用cd命令"改变目录"的时候，你并没有改变当前窗口的工作目录。应用程序和.NET对象的工作目录和PowerShell提示中显示的当前位置不一样。在PowerShell中，使用更为概括的词语"位置"（不是"目录"），因为可以把位置设置在文件系统之外。例如，可以把位置设置在Windows注册表中：

```
Set-Location HKCU:\Software\Microsoft\Windows
```

在图10-18中，可以看到我把文件存储为.\release.xml，但这个文件实际被存储到了我的工作目录中，而不是当前位置C:\code。因此，我使用Resolve-Path命令来返回指定文件的全路径，这样就可以把修改后的XML存储在正确的位置。

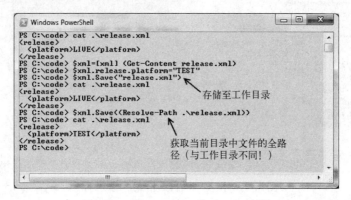

图10-18 用PowerShell修改XML文件

可以使用静态方法Environment.CurrentDirectory查看当前工作目录，如图10-19所示。

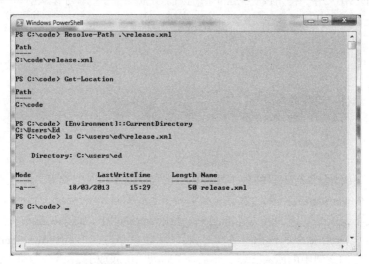

图10-19 PowerShell的工作目录并不明显

14. 用进程浏览器找到打开文件的句柄

说说如何使用进程浏览器来找到打开文件的进程（即阻止你对文件进行删除或重命名的进程）。

进程浏览器大概是最著名的Sysinternals工具。这个工具名副其实，可以显示大量进程信息，包括打开文件的句柄。先按Ctrl+F组合键，然后输入题目中的文件名，就可以用Find菜单查找文件句柄（或者DLL）了。图10-20展示了一个例子。

图10-20　找到打开文件的进程

15. 找到修改注册表的进程

假设你刚安装了Visual Studio 2012，但不喜欢全是大写字母的菜单。后来在网上搜到一种解决方案，通过修改注册表让Visual Studio的菜单字体变为小写。一切都进行得很顺利。直到有一天，你发现菜单字体又变成了大写，怀疑系统中的某程序修改了注册表，但又不知道具体是哪个程序。

设置Visual Studio菜单字体的注册表项是*HKEY_CURRENT_USER\Software\Microsoft\Visual Studio\11.0\General\SuppressUppercaseConversion*。

说说如何使用进程监视器找出修改注册表的进程。

进程监视器可以用来查看Windows系统的实时活动，而且还有多种过滤数据的方法，包括根据路径过滤。因此，可以用这个方法跟踪修改注册表值的进程。图10-21展示了如何在进程监视器里设置过滤条件。图10-22展示了修改*SuppressUppercaseConversion*注册表键值的进程列表。

如果想知道什么进程会修改指定文件夹内文件，这个方法也同样适用。

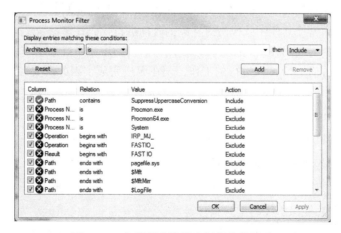

图10-21　在进程监视器中根据路径过滤

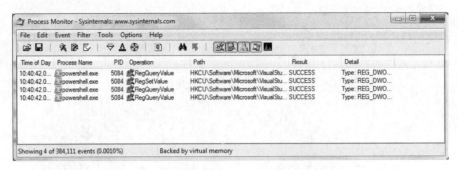

图10-22　通过进程监视器找到的进程

　　如果你想自己尝试（或着只是好奇如何切换Visual Studio 2012菜单的大小写），下面是一个修改相关注册表键的PowerShell命令。值设为1可以禁用大写菜单，设为0可以启用大写菜单。

```
Set-ItemProperty -Path
HKCU:\Software\Microsoft\VisualStudio\11.0\General
-Name SuppressUppercaseConversion -Type DWord -Value 1
```

16. TFS的搁置功能

　　描述TFS的"正在搁置"功能。团队中的程序员能如何从这个功能中获益？

　　微软的TFS是第一个使用搁置功能的版本控制系统，允许程序员在TFS中保存代码更改，不必执行签入（check in）操作。团队内其他成员也可以看到这些保存的代码（称为搁置集）。创建程序集的程序员可以在本地安全地撤销或重写代码改动，不存在任何数据丢失的风险。搁置集没有版本信息，这意味着你无法对搁置集进行更新或回滚操作。

　　关于为什么创建搁置集，微软官方文档列出了六条主要原因。

- ❑ 工作中断：你有挂起的代码改动未准备好签入，但是需要先完成其他任务。
- ❑ 协同工作：你有挂起的代码改动未准备好签入，但是需要与其他团队成员共享。
- ❑ 代码评审：你希望其他团队成员对挂起的改动进行代码评审。
- ❑ 专用生成：签入代码改动之前，可以使用你的自动生成系统来生成和测试代码。
- ❑ 代码备份：你有一份正在进行的工作，现在无法完成，因此需要在服务器上存储备份副本，供其他团队成员在需要时访问。
- ❑ 移交工作：你有一份正在进行的工作，需要移交给其他团队成员。

　　来源：http://msdn.microsoft.com/en-us/library/ms181403(v=vs.110).aspx。

　　在我使用TFS的经历中，前两条原因最为常见（工作中断和协同工作），但你的经历也许和我的不同。

17. 用封闭签入功能保护代码

　　描述TFS封闭签入功能的主要优点，并比较封闭签入和持续集成的异同。

持续集成（CI）在程序开发小组中非常流行，基本思想是：每当程序员（预计）执行签入操作的时候，编译系统会获得代码改动列表，然后执行编译。如果编译失败，会向用户（通常是引起问题的用户）返回错误信息，这样其他团队成员就能知道最新版本的代码有问题。

持续集成的一个缺点是，当团队成员知道新版本代码有问题的时候，代码改动已经被提交到了代码库。如果程序员不知道编译有问题，或是在持续集成之前下载了最新代码，就会碰到这种本可以避免的问题。

想要降低持续集成产生的风险，可以使用封闭签入。一旦TFS设置封闭签入功能，TFS就会测试每次代码签入，以确保改动在被接收之前可以正确编译。TFS会为所有改动创建一个搁置集，如果编译失败，搁置集就不会签入。这给持续集成带来了很多好处，而且没有"破坏代码编译"的风险。

18. Subversion基础知识

如何使用Subversion的基础命令执行下面的操作？

☐ 创建新的本地代码库。
☐ 向新创建代码库的工程中导入文件夹。
☐ 从代码库中导出工程。
☐ 对工程添加文件。
☐ 对代码库提交工作副本的改动。

创建新的本地代码库：

```
svnadmin create svnrepo
```

向新创建代码库的工程中导入文件夹：

```
svn import xmlfiles file:///c:/code/svnrepo/xmlfiles -m "Initial import"
```

从代码库中导出工程：

```
svn checkout file:///c:/code/svnrepo/xmlfiles xmlwork
```

对工程添加文件：

```
svn add xmlwork\newfile.xml
```

对代码库提交工作副本的改动：

```
svn commit -m "Added newfile.xml, updated release.xml" xmlwork
```

图10-23显示了这些命令在实践中的执行结果。

10

```
C:\Windows\system32\cmd.exe

C:\code>svnadmin create svnrepo

C:\code>svn import xmlfiles file:///c:/code/svnrepo/xmlfiles -m "Initial import"

Adding          xmlfiles\release.xml

Committed revision 1.

C:\code>svn checkout file:///c:/code/svnrepo/xmlfiles xmlwork
A    xmlwork\release.xml
Checked out revision 1.

C:\code>gvim xmlwork\release.xml

C:\code>gvim xmlwork\newfile.xml

C:\code>svn add xmlwork\newfile.xml
A        xmlwork\newfile.xml

C:\code>svn status xmlwork
A        xmlwork\newfile.xml
M        xmlwork\release.xml

C:\code>svn commit -m "Added newfile.xml, updated release.xml" xmlwork
Adding          xmlwork\newfile.xml
Sending         xmlwork\release.xml
Transmitting file data ..
Committed revision 2.

C:\code>svn update xmlwork
Updating 'xmlwork':
At revision 2.

C:\code>svn log xmlwork
------------------------------------------------------------------------
r2 | Ed | 2013-03-20 10:02:31 +0000 (Wed, 20 Mar 2013) | 1 line

Added newfile.xml, updated release.xml
------------------------------------------------------------------------
r1 | Ed | 2013-03-20 10:02:13 +0000 (Wed, 20 Mar 2013) | 1 line

Initial import
------------------------------------------------------------------------
C:\code>_
```

图10-23　理解Subversion基础

19. 使用Subversion创建分支和标签

描述用Subversion创建分支（branch）和标签（tag）的区别。

这道题很难回答，因为Subversion处理分支和标签的方法完全一样，都是通过执行svn copy命令完成的。

虽然Subversion并没有从技术上区分分支和标签，但二者存在一个很重要的逻辑差别。包括Subversion在内，大多数版本管理系统都有这种差别。

为了解释分支和标签的逻辑差别，考虑如下场景。

一个团队正在开发一个叫Mega的（虚构）产品，马上到了发行第一个版本的紧要关头。他们打包了Mega 1.0应用程序，为MegaCorp客户在服务器上安装了Mega 1.0。

MegaCorp的客户很喜欢Mega这个产品，但一星期之后，他们提交了一些重大bug。与此同时，团队正在致力于下个版本Mega（Mega 1.1）的开发，已经对源代码作了很多重大修改。

随着Mega 1.1开发工作的进行，另一个团队开始开发jQuery插件版本的Mega。

现在，有三项Mega开发工作在同时进行：

❑ 修复Mega 1.0的bug；
❑ 开发Mega 1.1；
❑ 用jQuery重写"jMega"。

很明显，MegaCorp在发布修复好bug的Mega 1.0时，不希望同时把三项工作（有些尚未完成）公之于众。在互不影响的前提下，MegaCorp如何管理三项同时进行的工作？使用分支、标签和主线（trunk）可以解决这个问题，下面进行详细介绍。

❑ 主线是创建Mega 1.0的地方，下个版本的Mega代码也来自这里。开发Mega 1.1的程序员会继续在主线上修改代码。
❑ Mega 1.0发布后，会从主线创建一个标签。对于不能等到Mega 1.1发布时再修复的紧急bug，团队会在标签中进行修复。标签中所有修复的bug都会同步到主线，所以也会包括在下个版本的Mega中。
❑ 当jMega团队开始工作的时候，会创建一个Mega的代码分支，所有的源代码改动都会被提交到分支中。虽然jMega和Mega的技术相关性不大，但jMega团队也许需要把主线的代码改动（例如，修复的bug、新功能）同步到分支。

总而言之，Subversion中的分支和标签在技术上完全一样，但程序员的使用方式可能有所不同。对于如何管理分支和标签，并没有固定的规则，但分支通常用来处理长期运行、分散的代码项目，而标签一般是分支在不同时间点的代码快照。

20. 使用Subversion恢复提交的变更

假设在Subversion分支中的代码提交记录如下：

```
123 (250 new files, 137 changed files, 14 deleted files)
122 (150 changed files)
121 (renamed folder)
120 (90 changed files)
119 (115 changed files, 14 deleted files, 12 added files)
118 (113 changed files)
117 (10 changed files)
```

编号123代表最新版本的代码分支。你的代码本地副本已经是最新。

在保留其他改动的前提下，用什么Subversion命令可以撤销编号为118和120的改动？

Subversion非常适合处理这种问题，因为主线中的所有改动都以文件树（不是单独的文件）的形式记录。不论改动多复杂，即使包括删除、添加和重命名，撤销改动也不是难事。

假设你在本地有一份最新的分支代码副本，想撤销编号为118和120的改动，可以使用下面的命令：

```
svn merge -c -120 .
svn merge -c -118 .
```

注意，要撤销的版本号前面有个减号，即在命令中使用-120而非120。这个操作会在本地撤销指定版本的改动，在你完成工作之后，可以重新提交分支的代码改动。

```
svn commit
```

21. Git基础知识

如何使用Git的基础命令执行下面的操作？

☐ 创建新的本地代码库。

☐ 向新创建的代码库添加文件。

☐ 把代码副本的改动提交给代码库。

Git代码库是指.git文件夹下的一系列文件，为运行git init命令时所创建，如图10-24所示。

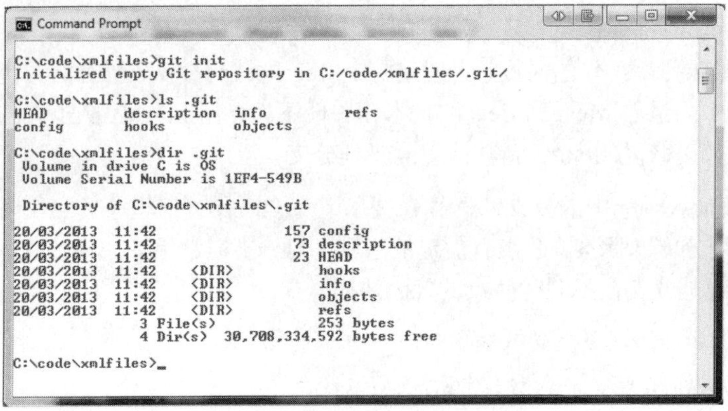

图10-24　创建新的Git代码库

向新的Git代码库导入（"添加"）文件非常简单，下面这个命令可以把当前文件夹下的所有文件添加到当前目录（图10-24）代码库中：

```
git add .
```

在添加和修改文件之后，可以用下面的命令提交改动。

```
git add .    # 添加新文件
git commit -a -m "Edited release.xml, added newfile.xml"
```

-a选项可以让git commit自动提交修改和删除的暂存文件，-m可以让你指定提交信息。在提交代码之前，需要用git add添加文件。

图10-25展示了命令的执行结果。

图10-25　命令的执行结果

22. 用 git bisect 命令找出错误版本

解释 git bisect 能如何帮你查找引起bug的版本？

通常而言，bug是在无人注意的情况下进入代码的，可能在数月或更长时间内都没有被发现，这让追踪bug源头变得非常困难。

本质上，git bisect 命令对代码库变更日志执行二分查找，快速定位到错误版本。它从一个已知"错误"版本（也就是出现bug的版本）和一个已知的"正确"版本（也就是出现bug之前的版本）开始，在两点之间不断进行二等分，直到找到出现bug的版本。在命令执行的每一步，都要告诉Git当前版本是正确还是错误的。

为了解释 git bisect，来看一个例子。假设图10-26显示了本地代码库版本日志的一部分，日志中的某个版本是错误版本。

下面的命令记录展示了查找错误版本的过程。注意最新版本index.html的代码，里面包含一个未配对的 `</div>` 标签：

```
C:\code\git>cat index.html

<!DOCTYPE html>
<html>
    <body>
        <span style="font-size:x-large;">Hello</div>, World!
    </body>
</html>
```

10

图10-26　index.html的一段版本日志

下面要找到导致标签错误的版本。首先告诉Git开始寻找：

```
C:\code\git>git bisect start
```

然后，告诉Git一个已知的"正确"版本（版本ID可以从图10-24的日志中看到）：

```
C:\code\git>git bisect good 0e177
```

还要告诉Git最新版的文件是错误的：

```
C:\code\git>git bisect bad HEAD

Bisecting: 3 revisions left to test after this (roughly 2 steps)
[df69f5501df314238203dd270d20c26ba8084174] Emphasis added
```

Git会返回两点中间的那个版本，然后把代码下载到本地（因此，现在的本地代码包括这个版本）。

```
C:\code\git>cat index.html

<!DOCTYPE html>
<html>
    <body>
        <span style="font-size:x-large;">Goodbye</div>, cruel world!
    </body>
</html>
```

可以看到，这个版本里的</div>标签仍然是未配对的。因此需要告诉Git，这是一个"错误"·版本。

```
C:\code\git>git bisect bad

Bisecting: 0 revisions left to test after this (roughly 1 step)
[310bc973fbd542648e87bef80d2e8ff10f396e51] The world can be cruel

C:\code\git>
C:\code\git>cat index.html

<!DOCTYPE html>
<html>
    <body>
        Goodbye, cruel world!
    </body>
</html>
```

这次，文件中不存在未匹配标签。因此，告诉Git这是一个正确的版本：

```
C:\code\git>git bisect good

df69f5501df314238203dd270d20c26ba8084174 is the first bad commit
commit df69f5501df314238203dd270d20c26ba8084174
Author: kiwicoder <edward@socialcoder.org>
Date:   Tue Mar 19 23:12:40 2013 +0000

    Emphasis added

:100644 100644 ea10847270df53ca03d62123b5c6347920aec354
d17d29200de22f27d3228950
9e1eeff3cee35a9d M      index.html
```

现在，Git告诉了你这些未匹配标签是哪个版本（版本号df69f5……）引入的，任务结束！你可以直接找这个版本的代码作者谈谈详细情况，并且在bug追踪系统中加上恰当的注释。

想通知Git任务完成，可以用git bisect reset命令。Git会把本地代码恢复到查找之前的状态。

```
C:\code\git>git bisect reset

Previous HEAD position was 310bc97... The world can be a cruel place
Switched to branch 'master'
```

10

第11章
冷僻问题

说实话，本章的很多面试题你可能永远也不会在面试中遇到，它们在网上的评价褒贬不一。每当有人提到谷歌、微软等高科技公司的面试，大部分人就会想到这类问题。在过去，有些题目可能在面试中出现过一两次，但现在已经非常少见了，即便在谷歌也是一样。

今天，这种面试题越来越不常被问及，因为面试官更关注和工作直接相关的编程技能，比如写出高质量代码的能力。

尽管如此，这些问题仍然值得注意。当面试官突袭这类问题的时候，如果你回答得不够好，原本一切顺利的面试就会以惨剧收场。因此，你最好还是要有所准备，以防万一。

11.1 快速估算

多少个高尔夫球可以填满一辆校车？如果一本程序员面试书籍没有给出这个问题的答案，内容就是不完整的。

这听起来像是在开玩笑，但这种疯狂的面试题其实有章可循。提这种问题的面试官有一个隐含动机：看你如何应对意外状况。除非你给出非常不靠谱的回答，比如 $\sqrt{-1}$ 或 "无穷大"，否则面试官不会关注你的计算结果。你要理解面试官的隐含动机，这样就能通过一个 "疯狂" 的问题来展示自己的能力：

- ❑ 创造力和逻辑分析能力；
- ❑ 思考问题时的（对面试官）表达能力；
- ❑ 作出适当假设，并分析假设条件如何影响答案的能力；
- ❑ 处理意外情况的能力。

除此之外，对于多少个高尔夫球能填满校车的问题，你难道对答案不感到好奇吗？

在进行一定练习后，你也可以应付这种问题，即使是面试官昨晚梦到的古怪问题。

11.2　脑筋急转弯

面试官提出脑筋急转弯的时候，最怕求职者事先已经知道答案，这会让提问失去意义。有些脑筋急转弯可以用逻辑推理解决，但大部分需要瞬间的灵感。

如果认为面试官会问到脑筋急转弯，那么最好在面试前勤加练习。这种问题在很多书籍和网络资源中都能找到，所以搜集相关学习资料并不难。

11.3　概率问题

面试官问到概率问题的几率有多大？这要视具体情况而定。开发CRUD软件的公司不大会问到概率问题，而开发金融软件的公司很可能会问起相关问题。如果面试官有统计学相关知识背景，那你碰到这种问题的几率就会高很多（据说一般的统计学家都很刻薄[①]）。

11.4　并发处理

处理并发性的问题在业内名声不佳，因为人们有正当的理由去批判这些问题。11.9.4节的问题尽管配图很诙谐，但却都是各自领域的代表问题。

11.5　位操作技巧

面试一份底层开发类职位的时候，面试官很可能会考察有关位操作的知识，因此你必须有所准备。除了标准位操作（AND、OR、XOR、等等），你还应该了解面试官可能问到的"要小聪明"的问题。一般而言，你确实不应该写要小聪明的代码（这会导致代码的可维护性降低），但有些"要小聪明"的位操作是可以接受的。在底层编程中，这些操作有时候甚至代表良好的编程风格。

尽管如此，程序员并没有必要进行太多底层位操作，因为编译器的处理方式更为合理。好的编译器（或者运行引擎）可以把上层代码转化成紧凑、有效的底层指令，你不需要在这方面浪费精力。有时候，如果混用上层代码和底层代码，不仅无法优化程序，还会阻碍编译器对代码进行优化。

综合考虑，最好的方法通常是，遵循优秀设计原则，写出尽量清晰的代码，然后让编译器把代码翻译成高效的本地代码。

如果你认为有必要手动优化一部分代码，要确保预设一个性能/时间基准。如果没有基准，就无法客观评价代码改动到底是对代码的优化还是劣化。

11

[①] "一般的统计学家都很刻薄"是统计学圈的冷笑话。在英文原文"The average statistician is just plain mean"中，mean一语双关，既有"平均值"的意思（与average照应），也有"刻薄"的意思。——译者注

11.6 使用递归算法

面试官非常青睐有关博弈游戏的问题,比如国际象棋和纸牌,因为其中有很多会用到递归算法,这是编程面试中的正统主题。问这些问题可以名正言顺地考察递归算法,况且大多数人本身就很喜欢玩博弈游戏。

11.7 理解逻辑门

从真正意义上来说,逻辑门是现代计算中最基础的组成部分之一。尽管回头看来,其发明并没有什么新意,但是简单的逻辑门是计算机执行布尔逻辑的基本机制。

作为一名程序员,你并不需要每天接触逻辑门,因此相关问题都是"臭名昭著"的面试题,有人甚至将其与脑筋急转弯相提并论。这种想法令人遗憾,因为理解电路逻辑门是非常有意义的一件事。

图11-1展示了逻辑门的常用符号。

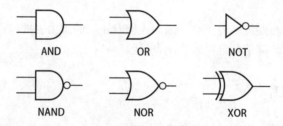

图11-1　逻辑门符号

每个逻辑门都有输入信号,并且至少产生一个输出信号。输入和输出的对应关系通常用真值表来表示。表11-1 ~ 表11-6为图11-1中逻辑门的真值表。

表11-1　与门（AND）的真值表

A	B	输　出
0	0	0
1	0	0
0	1	0
1	1	1

表11-2　或门（OR）的真值表

A	B	输　出
0	0	0
1	0	1
0	1	1
1	1	1

非门（NOT）仅逆转输入的高低状态。

表11-3 非门（NOT）的真值表

A	输　出
0	1
1	0

非门可以和其他门组合使用，来转换门的输出状态。非门和与门组合被称作与非门（NAND）；同理，非门和或门组合被称作或非门（NOR）。

表11-4 与非门（NAND）的真值表

A	B	输　出
0	0	1
1	0	1
0	1	1
1	1	0

表11-5 或非门（NOR）的真值表

A	B	输　出
0	0	1
1	0	0
0	1	0
1	1	0

异或门（XOR，"eXclusive OR"的缩写）和或门很相似，不同之处是，对异或门输入两个1会输出0。异或门的规则是"相同为0，不同为1"。

表11-6 异或门（XOR）的真值表

A	B	输　出
0	0	0
1	0	1
0	1	1
1	1	0

11.8 编写代码

作为一名面试官，当我发现求职者只能处理低级编程问题的时候，会感到非常惊讶。如果求职者压根不会写代码，我会觉得不可思议。

面试官会采取一些方法来过滤这些明显不合格的求职者，11.9.8节的问题就是几个典型的例子。

11

这其中没有偏题，你应该尽量用最直接的方式来作答，最明显的答案可能就是正确答案。这些题目都不难，编码和测试工作应该在几分钟之内完成。

11.9 问题

11.9.1 快速估算

1. 用高尔夫球装满校车

多少个高尔夫球可以装满一辆校车？

2. 移动富士山

你会如何移动富士山？

11.9.2 脑筋急转弯

3. 熊的颜色

一只熊向南走1英里，然后向东走1英里，又向北走1英里，之后回到了起点。

这只熊是什么颜色的？

4. 为什么镜子中的影像是左右颠倒而不是上下颠倒的

假设你在镜子前梳头，梳子在头的左侧，而在镜子中，梳子却在头的右侧。你还会发现自己的头和脚并没有颠倒。如果躺下，和地面平行的话，会发现头发的左右侧在镜子中仍然是颠倒的。

为什么镜子中的影像是左右颠倒而不是上下颠倒的？

5. 5名海盗分100枚金币

1名海盗王和他的4个同伙抢劫了一艘船，发现了100枚金币。根据海盗的规矩，对于如何分配金币，每名海盗都有提出方案的权利，之后对各个方案进行投票。如果支持率没有达到一半，提出方案的人就会被杀掉，排名第二的海盗继续提出方案。当然，海盗王是第一个提出方案的人。

为了让问题更清晰，图11-2表示了海盗的排名顺序。

图11-2 海盗的排名顺序

在保证自己利益最大化并且活命的基础上，海盗王应该如何分配100枚金币？

6. 计算钟表指针的角度

墙上的时钟显示时间是下午6:30（如图11-3所示），时针和分针之间的角度是多少？（共有两个角度，求较小的那个。）

图11-3　下午6:30的时钟

7. 找到最重的球

假设有8个体积相同的球，除了其中一个稍重，其他球的重量一样。

给你一架天平（比较两边物体重量的仪器），要求你通过两次称重找出最重的球。

假设任务可以实现，你会怎么做？

11.9.3　概率问题

8. 三门问题

你可能听说过三门问题[①]，这可能是主流媒体上最有争议的概率问题。问题的基本内容如下。

你是电视游戏节目的一位参与者。主持人蒙提·霍尔向你展示三扇门（分别是A、B和C），并要求你选择一扇。两扇门后面是不值钱的小奖品，另一扇后面则有大奖。奖品是随机摆放的，但蒙提知道它们的位置。

假设你选择了A门，蒙提就会打开其他两扇门中没有大奖的那一扇，然后问你是坚持选择A门还是换一扇门。

问题是，你应该坚持选择A门还是换一扇门？

首先，给出你的选择；然后写一个演示程序，模拟该游戏100万次，用来确认你的答案。

9. 生日问题

在我工作过的办公室里，好像一直有人过生日。当然，这并不是在抱怨（我特别喜欢吃奶油

---

① 亦称蒙提霍尔问题，出自由蒙提·霍尔主持的美国电视游戏节目*Let's Make a Deal*。

蛋糕),但这让我想到了生日问题,也可以叫作生日悖论,因为答案和大多数人的直觉不符。

如果办公室里有超过365个人,你会认为肯定有两个人的生日相同。(闰年需要超过366个人。)

在一间23人的办公室里,存在相同生日的概率是多少?为了简化问题,你可以认为生日是随机分布在一整年中的。

11.9.4 并发处理

10. 哲学家就餐问题

5位饥饿的哲学家围坐在圆桌旁,每两位哲学家之间都有一把叉子,桌子中间有一碗意大利面。这种少见的场景如图11-4所示。

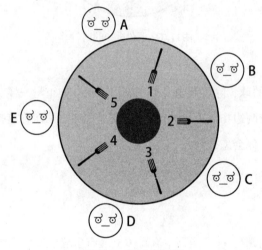

图11-4 哲学家就餐

当开始进餐的时候,每位哲学家都试图拿到左侧和右侧的两把叉子。如果有哲学家拿不到两把叉子,他就会陷入思考。

每位哲学家必须在思考和就餐两种状态之间切换,但只有得到左右两把叉子之后才能就餐。得到两把叉子的哲学家会保持就餐状态一段时间,然后把两把叉子放回原处,进入思考状态。

为了让就餐时间更加有趣,禁止哲学家相互交流。一名侍者会确保中间的意大利面碗永远也不会空。

请提出一个协调就餐和思考的方案,确保所有哲学家都有饭吃,没人会饿死;并且确保随着哲学家在就餐和思考之间不断切换状态,这顿饭会永远进行下去。

11. 睡眠理发师问题

有一名理发师,他有一把理发用的座椅,还有一间供顾客休息的等候室。

当顾客进入理发店的时候，他会先查看理发师在干什么。如果理发师在睡觉，他就会叫醒理发师，然后坐上座椅等待理发。如果理发师正在理发，他就会去等候室找个座位等待。如果等候室里没有空座位，顾客就会离开。

当理发师为一位顾客理完发之后，他会把顾客送出理发店，然后去等候室看看有没有等待中的顾客。如果没有，理发师就会回到座位上睡觉。

描述一种理发店的运转方式，确保理发师睡觉的时候没有顾客在等候室等待。

11.9.5 位操作技巧

12. 在不使用分支结构的前提下，找出两个整型变量中的较小者

用位操作写一段代码，找出两个整型变量中的较小者。不允许使用条件分支结构（例如if语句）或类似Math.Min(a,b)的开发框架方法。

13. 在不使用分支结构的前提下，找出两个整型变量中的较大者

用位操作写一段代码，找出两个整型变量中的较大者。不允许使用条件分支结构（例如if语句）或类似Math.Max (a,b)的开发框架方法。

14. 判断一个整数是否为2的幂

使用位操作判断一个整数是否为2的幂。

15. 计算设置位数量

写一段代码，计算一个整数的设置位（set bit）数量。例如：

❏ 1的二进制是0001，因此有1个设置位；
❏ 15的二进制是1111，因此有4个设置位；
❏ 63的二进制是111111，因此有6个设置位；
❏ 64的二进制是1000000，因此有1个设置位。

11.9.6 使用递归算法

16. 八皇后问题

有一个8×8的棋盘和8枚皇后棋子。设计一个算法，让棋盘上的皇后不会相互攻击。换句话说，每个皇后所处的横线（rank，横排）、直线（file，纵列）和斜线上，都不能有其他皇后存在。图11-5示范了一种正确的摆放方式，图11-6示范了一种错误的摆放方式。

11

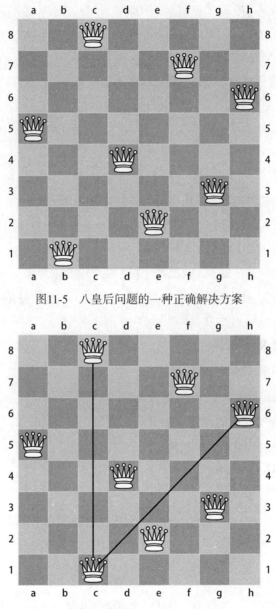

图11-5   八皇后问题的一种正确解决方案

图11-6   八皇后问题的一种错误解决方案

17. 汉诺塔问题

汉诺塔问题是个非常出名的谜题。问题中有3根柱子，并且有很多尺寸均不相同的圆盘套在柱子上。

问题是如何把圆盘从图11-7所示的起始位置移动到图11-8所示的结束位置。

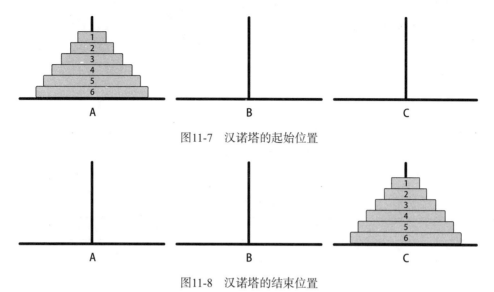

图11-7 汉诺塔的起始位置

图11-8 汉诺塔的结束位置

谜题的规则如下：

❏ 每次只能把最上面的圆盘移动到其他柱子上；
❏ 每个圆盘上只能放比它小的圆盘，不能放比它大的圆盘。

设计一个算法，解决任意数量圆盘的汉诺塔问题。

11.9.7 理解逻辑门

18. 用一幅电路图表示或门

每种逻辑门都可以用电路图来表示，包括电源、开关和输出。

图11-9展示了一种表示与门的电路图。当开关A和开关B同时闭合的时候，电路可以连通，电灯泡（输出）会被点亮。

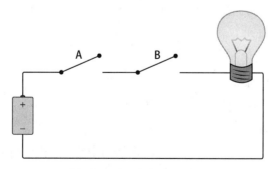

图11-9 表示与门的电路图

11

绘制一幅类似的电路图来表示或门。

19. 构造异或门

用其他逻辑门构造出异或门。

20. 构造半加器

半加器是一种把两个数据位相加的逻辑门构造。半加器会产生两个输出：一个结果位和一个进位。之所以叫作半加器（而不是"全加器"或"加法器"），是因为相加的过程中不考虑进位。半加器的两个输出（结果位和进位）如表11-7所示。

表11-7 半加器的输入和输出

A	B	结果位	进 位
0	0	0	0
0	1	1	0
1	0	1	0
1	1	0	1

用逻辑门构造一个半加器。该半加器有两个输入（A和B），产生两个输出（结果位和进位）。

11.9.8 编写代码

21. 解决Fizz Buzz问题

Fizz Buzz游戏最初是一种教学辅助手段。通过Fizz Buzz游戏，可以锻炼孩子的心算能力。游戏的规则如下。

让孩子们围坐成一个圆圈，从其中一个孩子开始喊"一"，下一个孩子（顺时针方向）喊"二"，以此类推。每个孩子都按顺序喊出下个数字，除非该数字是3或5的倍数。如果数字是3的倍数，孩子就要喊"fizz"；如果数字是5的倍数，孩子就要喊"buzz"。如果喊得慢或喊错数字，选手就要"出局"。游戏会一直继续下去，直到剩最后一个孩子。最后留下的孩子被视为胜利者，在游戏结束后大概会被其他孩子痛打。

这个游戏可以完美地转化为如下编程问题。

写一个程序，打印出1到100的数字，把3的倍数替换为"Fizz"，把5的倍数替换成"Buzz"。如果数字同时是3和5的倍数，就替换成"Fizz Buzz"。

22. 把数组转化成字典

写一段代码，把一个整型数组转化为字典。把数组中的元素值作为字典中的键，元素索引作为字典中的值。

例如，有如下数组：

```
int[] array = {1,2,2,3,3,3,4,4,4,4,4};
```

你的程序应该生成这样一个整型字典：

```
dictionary[1]➔ 1
dictionary[2]➔ 2
dictionary[3]➔ 3
dictionary[4]➔ 5
```

23. 计算余数

写一个函数或方法，接收两个整型参数，返回较大参数除以较小参数的余数（整数）。例如，如果将13和4作为参数，函数应该返回1：

13 ÷ 4 = 3，余1。

如果将142和1000作为参数，函数应该返回6：

1000 ÷ 142 = 7，余6。

11.10　答案

1. 用高尔夫球装满校车

多少个高尔夫球可以装满一辆校车？

要记住，面试官更关心你解决问题的方式，而不是答案的准确度。你应该按相同步骤解决所有估值问题：

❑ 审清题意
❑ 提出估算方法
❑ 确定所有相关假设
❑ 执行计算
❑ 检查答案

为了审清题意，可以向面试官提出下列问题。

❑ 为什么要将校车装满高尔夫球？这只是个虚拟问题吗？
❑ 校车在装满高尔夫球之后，还需要移动吗？
❑ 可以告诉我一般校车和高尔夫球的体积吗？我要自己估计吗？
❑ 可以假设校车不是两层的吗？

厘清问题之后，就可以考虑估算方法了。同时，你还应该思考要作出什么假设。

你可以作出如下假设。

11

- ❑ 高尔夫球和校车没有被改造过（例如，可以假设校车没有高尔夫球包厢或拖车）。
- ❑ 校车装满高尔夫球之后不需要移动，因此不需要给司机留出空间，也不需要用挡板阻止高尔夫球进入驾驶室。
- ❑ 所有的高尔夫球都是球体，并且体积相同。
- ❑ 高尔夫球不会被压扁或变形。
- ❑ 在完成任务期间，不会有学生受到伤害。

开始计算时，可以提出一个初始方案：装满校车的高尔夫球数量（G）等于校车内部空间体积（V）除以单个高尔夫球体积（g）：

$$G = \frac{V}{g}$$

写下这个公式之后，你可能会有更深一步的思考。

- ❑ 由于高尔夫球都是球体（忽略凹痕），当它们挤压在一起的时候会产生间隙。你应该把这部分体积也考虑进去，假设高尔夫球除去间隙的有效空间占用率为（a）。
- ❑ 你还可以假设校车内部有座位和其他物体。在计算校车可用体积的时候，需要把这些物体所占的空间也考虑进去，设为（v）。

修改初始方案之后，变成：

$$G = \frac{V - v}{g}3a$$

此时有两个新的假设。

- ❑ 当高尔夫球填满校车的时候，座位和其他物品仍在校车内。假设这些物品占校车内部空间的10%：

$$n = 0.1 \times V$$

- ❑ 高尔夫球被装进校车之后，球之间会有间隙。假设间隙体积占总体积的1/4，高尔夫球的"填充效率"就是：

$$a = 0.75$$

如果你不知道高尔夫球的确切体积，就需要自己估计。假设高尔夫球的直径是4cm，那它的体积大约就是33.5cm³：

$$g = \frac{4}{3}\pi r^3 = \frac{4}{3} \times 3.14 \times 2^3 \cong 33.5$$

（如果忘了如何计算球体体积，就需要直接设定高尔夫球的体积。不要忘了把这个数据作为假设条件列出来！）

你还要估计校车的内部空间体积。按照经验，一位成年男性可以站在校车内部，因此假设校车高度是1.8米。校车每排一般有四个座位和一条通道，因此假设校车的宽度是3米。你可以把校车的长度和轿车长度进行比较（假设你知道轿车的长度），然后假设校车长度大概为12米。有了这些假设条件，就可以算出校车的内部体积大概是65平方米：

$$V = 1.8 \times 3 \times 12 \cong 65 \mathrm{m}^3$$

现在所有数据齐全，可以着手计算多少个高尔夫球可以填满校车了：

$$G = \frac{65 - (0.1 \times 65)}{0.000\,033\,5} \times 0.75 \cong 1\,300\,000$$

换句话说，根据提出的公式和列出的假设条件，装满校车需要130万个高尔夫球。

先别放松，你还要检查得到的答案。这意味着你要问自己（为了让面试官了解，要大声说出来）一些重要的问题。

□ 这个数字让人惊讶吗？能否通过比较其他类似数字来检验结果的合理性？
□ 如果假设条件改变，对结果有什么影响？例如，你可能高估了校车的体积。如果假设校车的尺寸是1.8m × 2m × 8m，那需要的高尔夫球数量就会变少（大约740 000）。
□ 有没有忽略一些现实因素？

我故意细化了解决问题的过程，但在面试中，你未必有时间考虑这么多细节。这个例子只是用来示范解决这类问题的途径：分析和建模。当面试官发现你采用的方法非常合理的时候，他可能会给你一些假设条件，让你的计算过程更加简单；有时甚至会直接进入下一个问题。

如果答案的计算过程过于复杂，既无法在头脑中模拟，也无法在白板上演算，你就会掉进自己挖的陷阱里。如果无法使用计算器，就要避免使用小数位数过多的数字，只保留小数点后一位就足够了，π也一样。

在解决问题的每一步，都要记得让面试官也参与进来。这可以让他知道你解决问题的方式。如果大声表达自己的想法让你觉得不舒服，那就在家人和朋友面前多练习。一定要记住，你的想法如果没有传达给面试官，就没有任何价值。

2. 移动富士山

你会如何移动富士山？

这道题在业内臭名昭著，因此你可能永远也无法在面试中见到这个问题。尽管如此，这道题却是估值问题的另一个例子，本质上和用高尔夫球装满校车的问题相同。解决问题的思路也是一样的：审清题意，提出方法，确定假设，执行计算，检查答案。

例如，为了厘清问题，可以问面试官：是要完全移动到另一个地方，还是只把山脚向东移动一步就可以？理解问题之后，你就可以开始思考解决方案了。如果要求移动整个富士山，这个问题就可以归结为尺寸估算和体积计算问题。

要想整体移动富士山，大约需要多少辆土方车？下面是一个估算方法示例。

富士山可以大体看成一个锥体，所以可以通过猜测（或者搜索）高度和底面直径来计算富士山的体积。使用公式：

$$n = \frac{1}{3}\pi r^2 h$$

如果你记不清公式（除非最近学习过锥体的知识，否则很难记住这个公式），可以自己设定一个近似的体积值。例如，可以假设富士山的体积大约是相同高度立方体（边长不同）的1/3。虽然误差较大，但可以极大地简化计算过程。

你还要估算土方车的运载体积，然后就可以计算多少辆土方车可以运走所有土石。

假设富士山的高度大约是4000米，底面直径大约是15 000米，那么富士山的体积是：

$$n = \frac{1}{3}\pi \times 7500^2 \times 4000 \cong 230\ 000\ 000\ 000$$

如果一辆大型土方车可以装载40m³的土石，那么需要运输的次数是：

$$\frac{230\ 000\ 000\ 000}{40} = 5\ 750\ 000\ 000$$

运输过程肯定是尘土漫天。

得出一个数字结果之后，还可以进一步分析问题，这非常有趣。你可以考虑数千名工人的后勤管理，土方车的加油和调度，等等。你还可以考虑这对环境的影响，以及日本人如何看待富士山的迁移。

如果展开想象力，你还可能会把话题转移到编程的主题上。

3. 熊的颜色

一只熊向南走1英里，然后向东走1英里，又向北走1英里，之后回到了起点。

这只熊是什么颜色的？

不需要太多思考，你就能猜到这只熊可能是白色的。在北极，所有熊的颜色都相同（白色），而其他地方的熊有可能是黑色、棕色、黄色、红色、等等。南极没有熊。

白色确实是正确答案，但是要写在答题纸上的答案可能是这样的：

"在地球上，只有在两个地方这样行走可以回到起点：北极点和南极点附近。如果在其他地方，就无法返回起点。由于南极没有熊，所以是在北极，而生存在北极的熊只有北极熊。因此，最终答案是白色。"

为了让答案更加清晰，参见图11-10中球体的灰色部分。北极熊就是从北极点开始沿着这个区域的边缘逆时针行走的。在北半球的其他区域，沿着经线和纬线行走三次相同的距离不会回到起点。

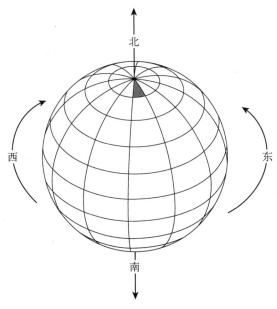

图11-10　北极熊的行走轨迹

4. 为什么镜子中的影像是左右颠倒而不是上下颠倒的

假设你在镜子前梳头，梳子在头的左侧，而在镜子中，梳子却在头的右侧。你还会发现自己的头和脚并没有颠倒。如果躺下，和地面平行的话，会发现头发的左右侧在镜子中仍然是颠倒的。

为什么镜子中的影像是左右颠倒而不是上下颠倒的？

答案的关键在于如何理解镜像。可以看到：东边的手在镜子中仍然在东边，西边的手在镜子中仍然在西边。因此，你可能会意识到镜像其实是前后颠倒，而不是左右颠倒。在镜子中，你鼻子的方向和实际的方向相反，就像穿过脑袋长在了后脑勺一样。

简单地说，镜子中的影像并不是左右颠倒的。由于对镜像的认知方式不对，导致了理解错误。当你照着镜子四处走动的时候，镜像的行为和你一模一样。你左侧的头发（对面的人会认为在右侧）在镜像中也确实在左侧，但你错误地认为其在镜像的右侧。这是因为你切换了视角，以镜像的角度来分辨左右。

在面试中，为了得到更多分数，你可以使用肢体语言解释东边和西边、左边和右边，用手势演示镜像的颠倒方向（前后颠倒）。在描述鼻子穿过脑袋的时候可不要太形象了。

5. 5名海盗分100枚金币

在保证自己利益最大化并且活命的基础上，海盗王应该如何分配100枚金币？

为了简化问题，先看只有2名海盗的情况。当只有2名海盗的时候，结果非常明显：水手长可以独吞100枚金币，因为他方案的支持率不可能少于一半，而厨师什么也得不到；如图11-11所示。

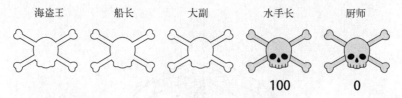

图11-11　2名海盗分100枚金币

现在看有3名海盗的情况。大副必须确保自己不会因为投票而出局，因此他分给厨师1枚金币。厨师接受了这个提议，因为不接受的话，他就得不到任何金币。水手长的一票无法否决这一方案，因此大副得到99枚金币；如图11-12所示。

图11-12　3名海盗分100枚金币

再看看4名海盗的情况。船长应该先给水手长1枚金币，因为他知道水手长在上个方案中得不到金币。这已经可以确保他的方案不被否决了。因此，船长得到99枚金币，水手长得到1枚金币，大副和厨师没有金币；如图11-13所示。

图11-13　4名海盗分100枚金币

如果海盗王注意到了上面这个过程，他就会知道自己最多可以保留98枚金币：剩下的2枚金币分给大副和厨师。大副和厨师会接受这个方案，否则就得不到金币。此时船长和水手长得不到金币；如图11-14所示。

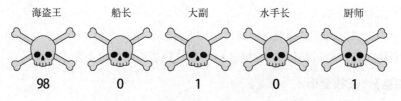

图11-14　5名海盗分100枚金币

6.计算钟表指针的角度

墙上的时钟显示时间是下午6:30（如图11-3所示），时针和分针之间的角度是多少？（共有两个角度，求较小的那个。）

解题的关键是，首先计算出每个指针所处位置的角度，然后把两个角度相减，得出指针之间的角度。

每个指针旋转一周是360°，1小时有60分钟。因此，你可以计算出分针每分钟移动6°：

$$\frac{360°}{60} = 6°$$

把分针的位置转化为角度非常简单，计算方法是：

$$6° \times 分钟数$$

例如，当分针指向12的时候（刚好是整点），计算结果是：

$$6° \times 0 = 0°$$

当分针指向6的时候（30分钟），计算结果是：

$$6° \times 30 = 180°$$

把时针位置转化为角度有一点不同。时针旋转一周需要12小时（720分钟），因此每分钟移动0.5°：

$$\frac{360°}{720} = 0.5°$$

为了把时针的位置转化成角度，需要把时间转化成分钟数，然后乘以0.5。

回到问题上来，下面计算下午6:30时两个指针的角度。

首先，必须把小时数转化为分钟数。1小时有60分钟，那么6:30的分钟数是：

$$6 \times 60 + 30 = 390$$

把390分钟转换为时针旋转的角度：

$$390 \times 0.5° = 195°$$

现在就可以计算两个指针之间的角度了，过程非常简单：

$$195° - 180° = 15°$$

答案就是15°。

这个方法适用于任何时间，下面是一些例子。

11

例1 凌晨3:15，时针的角度是：

$$(3 \times 60 + 15) \times 0.5° = 97.5°$$

分针的角度是：

$$15 \times 6° = 90°$$

因此，指针之间的角度是7.5°。

例2 晚上9:50，时针的角度是：

$$(9 \times 60 + 50) \times 0.5° = 295°$$

分针的角度是：

$$50 \times 6° = 300°$$

因此，指针之间的角度是5°。

例3 中午12:20，时针的角度是：

$$(0 \times 60 + 20) \times 0.5° = 10°$$

分针的角度是：

$$20 \times 6° = 120°$$

因此，指针之间的角度是110°。

7. 找到最重的球

假设有8个体积相同的球，除了其中一个稍重，其他球的重量一样。

给你一架天平（比较两边物体重量的仪器），要求你通过两次称重找出最重的球。

假设任务可以实现，你会怎么做？

为了简化问题，先考虑有3个球的情况。这种情况可以通过一次称重找出最重的球：对其中任意2个称重。如果重量相同，则剩下（未称重）的球就是最重的。如果重量不同，则天平上较重的那个球是最重的。

但是这个方法并不适用于对8个球两次称重找出1个最重的球。

为了找到最重的球，必须把8个球分成3组（其中1组有2个球）。先比较包含3个球的2组。

如果两组球的重量一样，那最重的球就在剩余的那一组。只需要对这组球进行一次称重就能找出最重的球。

如果两组球的重量不一样，那最重的球就在较重的那一组。

从较重那组球里选出2个球进行称重。如果重量相同，则剩下（未称重）的球就是最重的。如果重量不同，则天平上较重的那个球是最重的。图11-15解释了这个过程。

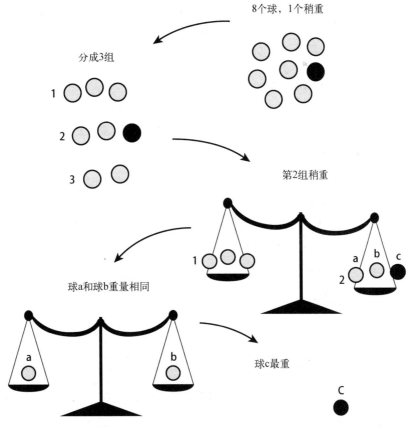

图11-15 找出最重的球

值得一提的是，这个方法适用于在任意数量的球中找出最重的球。如果球的数量是*N*，称重次数不会超过log$_3$*N*。

8. 三门问题

你可能听说过三门问题，这可能是主流媒体上最有争议的概率问题。问题的基本内容如下。

你是电视游戏节目的一位参与者。主持人蒙提·霍尔向你展示三扇门（分别是A、B和C），并要求你选择一扇。两扇门后面是不值钱的小奖品，另一扇后面则有大奖。奖品是随机摆放的，但蒙提知道它们的位置。

假设你选择了A门，蒙提就会打开其他两扇门中没有大奖的那一扇，然后问你是坚持选择A门还是换一扇门。

问题是，你应该坚持选择A门还是换一扇门？

首先，给出你的选择；然后写一个演示程序，模拟该游戏100万次，用来确认你的答案。

11

一方面，你的直觉可能认为不管是坚持选择A门还是换一扇门，获奖的概率都是一样的。因为其中一扇门已经确定没有大奖，所以无论换不换门，都有50%的几率中大奖。

另一方面，你以往的脑筋急转弯经验告诉你这个答案是错的。

虽然有争议，但正确答案是：你应该换一扇门。

为什么？图11-16展示了3种可能的奖品位置，还有你的后续选择。记住，在你选择A门之后，蒙提会打开其他两扇门中没有大奖的那一扇，这个行为给了你非常重要的信息。

可以看到，在3个可能的场景中，"更换"列有2个有利结果，而"不换"列只有1个有利结果。

换句话说，如果你更换选择，中大奖的概率就是66%。如果坚持不换，中大奖的概率只有33%。

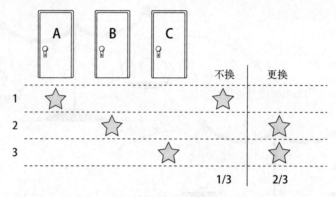

图11-16　"不换"还是"更换"

下面这个C#程序可以模拟三门问题，用1 000 000次"更换"和1 000 000次"不换"的结果来验证该答案。图11-17展示了这个程序的输出。

```csharp
using System;
using System.Collections;
using System.Collections.Generic;

namespace MontyHall
{
    class Program
    {

        const int ATTEMPTS = 1000000;
        static Random random = new Random();

        static void Main()
        {

            Console.WriteLine("\"Contestant always switches\"wins:" + "{0} / {1}",
                Play(ContestantSwitches: true), ATTEMPTS);

            Console.WriteLine("\"Contestant always stays\"wins: " + " {0} / {1}",
```

```
            Play(ContestantSwitches: false), ATTEMPTS);

        Console.ReadKey();
    }

    static int Play(bool ContestantSwitches)
    {
        int wins = 0;
        var doors = new bool[3];
        for (int i = 0; i < ATTEMPTS; i++)
        {
            // 重置门
            int winningDoor = random.Next(3);
            for (int j = 0; j < 3; j++)
                doors[j] = winningDoor == j;

            // 参与者选择了一扇门
            int chosen = random.Next(3);

            // 蒙提展示了一扇没有奖品的门
            int montyDoor = 0;
            do
            {
                montyDoor = random.Next(3);
            } while (montyDoor == chosen || doors[montyDoor]);

            // 还剩下哪扇门?
            int remainingDoor = 0;
            while (remainingDoor == chosen || remainingDoor == montyDoor)
                remainingDoor += 1;

            // 参与者是换还是不换?
            if (ContestantSwitches)
                chosen = remainingDoor;

            // 参与者赢了吗?
            wins += (chosen == winningDoor) ? 1 : 0;

        }
        return wins;
    }
}
```

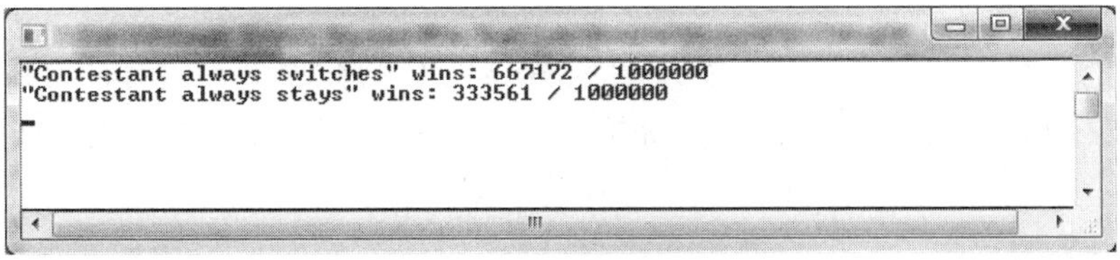

图11-17 模拟三门问题

9. 生日问题

在一间23人的办公室里，存在相同生日的概率是多少？为了简化问题，你可以认为生日是随机分布在一整年中的。

注意，问题并没有问两个人生日同在特定日期的概率，而是问两个人生日相同的概率。

如果一个事件的发生概率是P，那么这个事件不发生的概率（反向概率）就是$1-P$。了解这一点非常有用，因为这意味着你能用两种方法计算概率：直接计算事件概率，以及通过反向概率间接计算。

想要计算23人中有相同生日的概率，用反向概率的方法更加简单。换句话说，把所有人生日都不相同的概率计算出来更加简单。

从最简单的情况开始。如果只有2个人，那生日不同的概率为：

$$\frac{364}{365} = 99.73\%$$

第一个人的生日是365天中的任意一天，第二个人的生日就是剩下364天中的任意一天，因此概率是 364/365。

如果有3个人，概率是：

$$\frac{364}{365} \times \frac{363}{365} = 99.18\%$$

如果有4个人，概率是：

$$\frac{364}{365} \times \frac{363}{365} \times \frac{362}{365} = 98.36\%$$

以此类推，直至23个人的概率：

$$\frac{364}{365} \times \frac{363}{365} \times \frac{362}{365} \times \cdots \times \frac{343}{365} = 49.27\%$$

现在，你计算出了23个人生日均不相同的概率，那么至少存在两人生日相同的概率就很容易得到了：

$$1 - 0.4927 = 0.5073 = 50.73\%$$

你得到了一个有点让人惊讶的结论：如果一间办公室有23个人，至少两人生日相同的概率大于50%。

10. 哲学家就餐问题

请提出一个协调就餐和思考的方案，确保所有哲学家都有饭吃，没人会饿死；并且确保随着哲学家在就餐和思考之间不断切换状态，这顿饭会永远进行下去。

这是一个并发问题，说明了朴素算法处理并发访问会产生死锁；在严重的情况下，还会导致哲学家饿死。这个问题最先由艾兹赫尔·戴克斯特拉（Edsger Dijkstra，荷兰计算机科学家）提出，但是托尼·霍尔（Tony Hoare，英国计算机科学家）给这个问题添加了无限意大利面的附加条件。

如果方法不对，哲学家随时都有可能被饿死。考虑下面这种朴素算法：

❏ 当左侧叉子可用的时候，每位哲学家都会拿起左侧的叉子；

❏ 哲学家拿起左侧叉子之后，尝试拿起右侧的叉子；

❏ 有两把叉子的哲学家会保持就餐状态一段时间，然后先放下右侧的叉子，再放下左侧的叉子；

❏ 就餐结束之后，哲学家会用一段时间思考，然后再次尝试进入就餐状态。

无需深入思考，就很容易发现这个方法的问题。如果哲学家们同时拿起左侧的叉子，桌子上将没有任何叉子，所有的哲学家就会一直等待拿起右侧的叉子，因此都会饿死。从计算机的角度来看（把哲学家看成进程，叉子看成资源，如数据库记录），这个场景就是死锁。

问题的解决方法极其简单。把叉子按照1~5的顺序编号，每位哲学家必须先拿起身边编号较小的叉子，然后才能拿起另一把叉子。如果编号较小的叉子已被占用，哲学家就必须等待。

有了这个简单的约束，就能避免死锁。假设哲学家同时开始就餐，所有人都想拿起最近的叉子。除了编号最大的叉子（图11-4中是5号叉子），其他叉子都会被哲学家拿起。5号叉子可能被哲学家A或E拿起，但其中一个人必须等待另一个人就餐完毕才能拿起5号叉子。通过这种方式，哲学家的就餐和思考将会无限进行下去。

11. 睡眠理发师问题

描述一种理发店的运转方式，确保理发师睡觉的时候没有顾客在等候室等待。

想要解决这个问题，必须先理解问题是如何出现的。

假设等候室是空的。在理发师为最后一位顾客理完发之前，一位新顾客到达理发店。新顾客发现理发师正在忙，所以他就往等候室里走。与此同时，理发师送走了上位顾客，发现等候室是空的（因为新顾客还没找到座位），于是就回座椅上睡觉去了。新顾客到达等候室之后，在座位上等待理发师，而这时理发师正在睡觉。这正是你要避免的情况。

这明显是一个编造出来的问题，但如果把理发师和顾客比成计算机进程，就能发现其中的意义。在没有恰当调度算法的情况下，进程很容易罢工去"睡觉"，这完全取决于进程的运行时间选择。

想解决这个问题，不单单靠运气保证理发店的正常运转，必须确保理发师和顾客不在同一个时间执行冲突行为：

❏ 不会有两位或两位以上顾客同时检查理发师的状态；

❏ 在理发师刚理完发的时候，顾客不能检查理发师的状态；

11

❑ 在顾客寻找等待座位的时候，理发师不能去等候室检查。

想避免这些冲突，最简单的方法就是使用某种状态标识。状态标识一次只能被一个人持有。在理发师和顾客检查彼此状态和改变状态之前，必须持有标识。在完成状态检查和改变状态之后，才可以释放标识。

在编程概念中，这个状态标识叫作锁或互斥量。

12. 在不使用分支结构的前提下，找出两个整型变量中的较小者

用位操作写一段代码，找出两个整型变量中的较小者。不允许使用条件分支结构（例如 if 语句）或类似 Math.Min(a,b) 的开发框架方法。

如果题目允许使用分支结构，最简单的答案就是：

```
int min = a < b ? a : b;
```

如果允许使用开发框架的方法，可以这样写：

```
int min = Math.Min(a,b);
```

但题目禁止使用这些方法，因此你需要拓宽思路。

首先，你应该知道有符号整数变量用高阶位表示符号。如果查看 1 和 –1 的二进制表示（图 11-18），你就能发现不同的地方。

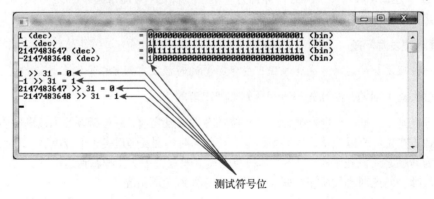

测试符号位

图11-18　测试符号位

如果你想自己尝试，可以使用下面这段代码。

```
int a = 1;
int b = -1;
int x = int.MaxValue;
int y = int.MinValue;

int width = sizeof(int) * 8;
```

```
Console.WriteLine("{0} (dec)\t\t\t = {1} (bin)", a,
    Convert.ToString(a,2).PadLeft(width, '0'));

Console.WriteLine("{0} (dec)\t\t = {1} (bin)", b,
    Convert.ToString(b,2).PadLeft(width, '0'));

Console.WriteLine("{0} (dec)\t = {1} (bin)", x,
    Convert.ToString(x,2).PadLeft(width, '0'));

Console.WriteLine("{0} (dec)\t = {1} (bin)", y,
    Convert.ToString(y,2).PadLeft(width, '0'));

Console.WriteLine("{0} >> {1} = {2}", a, (width - 1), a >> (width - 1));

Console.WriteLine("{0} >> {1} = {2}", b, (width - 1), ((uint)b) >> (width - 1));

Console.WriteLine("{0} >> {1} = {2}", x, (width - 1), x >> (width - 1));

Console.WriteLine("{0} >> {1} = {2}", y, (width - 1), ((uint)y) >> (width - 1));

Console.ReadLine();
```

注意 C#中的>>操作符会在带符号整数上执行算术移位。算术右移位会保留符号位。想要C#强制移动符号位，必须把类型转换为uint（无符号整数）。

由于算术右移位会保留符号位，所以对正数右移31位会变成0，对负数右移31位会变成–1（如果强制符号位移，结果就是1），这里假设int的数据长度是32位。

现在，你可以对一个整数执行31次算术右移操作（结果是0或–1），这个结果可以用来判断变量 a 和 b 的大小。

下面是原问题的一种解决方法。

```
public int BitwiseMin(int a, int b)
{
    a -= b;

    a &= a >> (sizeof(int) * 8 - 1);

    return a + b;
}
```

在 $a - b$ 小于int.MinValue的时候，由于结果下溢，这个方法会失效。为了避免下溢，可以使用long型整数，如下所示。

```
public int BitwiseMin(int a, int b)
{
    long a_ = a; long b_ = b;
```

```
    a_ -= b_;

    a_ &= a_ >> (sizeof(long) * 8 - 1);

    return (int)(a_ + b_);
}
```

13. 在不使用分支结构的前提下，找出两个整型变量中的较大者

用位操作写一段代码，找出两个整型变量中的较大者。不允许使用条件分支结构（例如if语句）或类似Math.Max (a,b)的开发框架方法。

这道题和上道题很相似。

```
public int BitwiseMax(int a, int b)
{
    long a_ = a; long b_ = b;

    a_ -= b_;

    a_ &= (~a_) >> (sizeof(long) * 8 - 1);

    return (int)(a_ + b_);
}
```

14. 判断一个整数是否为2的幂

使用位操作判断一个整数是否为2的幂。

想解决这个问题，需要理解两件事：

❑ 在二进制中，任何2的幂都以1开始，后面全是0，例如10、100、1000、10000、等等；
❑ 如果把2的幂减1，二进制的所有位都会变成1，例如1、11、111、1111、等等。

思考下面的例子。

例1　8是2的幂吗？

8（十进制）= 1000（二进制）

8 – 1 = 7 = 0111（二进制）

1000 & 0111 = 0000

因此，8是2的幂。

例2　16是2的幂吗？

16（十进制）= 10000（二进制）

16 – 1 = 15 = 01111（二进制）

10000 & 01111 = 00000

因此，16是2的幂。

例3 15是2的幂吗？

15（十进制）= 1111（二进制）

15 - 1 = 14 = 1110（二进制）

1111 & 1110 = 1110

因此，15不是2的幂。

一般情况下，测试一个数是不是"2的幂"，可以使用：

```
bool isPowerOf2 = (v & (v - 1)) == 0;
```

如果是包括0的特殊情况，可以使用：

```
bool isPowerOf2 = ((v != 0) && (v & (v - 1)) == 0);
```

15. 计算置位数量

写一段代码，计算一个整数的设置位（set bit）数量。例如：

❏ 1的二进制是0001，因此有1个设置位；

❏ 15的二进制是1111，因此有4个设置位；

❏ 63的二进制是111111，因此有6个设置位；

❏ 64的二进制是1000000，因此有1个设置位。

最简单的方法就是迭代整数的每一位，逐位判断。

```
public uint NumberOfSetBits(uint n)
{
    uint setbits;

    for (setbits = 0; n>0; n >>= 1)
    {
        setbits += n & 1;
    }

    return setbits;
}
```

下面这个方法效率更高，只对每个设置位迭代一次。

```
public uint NumberOfSetBits(uint n)
{
    uint setbits;

    for (setbits = 0; n > 0; setbits++)
    {
        n &= n - 1;
```

```
    }

    return setbits;
}
```

16. 八皇后问题

有一个8×8的棋盘和8枚皇后棋子。设计一个算法，让棋盘上的皇后不会相互攻击。换句话说，每个皇后所处的横线（rank，横排）、直线（file，纵列）和斜线上，都不能有其他皇后存在。

第一个皇后可以放在任何地方，假设你把它放到了a1。现在，第二个皇后不能随便放置，因为a线、1排，以及对角线a1 – h8被第一个皇后"占领"了。该情况如图11-19所示。

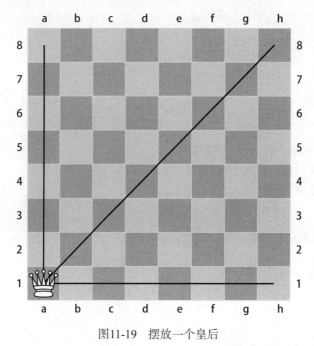

图11-19　摆放一个皇后

如果想在b线摆放一个皇后，就不能放在b1或b2。假设第二个皇后放在了b3，那你在c线放置皇后的约束规则也是一样的，如图11-20所示。

这个问题非常适合用递归算法解决，因为在摆放第N个皇后之前，你必须知道前面皇后的位置。有这样一种可能性：当你想把皇后放在某一列的时候，却发现没有可用的位置。在这种情况下，你需要回溯，调整前面皇后的位置。如果仍然没有可用位置，就要进一步回溯，直到把前面所有皇后都调整到正确的位置，让第N个皇后可以"找到家"。

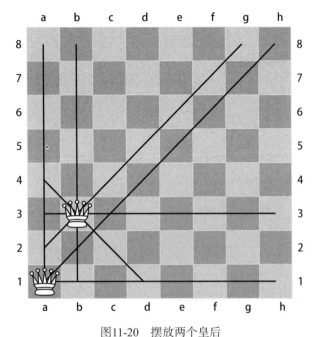

图11-20　摆放两个皇后

下面这个简单的C#程序可以计算出*N*个皇后的所有摆放方法。

```
using System;
using System.Collections.Generic;
using System.Diagnostics;

namespace EightQueens
{
    public class Queens
    {
        const int N = 8;
        static int[] queenSquares = new int[N];
        static List<int[]> solutions = new List<int[]>();

        public static void Main(String[] args)
        {
            placeQueen(file: 0);

            int count = 1;
            foreach (int[] solution in solutions)
            {
                Console.WriteLine(string.Format("Solution {0}:", count++));
                printBoard(solution);
                Console.WriteLine();
            }
            Console.ReadKey();
        }
        static bool isNotAttacked(int file, int rank)
```

```
    {
        /*如果皇后的摆放位置不会受到攻击，就返回true */

        // 之前摆放的皇后...
        for (int i = 1; i <= file; i++)
        {
            int queenrank = queenSquares[file - i];

            // 同一横线?
            if (queenrank == rank)
                return false;

            // 同一斜线?
            if (queenrank == rank - i || queenrank == rank + i)
                return false;
        }
        return true;
    }

    static void placeQueen(int file)
    {
        /* 把皇后放在一个不受攻击的列上 */

        // 完成N个皇后的摆放了?
        if (file == N)
        {
            solutions.Add((int[])queenSquares.Clone());
        }
        else
        {
            for (int rank = 0; rank < N; rank++)
            {
                if (isNotAttacked(file, rank))
                {
                    queenSquares[file] = rank;
                    placeQueen(file + 1);
                }
            }
        }
    }

    static void printBoard(int[] queenSquares){
        for (int file = 0; file < queenSquares.Length; file++)
        {
            for (int rank = 0; rank < queenSquares.Length; rank++)
            {
                if (queenSquares[file] == rank)
                    Console.Write("Q ");
                else
                    Console.Write(". ");
            }
            Console.WriteLine();
        }
        Console.WriteLine();
```

```
            }
        }
    }
```

注意，这个程序把皇后的位置存储在一个整型数组里（queenSquares），queenSquares 中的每个元素都代表一个皇后的位置。

索引N表示第N个皇后位于第N列。

第N个元素的值表示皇后所处的横线。

例如，数组[1,3,0,2]表示了四个皇后，坐标分别是(0,1)、(1,3)、(2,0)和(3,2)。

这个程序使用了printBoard方法，可以把皇后的位置打印出来，如图11-21所示。

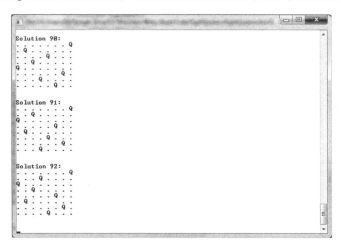

图11-21 可视化八皇后的位置

17. 汉诺塔问题

设计一个算法，解决任意数量圆盘的汉诺塔问题。

这是另一个使用递归的例子。从基本情况入手，利用递归的特性解决一个较难的问题。

如果只有1个圆盘（基本情况），就可以直接把圆盘1从A移动到C。

移动圆盘1：A→C。

如果有2个圆盘，就要用B作为中转站。

移动圆盘1：A→B。

移动圆盘2：A→C。

移动圆盘1：B→C。

一般而言，想把3个圆盘从A移动到C，需要先把2个圆盘从A移动到B，然后把第3个圆盘移动到C，最后再把另外2个圆盘从B移动到C。

你可以从最简单的情况递推到n个圆盘的情况。想把n个圆盘从A移动到 C，需要先把n–1个圆盘从A移动到B，然后把第n个圆盘移动到C，最后把n–1个圆盘从B移动到C。

移动n个圆盘的伪代码如下。

```
function hanoi(int n, Tower from, Tower to, Tower intermediate) {

    if (n == 0) { return }

    hanoi(n-1, from, intermediate, to)

    move(n, from, to)

    hanoi(n-1, intermediate, to, from)

}
```

下面是一个完整的C#程序，可以把5个圆盘从A移动到C。

```
using System;
using System.Collections.Generic;
using System.Text;

namespace Hanoi
{
    class Tower : Stack<int>
    {
        public string Name { get; set; }
        public Tower(string name)
        {
            Name = name;
        }
    }

    class Program
    {
        static Tower A = new Tower("Tower A");
        static Tower B = new Tower("Tower B");
        static Tower C = new Tower("Tower C");

        static void Main(string[] args)
        {

            int numberOfDisks = 5;

            for (int i = numberOfDisks; i > 0; i--)
                A.Push(i);

            visualizeTowers();

            hanoi(numberOfDisks, from: A, to: C, intermediate: B);
```

```
        Console.ReadKey();
    }

    static void hanoi(int x,
                      Tower from,
                      Tower to,
                      Tower intermediate)
    {
        if (x == 0) return;

        hanoi(x - 1, from, intermediate, to);

        move(x, from, to);

        hanoi(x - 1, intermediate, to, from);

    }

    static void move(int n, Tower from, Tower to)
    {
        Console.WriteLine(
                string.Format("Move disk {0} from {1} to {2}",
            n, from.Name, to.Name));

        int x = from.Pop();
        to.Push(x);

        visualizeTowers();
    }

    static void visualizeTowers()
    {
        foreach (Tower t in new List<Tower> { A, B, C })
        {
            Console.WriteLine(t.Name + ":");
            foreach (int i in t.ToArray())
            {
                for (int j = 1; j <= i; j++)
                    Console.Write('-');
                Console.WriteLine();
            }
        }
    }
}
```

18. 用一幅电路图表示或门

绘制一幅电路图来表示或门。

在图11-9中，当两个开关同时闭合的时候，电灯泡被点亮，这代表与门。

当开关A或B有一个（或同时）闭合的时候，电灯泡被点亮，这代表或门。图11-22的电路图就满足这个要求。

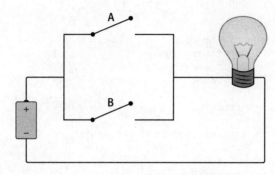

图11-22　表示或门的电路图

19. 构造异或门

用其他逻辑门构造出异或门。

题目要求你用其他逻辑门的组合构造出异或门的结果。换句话说，你需要连接一系列逻辑门来输出异或门真值表的信号（参见表11-8）。

表11-8　异或门的真值表

A	B	输　　出
0	0	0
1	0	1
0	1	1
1	1	0

你可能已经知道两种逻辑门：或非门和与非门。这两种门也被称作通用逻辑门，因为用其可以制造出其他任何门的结果。例如，图11-23中的逻辑门电路图展示了如何用或非门制造出与门的输出信号。

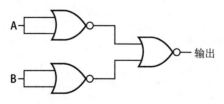

图11-23　用或非门表示与门

图11-24展示了一种用与非门组成的异或门。

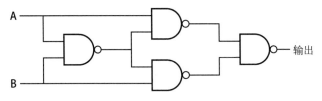

图11-24 用或非门表示异或门

其他一些方案也是可行的。图11-25展示了用或门、与门和与非门组成的异或门。

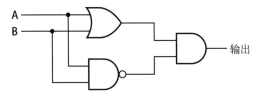

图11-25 表示异或门的其他方案

20. 构造半加器

用逻辑门构造一个半加器。该半加器有两个输入（A和B），产生两个输出（结果位和进位）。

如果你注意观察，会发现半加器的结果位（参见表11-7）和异或门完全一样。因此，你可以用异或门来计算半加器的结果位。

非常巧合的是，进位的数值和与门的结果完全一样。因此，你可以用与门来计算半加器的进位。

图11-26展示了如何用这两个逻辑门来构造半加器。

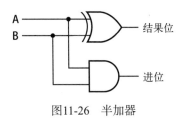

图11-26 半加器

21. 解决Fizz Buzz问题

写一个程序，打印出1到100的数字，把3的倍数替换为"Fizz"，把5的倍数替换成"Buzz"。如果数字同时是3和5的倍数，就替换成"Fizz Buzz"。

这个问题很简单，有很多种解决方案。

下面这段C#代码的方法很直接。

```
static void FizzBuzz()
{
```

11

```
for (int i = 1; i <= 100; i++)
{
    if (i % 3 == 0 && i % 5 == 0)
        Console.WriteLine("Fizz Buzz");
    else if (i % 5 == 0)
        Console.WriteLine("Buzz");
    else if (i % 3 == 0)
        Console.Write("Fizz");
    else
        Console.Write(i);
}
```

下面是Perl版本的代码，更加简洁。

```
print $_ %3 ? $_ %5 ? $_ : 'Buzz' : $_ %5 ? 'Fizz' : 'Fizz Buzz', "\n" for 1..100;
```

这是F#的函数版本代码。

```
[<EntryPoint>]
[1..100]
|> Seq.map (function
    | x when x % 5 = 0 && x % 3 = 0 -> "Fizz Buzz"
    | x when x % 3 = 0 -> "Fizz"
    | x when x % 5 = 0 -> "Buzz"
    | x -> string x)
|> Seq.iter (printfn "%s")
```

22. 把数组转化成字典

写一段代码，把一个整型数组转化为字典。把数组中的元素值作为字典中的键，元素索引作为字典中的值。

例如，有如下数组：

```
int[] array = {1,2,2,3,3,3,4,4,4,4,4};
```

你的程序应该生成这样一个整型字典：

```
dictionary[1]➜ 1
dictionary[2]➜ 2
dictionary[3]➜ 3
dictionary[4]➜ 5
```

C#代码：

```
static void MakeDictionaryFromArray()
{
    int[] array = { 1, 2, 2, 3, 3, 3, 4, 4, 4, 4, 4 };

    var dictionary = new Dictionary<int, int>();

    foreach (int i in array)
```

```
    if (dictionary.ContainsKey(i))
        dictionary[i] += 1;
    else
        dictionary.Add(i, 1);
}
```

Perl代码:

```
$dictionary{$_} += 1 for (1,2,2,3,3,3,4,4,4,4,4);
```

23. 计算余数

写一个函数或方法，接收两个整型参数，返回较大参数除以较小参数的余数（整数）。例如，如果将13和4作为参数，函数应该返回1：

13 ÷ 4 = 3，余1。

如果将142和1000作为参数，函数应该返回6：

1000 ÷ 142 = 7，余6。

唯一要处理的是除以0的情况：要么完全自己处理，要么直接让程序默认抛出未处理异常。除此之外，这道题目非常简单，可以用少量代码解决。

下面是C#代码：

```
static int FindRemainder(int x, int y)
{
    int larger;
    int smaller;

    if (x > y)
    {
        larger = x; smaller = y;
    }
    else
    {
        larger = y; smaller = x;
    }

    if (smaller == 0)
    {
        // 问问面试官，你应该如何处理这种情况
        throw new NotImplementedException();
    }

    return larger % smaller;
}
```

11

第12章
编程智慧

面试资深程序员的时候，我期望面试过程轻松愉快。不论个人背景是否相似，我们一定有很多共通点：

- 被隐蔽的bug折磨过；
- 要在需求不明的状况下写代码；
- 要在需求明确之前估算工作量；
- 面对不现实的截止日期；
- 有很多恍然大悟的时刻；
- 非常想念那些过去的、淘汰的工具；
- 当代码可以运行的时候，感到非常满足。

这些事情我能写满一整本书。不论程序员来自哪里、写过什么软件，都会有类似的经历。本章的问题全部与探索这些共同背景有关。这些问题和本书中的其他问题不一样，因为大部分答案都很主观，你一定会发现极不赞成的答案（或者不喜欢问题的用词）。不过没关系，我很期待能同你在线上或线下辩论。

12.1　问题

回答这些问题的最坏方式就是耸耸肩，无话可说。如果面试官询问你，一定要给出自己的看法，即使你的看法（不论是什么）无足轻重也是一样。随时准备捍卫你的观点，就像和一位程序员朋友辩论一样，把面试官当成你开发团队中的成员。通过这种方式，你和面试官就能想象出未来一起工作的画面。完全赞同面试官的所有看法没有意义，除非这就是你喜欢的工作关系，但愿你不这样认为。

1. 为什么要进行代码版本控制

如何说服一名非技术经理，让他同意开发团队使用代码版本控制软件？

2. 你不认同哪些流行的编程观点

你可能听说过这样一个故事。小女孩问她的妈妈，为什么把火鸡放进烤箱之前，要把腿和翅膀都切掉。妈妈说，她也是从母亲那里学到的，而外祖母也说这是她的母亲教给她的。直到小女孩发现，她的曾曾曾外祖母切掉腿和翅膀是因为烤箱太小，因为100年前的烤箱都非常小。

很多编程智慧与之类似。可能确实曾经有一些理由去这么做，但时间已经过去很久了。不论何时，在听到某些"智慧"的时候，你都要停下来思考一个问题：如今，这是否还像过去一样有用？

作为一名有经验的程序员，有哪些共识你并不认可？举几个例子。

3. 为什么软件项目总是无法按时完成

软件项目总是无法按时完成，并且常常超出预算。这是为什么？

4. 为什么不能一直向团队增加程序员

为了让软件项目按时完成，为什么不能向软件项目增加程序员？

5. 怎样确保任务时间的估算足够充裕

作为一名程序员，任务时间的估算要尽量精确。如何确保任务时间的估算足够充裕？

6. 为什么代码清晰很重要

每个人都知道代码清晰很重要，但不是每个人都知道它的真正含义。请给出"代码清晰"的定义，并且解释它为什么很重要。

7. 在代码评审的过程中，你会对什么亮红灯

在评审其他程序员代码的时候，你认为什么可以引起深层次问题？换句话说，在代码评审的过程中，你会对什么亮红灯？

8. 你通常如何解决问题

有些程序员好像有一些解决问题的诀窍。比如有客户上报了一个无法在测试环境中重现的问题。在刚得知情况的时候，这些"神人"就开始寻找头绪。在你了解问题细节之前，他们就猜出了问题原因，并且已经在写修复代码了。

很不幸，其他人则需要更努力一些。

在诊断问题的时候，你通常会做些什么（或者尝试什么）？

9. 怎样熟悉大型代码项目

每次更换工作，都要快速熟悉一个新的大型代码库。

你是如何做到的？

12

10. 谈谈你对货物崇拜式编程（cargo-cult programming）的理解

货物崇拜式编程（或者货物崇拜式软件工程）有时被用来描述不良的编程习惯。

你是如何理解这个概念的？为什么这种方式不好？

11. 谈谈代码注释的消极作用

学生初学编程的时候，学到的第一课，就是代码中要包含恰当的注释。

这也许是个好的建议，但代码注释有什么潜在问题呢？

12. 在什么情况下可以接受低质量代码

每个人都知道程序员应该努力写出高质量代码。尽管对高质量代码没有统一的定义，但是人们都倾向于写出好的代码。

如果需要编写不合格的代码，你能想出一个正当、合理的理由吗？

13. 怎样掌控大型软件项目

大型软件产品似乎都包含很多低质量代码，这在维护多年的成功产品中尤为常见。很多参与过大型软件项目的人都对此充满疑问，比如，代码架构中包含过多或过少的间接层，整个代码库充满前后矛盾的问题，等等。

作为一个大型软件项目中的程序员，你如何把各种问题都处理好？

14. 怎样给不熟悉的代码添加功能

说说你是如何给不熟悉的大型代码项目添加功能的。

15. 所谓"耍小聪明"的代码有什么问题

每位程序员都写过自我感觉良好的代码，这是编程的乐趣之一。不幸的是，追求这种乐趣会让程序员误入歧途，写出"耍小聪明"的代码。

"耍小聪明"的代码是什么意思？"耍小聪明"的代码到底有什么问题？

16. 如何提升编程能力

假设你想提升编程能力，你会怎么做？

17. 说一个让你感到自豪的项目

面试官经常问到这类问题。人们习惯谈论与工作相关的项目，但大多数面试官都允许你在所有的编程项目中选择，不论这些项目是在公司、学校，还是在家里完成的。面试官的目的是给你机会去展示自己对编程的热情。

18. 从非技术角度解释编程

假设你在参加一个家庭聚会，你的祖母想了解"程序员"是干什么的。你会怎么回答她？

19. 说说内聚和耦合的意义

在代码实现的过程中，你经常听别人讨论这两个概念。内聚和耦合在编程领域是什么意思？为什么有重大意义？

20. 全局变量到底有什么问题

全局变量是指在整个程序内都能使用的变量。不论使用地点在哪，变量都是可用的。

听起来非常方便，那么全局变量到底有什么问题？

21. 对非技术经理解释技术债务的含义

多数程序员都明白技术债务的概念，因为这个词可以恰当地描述他们每天遇到的问题。不幸的是，对大多数非技术经理而言，这个概念的含义并不清晰。

以非技术经理能理解的方式，解释技术债务的含义和意义。

22. 对非技术经理解释重构的含义

多数程序员都用过重构一词，起码知道是个积极的概念。从非技术的角度解释重构的含义。

23. 抽象泄漏有什么意义

在2002年，乔尔·斯伯尔斯基写了一篇名为"抽象泄漏定律"[①]的博文：http://www.joelonsoftware.com/articles/LeakyAbstractions.html。

现在，抽象泄漏的概念已经成为程序开发的主流术语。

抽象泄漏的具体含义是什么？有什么意义？

24. 持续集成的概念和用处

持续集成的概念已经出现很久了。现在，你可以购买各种专门的工具去帮你进行持续集成。

持续集成的概念是什么？有什么用处？

25. 你最喜欢的软件开发方法论

我曾经和一位心直口快的程序员一起担任面试官。当我向求职者提出这个问题的时候，他突然放声大笑，这让我很困惑。他后来对我解释说，他觉得这个问题很时髦，但没有任何意义。方法论是个很做作的词，用方法才更恰当。也许他是对的，因此可以用更直白的方式来表述这个问题：

在你的工作经历中，什么方法可以改善开发团队的工作效率？

26. 如果产品经理对我提出不合理的要求，我要如何回应

对于看起来不现实或不能实现的需求，程序员通常不会妥协。

如果无法实现需求，如何向产品经理解释？

---

① 中文版参阅人民邮电出版社《软件随想录 卷1》一书第26章。

12

27. 你对新程序员有什么建议

假设你要指导一位程序员新手。为了让他的编程生涯迅速步入正轨，你会给他哪些重要的建议？

28. 编码标准会影响代码质量吗

通过强制执行编码标准，代码质量可以得到提高吗？

29. 哪些编码标准最为重要

每个软件开发团队似乎都有一套编码标准。为了提高代码质量，描述一些你认为重要的编码标准。

30. 为什么用代码行数衡量程序员的工作效率很不科学

非技术经理经常要对软件开发团队进行成本效益评估。他可能对一些编程实践原则略知一二，认为程序员写代码和作家写书、律师写合同差不多。因此，会通过计算代码行数来衡量程序员的工作量。

为什么用代码行数（LoC）衡量程序员的工作效率很不科学？

31. goto语句真的罪不可赦吗

大多数程序员都被灌输过这种思想：goto语句会给程序员带来无尽的痛苦，必须尽一切可能避免使用goto。

解释goto语句为什么有害。

32. 软件开发经理应该有技术背景吗

软件经理应该有技术背景吗？换一种说法，一位没有技术背景的软件开发经理能管理好团队吗？（注意，技术背景并不一定是编程经验。）

33. 应用程序架构师需要知道如何写代码吗

与技术经理和非技术经理的对比类似，这个问题也很常见。应用程序架构师是否应该具备编码的能力？你的看法是什么？

34. 在软件开发中，你的最佳实践是什么

如果可以选择一个所谓的最佳实践，让团队（或者全世界）内的所有人遵循，你会选择什么？

12.2 答案

1. 为什么要进行代码版本控制

如何说服一名非技术经理，让他同意开发团队使用代码版本控制软件？

根据我的个人经验，同非技术经理打交道，要用他们熟悉的事物来打比方。大多数经理都用过文字处理软件，在写文档的过程中，难免会出现输入错误。很幸运，所有文字处理软件都有撤销功能，所以不论错误多严重，只要点击一下撤销按钮就能恢复原样。没人会认为撤销是个"可有可无"的功能。

版本控制软件可以为程序员提供撤销功能。如果犯了错，可以随时撤销改动。

不过版本控制软件提供的功能远不止于此。

你可以直接回到几天、几周、甚至几年前的改动，并且进行撤销。你可以回到文档刚刚创建的时候。你可以撤销几周或几年前的改动，同时保留之后的所有改动。这是一项非常强大的撤销功能。

我还没有说完。

假设你需要写两份内容相似的文档：一份公开给所有人，一份只供内部参考。你需要先写完（或者部分）文档初稿，然后复制一份，再对两份文档进行修改。复制文档之后，需要考虑两份文档是否需要同时修改。每次修改都要手动同步。如果你复制了多份文档，就要把改动同步到所有文档中。手动同步文档需要极大的耐心，否则很容易出错。

版本控制软件可以为程序员解决这个问题。由于它记录了文档的所有改动，所以知道哪些内容应该复制。通过版本控制软件，程序员可以找出两个文档间的所有差异。因此，程序员可以自行选择需要同步的内容。在版本控制软件中，这种功能叫作合并（merging）。

这还不是版本控制软件的全部功能。

假设你手头有大量文档和进行中的项目，每个项目都分配了一位文档撰写员。这些文档有很多改动需要同步，但改动之间出现冲突的几率很高。可能一个团队删除了一段文字，但另一个团队却修改了这段文字的语法错误，并且新添加了几句话；第三个团队把这段文字完全替换成另外一段文字；第四个团队则把这段文字移到了文档的结尾，转换成了脚注。如果这些改动无关紧要，可以尝试纯手工同步；但是如果很重要，我绝对不会这么做。

版本控制软件同样可以解决这个问题。它可以告诉你谁作了什么改动，是什么时候作的改动，改动是否严谨，甚至改动的原因。版本控制软件可以管理不同团队的代码改动，协调这些改动的分布，一直追踪每个改动的信息。

通过使用版本控制软件，程序员能获得很多工作上的便利。版本控制软件是软件开发的基本工具之一，和编译器、文本编辑器的地位等同。如果一个企业很重视源代码的价值，就一定会使用版本控制软件。不对代码进行版本控制是根本说不通的。

2. 你不认同哪些流行的编程观点

你可能听说过这样一个故事。小女孩问她的妈妈，为什么把火鸡放进烤箱之前，要把腿和翅膀都切掉。妈妈说，她也是从母亲那里学到的，而外祖母也说这是她的母亲教给她的。直到小女孩发现，她的曾曾曾外祖母切掉腿和翅膀是因为烤箱太小，因为100年前的烤箱都非常小。

很多编程智慧与之类似。可能确实曾经有一些理由去这么做，但时间已经过去很久了。不论何时，在听到某些"智慧"的时候，你都要停下来思考一个问题：如今，这是否还像过去一样有用？

作为一名有经验的程序员，有哪些共识你并不认可？举几个例子。

作为一门起源于数学和自然科学的学科，计算机领域却有很多迷信"智慧"，多得超乎想象。程序员新手往往是这些迷信观念的受害者，因为每位资深程序员都会告诉他们，什么是正确的编程方式，哪些事情该做，哪些事情不该做。资深程序员很乐于对喜欢倾听的人分享这些观点。通常来说，这些观念都被冠以编码规范的神圣头衔，信徒们必须像遵守戒律一样遵守这些规范。

随着时间的推移，你有了自己的判断力。这是正常的，因为有价值的编程经验会潜移默化地对你产生影响。你能根据实践经验作出正确决定。有时，即使说不出具体原因，你的直觉也能帮你选出最适合的编码方式。

不要落入这种思维怪圈：认为你的经验具有普遍性，认为你的方法是最好且唯一正确的方法。对自己的看法要保持谦逊，不断学习新经验，即使这些经验与你固有的习惯和做法不同。

下面是一些业内普遍认同的观点。结合你自己的经验，从正反两方面思考这些观点（每个观点通常都不止两方面），思考如何在面试中回答"你不认同哪些流行的编程观点"。

- 代码注释至关重要，必须在所有代码中使用代码注释。
- 你永远不应该做重复工作。
- 现代编程就是找到设计模式的正确组合。
- 全局变量肯定有问题。
- goto语句应该被禁用。
- 要不惜一切代价避免使用内联SQL。
- 一个方法的代码量不应该超过n行。
- 面向过程编程比面向对象编程要好。
- 关系数据库技术已经被XML和NoSQL技术所取代。
- 代码质量永远是最重要的。
- 写软件是一种艺术。
- 写软件是一种科学。
- 你无法管理自己不能评判的东西。
- 软件质量是优秀软件开发方法论的一种功能。
- 提前优化软件是一切错误的根源。

3. 为什么软件项目总是无法按时完成

软件项目总是无法按时完成，并且常常超出预算。这是为什么？

对很多资深程序员来说，这道题目最难的地方在于：如何避免长篇大论，给出一个相对中性的回答。软件项目无法按时完成的原因有很多，有些是程序员的问题，但更多问题不是程序员造成的。

毫无疑问，你自己肯定能列出一长串原因。下面我会举几个例子，抛砖引玉。

1975年，弗雷德·布鲁克斯在《人月神话》中表达了这样一个观点：如果项目遇到了困难，不断投入资金和人力只会让事情更糟糕。用布鲁克斯自己的话说就是：

> "……对已经延期的软件项目投入人力资源只会让延期更严重。"

软件项目非常复杂，因此新成员需要一段时间来熟悉项目，老成员还要对新成员提供技术支持。这会短时间降低其工作效率。随着成员的增加，交流成本也会上升。多一位成员并不意味着只增加一人的沟通量，而是会大幅度提升团队的总沟通量。

造成项目延期的另一个常见原因是需求不断变化，这和盖房子有些类似。在建造过程中，如果计划不断改变，房子就无法建成。软件项目也是一个道理。

很有趣，盖房子的比喻恰好也能说明一些项目延迟的原因。预估软件项目的时间就像砌砖墙一样。如果能估算出需要的砖块数，并且知道砌砖的速度，就能自信地计算出砌一面砖墙的时间。同理，知道软件的待开发功能数量、界面的数量、需要的报告数量，就能轻而易举地计算出完成项目的准确时间。当然，还得给项目预留一些弹性时间，用来处理意外状况。一切看上去都非常简单！

软件项目和盖房子确实有类似的地方，因此这个比喻在某些方面是可以说通的，但它把日常工作完全分解成了固定事件。如果在砌墙期间发生了下面这些事，预估还会准确吗？

- 你发现砖块存在问题。把17或42块砖堆到一起的时候，就会倒塌（可能其他数量的砖块也有问题，但你不知道）。
- 砖块制造商修复了砖块的一个构造问题，这意味着部分砌好的墙必须推倒重来。
- 在砌墙过程中，你发现砖块和水泥的兼容存在问题。即使二者都符合工业规范，一起使用也会出现问题。
- 建筑工程师说，你必须把砖块"排列"起来，而不是"堆"起来。你花了一星期研究这句话的含义。
- 在建造过程中，客户要求砖块的摆放必须是垂直和水平交替。他们以为你理解这条需求，因此最初没有表达清楚。
- 一位检验员用炸药检测你建造的砖墙，结果发现很多严重问题。你花了好几个星期和检验员争论用炸药检测的正确性，又花了两个星期重新砌墙。

导致项目延迟或取消的另一个原因是风险管理不到位。每种项目管理方法都有自己的一套理论去处理项目风险，但几乎每个项目都处理不好。这是因为总是有明显的风险被忽略。你身上发生过多少次这样的事情:当发现风险日志报告的时候,直接随手丢到抽屉里(或其他电子设备里),不再去瞧一眼,更别说处理其中的风险了。风险管理是一个主动、持续的过程,就像管理复杂的软件项目一样,没有任何捷径。

我已经提到了一些软件项目延迟的原因,你可以在其中加入自己的经验。下面是一些观点,可以帮你拓展思路:

- 过分乐观;
- 期望不现实;
- 沟通不顺畅;
- 缺乏项目投资人;
- 项目主管事无巨细;
- 团队士气低下;
- 团队缺乏经验;
- 技术不成熟(也就是"1.0版本"的技术);
- 没有社会/政治支持;
- 能力低下;
- 项目需求范围扩大(和改变需求相似);
- 缺少利益相关者的参与
- 计划不周全/没有计划。

4. 为什么不能一直向团队增加程序员

为了让软件项目按时完成,为什么不能向软件项目增加程序员?

这个问题往往是"为什么软件项目总是延期"的后续问题。

通过强调软件开发的本质,可以给出比较好的答案。事实上,软件项目进程并不是开发人员数量推动的。

"一个月内要生出这个孩子——需要九个女人!"

——艾德·吉尼斯,发表于 **StackOverflow.com**

还有很多种比喻:

- 如果你希望加快拍照的速度,增加摄影师是没用的;
- 如果你希望加快声音传播的速度,增加扬声器是没用的;
- 当建筑工地的工人数量越来越多的时候,他们会彼此妨碍,工作效率会越来越低,工程进度也会越来越慢。

5. 怎样确保任务时间的估算足够充裕

作为一名程序员,任务时间的估算要尽量精确。如何确保任务时间的估算足够充裕?

　　在软件开发中，预估项目工期是最困难的事情之一，非常容易犯错。一旦预估出错，项目就可能会面临撤销或无法启动的窘境。由于产品人员对截止日期过分乐观，导致开发者无法按时完成工作，最终会对项目产生很多不利影响。

　　那么，程序员应该如何进行相对准确的预估呢？

　　在项目启动的时候，需求尚处在协商阶段，但很多程序员已经开始估算工作量了。你并不应该随便填一个数字。在需求确定之前，你无法预知项目内容，更不知道项目需要哪些工作，需要多久能完成工作。

　　很不幸，很多程序员（特别是大公司的程序员）总会发现自己被突然分配到了某个新项目中。在开发团队组建之前，乐观的销售人员就已经对项目凭空估计了一个截止日期。在还没有任何需求和代码的时候，销售人员对项目截止日期的期望可能是最乐观的。

　　在项目范围确定之后（如果有的话——这取决于项目），时间估算才会相对可靠。

　　随着项目的进行，团队的经验不断积累，时间的估算也可以不断改善。只有项目完成的时候，估算才能100%准确。因此，你可以在项目开始的时候先估算一个时间，这个时间的不确定性可能是最高的，但随着项目进行，你可以不断修改数据，预估值的精确度就会越来越高。史蒂夫·麦康奈尔在他的《软件估算："黑匣子"揭秘》一书中，称这种现象为不确定性锥：

　　有一个重要但也很难理解的概念，就是不确定性锥代表了软件估算在项目不同时刻所能够得到的最佳准确度。锥形代表了由有经验的估算人员建立的估算中的误差。情况很可能更糟糕。估算结果不可能比不确定性锥给出的限制更准确，只可能是估算师碰巧很接近实际值。[①]

　　以我个人经验而言，最好、最精确的估算方式就是尽量把任务分解得足够小。所有组成部分的工作量加起来就是总工作量，对工作中未知或有风险的部分，还要加上适当的弹性时间。在项目进行的过程中，这些估算值要定期持续更新。

　　我写的比较简单，但希望你能明白我的意思。你应该尽量从已知事物出发进行估算，而不是仅凭直觉臆测。众所周知，程序员、架构师和项目经理对团队的编码能力都表现得过分乐观。

　　"侯世达定律：做事所花费的时间总是比你预期的时间要长，即使你的预期中考虑了侯世达定律。"

——侯世达

　　如果程序员在项目开始阶段作出一个估算，最坏的结果就是，这会被当成对完成日期的承诺。很多软件公司靠报价项目生存。这些公司在报价的时候都会考虑未知因素，因此会其留出大量时

---

　　① 本段文字摘自原书的中译本，译者宋锐等。——译者注

间（远超你的想象）。如果未知因素过多，大部分软件公司就会按时间成本或物料成本收费，而不是冒险给出一个不现实的截止日期，以防自讨苦吃。作为一名程序员，你应该采取类似的方法。只有在理解项目内容的时候，才可以给出你的预估；如果不理解，就应该把预估搁置一下。作为专业人士，只有相对准确的预估才能保障客户的利益，你的老板也不会对此有意见。随意的预估没有任何好处，会对项目造成很多风险。

如果项目中已经存在很多风险（你必须自己判断），就不应该进行预估。这说起来容易，做起来难，但是可以考虑这种情况：如果你给出的预估超出项目系数①的1000%，会发生什么？

每次预估的时候，都要注意下面的事项，其中很多都和风险有关。

❑ 团队成员在一起工作过吗？
❑ 团队成员都会坐在一起吗？（所有团队成员都在相同的时区吗？）
❑ 团队使用什么工具？
❑ 项目中有专职资深技术总监吗？
❑ 项目中有专职资深项目主管吗？
❑ 使用的是新技术还是老技术？
❑ 团队在之前做过类似项目吗？
❑ 需要实现多少功能？具体都是什么？
❑ 需要和第三方系统集成到什么程度？
❑ 在技术上和其他方面都有哪些限制？
❑ 使用哪种项目管理方法（例如SCRUM）？
❑ 项目对第三方组织或其他系统存在多少依赖？
❑ 团队的工作环境什么样？例如，团队做非项目工作的频率大概是多少？
❑ 不要忘了假期和其他缺勤情况。

注意　如果没有接触过相关内容，请给自己一个提升的机会，阅读史蒂夫·麦康奈尔的《软件估算："黑匣子"揭秘》一书（微软出版社，2006年出版，ISBN：978-0-7356-0535-0）。这本书对你的职业生涯非常有帮助。

6. 为什么代码清晰很重要

每个人都知道代码清晰很重要，但不是每个人都知道它的真正含义。请给出"代码清晰"的定义，并且解释它为什么很重要。

如果你细心观察成功软件产品的生命周期，会发现花在维护和升级上的时间非常多，远远多于开发第一个版本的时间。如果你写的代码不好理解，就给自己和那个倒霉的代码维护人员出了

---

① 此处的系数应该是指风险系数。——译者注

个难题。这种时间上的额外开销一定会造成物质成本增加，这种成本不仅仅是理论上的。

比较好的回答方式，是从维护人员的角度思考。如果维护人员觉得代码难以理解，需要花大量时间熟悉，那就说明代码不够清晰。所谓清晰的代码，是指合格的维护人员可以轻易理解的代码。

在面试中，你可以先给出一个不清晰代码的例子，然后展示如何让代码变得清晰。

下面是一个代码不清晰的例子，出自第6章的第4题。

```
for ( int i=0 ; i < MyControl.TabPages.Count ; i++ )
{
    MyControl.TabPages.Remove (MyControl.TabPages[i] );
    i--;
}
```

代码并不多，但一眼就能看出问题：循环索引在循环内部被修改。根据经验，不论循环要实现什么，这种行为都不正常。

关于这个奇怪的循环，你可以在第6章看到详细的解释。清晰版本的代码应该是这样的：

```
MyControl.TabPages.Clear();
```

7. 在代码评审的过程中，你会对什么亮红灯

在评审其他程序员代码的时候，你认为什么可以引起深层次问题？换句话说，在代码评审的过程中，你会对什么亮红灯？

每个程序员都有难以容忍的事情，包括用空格代替tab的代码格式化问题，还有一些类似大括号不对齐的问题。这些可以随手搞定的问题往往让程序员咬牙切齿。

这种事情很让人心烦，但容易修改。下面是一些可以导致深层问题的情况。

- ❏ 空catch块通常意味着代码逻辑缺失（程序员知道代码可能出错，却没有采取任何措施）。
- ❏ 有时候，无意义命名说明缺乏代码清晰性。变量或方法的目的应该一目了然才对，但有些变量和方法的名称很让人匪夷所思，完全看不出功能。如果你看到形如mydata或workmethod之类的命名方式，那就很可能发现了目的不清晰的代码。
- ❏ 明显重复的代码块早晚会出问题。当一处代码被修改的时候，另一处代码怎么办？
- ❏ 拥挤、难以理解的代码通常很难维护。
- ❏ 通常来说，如果方法或函数的代码量达到数百行，就违反了单一职责原则（详细内容请参考第6章），会给代码维护带来问题。
- ❏ 无意义的代码注释只会浪费篇幅。代码本身就会告诉你任务是如何完成的，而代码注释应该告诉你为什么这样做。
- ❏ 莫名其妙的幻数是理解代码的主要障碍。例如，如果有200美元的透支数额限制，那你至少应该创建一个常量，命名类似于OVERDRAFT_LIMIT。永远不要在没有任何解释的情况下使用裸数，也不能让裸数出现在多个地方。

12

❑ 每个编译器警告都是一个潜在bug，你应该在出问题前马上修复。

❑ 无意义的冗余代码通常说明软件的设计思路不清晰。

❑ 如果一段代码和项目中的其他代码不一致，那一定是犯了某种错误。

❑ 一长串的if-then-else语句或switch语句一般可以用查找字典的方式来替代，后者更为清晰。

❑ 不可测试代码一般是结构不良造成的，表明代码违背了SOLID原则。

8. 你通常如何解决问题

有些程序员好像有一些解决问题的诀窍。比如有客户上报了一个无法在测试环境中重现的问题。在刚得知情况的时候，这些"神人"就开始寻找头绪。在你了解问题细节之前，他们就猜出了问题原因，并且已经在写修复代码了。

很不幸，其他人则需要更努力一些。

在诊断问题的时候，你通常会做些什么（或者尝试什么）？

首先，对问题要有清晰的认识。bug报告的内容总是让人一头雾水，这种现象很常见，因为大部分用户没有接受过写bug报告的培训（也没有必要接受这种培训），所以他们写的bug报告读起来就像医疗投诉一样："我想打印年报，但是当我点击打印按钮的时候，屏幕上却显示了很多红点，程序什么都没做。"

如果你手里的bug报告来自专业的测试工程师或其他程序员，那么你很幸运。这种bug报告一般都很清晰。

理解问题之后，下一步就要重现问题。有时候，问题在测试或开发环境下无法重现，因此你需要尝试在客户环境下重现该问题。过程中要非常谨慎，考虑到所有可能的最坏情况。

重现问题一般是一个技术难题，其过程非常困难，因为引起问题的原因有时是你没有考虑到的，有时是两个以上事件共同作用的结果。在重现问题的过程中，要时刻保持警觉，注意观察，思路一定要开阔。在这个阶段，你的任务就是研究让问题重现的可验证理论。

在问题重现之后（问题的出现频率有时很低），就要隔离问题来源。这意味着你要辨别哪部分系统、哪行代码引起了问题。这同样非常困难，特别是系统设计所导致的问题，隔离难度比具体代码引起的问题要难得多。

想隔离代码引起的问题，可以从已知状态出发，逐步深入，直到发现出现问题的地方。找到具体位置之后，隔离问题代码就会变得更容易。

有些情况下，问题是新数据类型导致的，因为系统在之前没有处理过这种类型。即使代码原封不动，也能让潜在bug暴露出来。在大型数据库中，查找"新类型"数据非常困难，因为你很可能根本不知道要查找什么。好的日志系统可以帮你解决这个问题。事实上，好的日志系统对所有情况都是有益的。

　　一个好的日志系统可以自由开关，而且允许用户调整日志的细节级别。你可以在日志中看到每个事件的发生时间、具体细节，从而在自己的开发和测试环境中对事件进行模拟（重播更好）。

　　在弄清问题来源之后，就要着手修复bug了。在解决问题的过程中，这可能是最困难的一个环节，当程序员想立刻解决问题的时候，往往压力很大，因此很容易犯错。实际上，程序员在这时应该冷静下来，认真考虑问题的解决方案，让其他程序员、测试人员参与到讨论中。在把修复代码集成到系统之前，要确保测试通过。整个过程要谨慎，你肯定不希望问题变得更严重或引起其他问题。

　　关于如何高效排查故障，下面列出了一些观点。这并不完整，你可以结合自己的经历给出更多的方法。

- ❏ 当问题出现的时候，你应该问自己："修改了什么东西？"
- ❏ 记住，同时发生的事情不一定有关联。正如科学家所说：相关不蕴涵因果。
- ❏ 先检查最有可能引起问题的原因，然后再检查其他原因。
- ❏ 时刻记住，有些bug是多个问题共同作用的结果。
- ❏ 有些bug是事件在特定时间发生而导致的。
- ❏ 不会用复杂调试工具的时候，不要忘了打印程序状态，这也是一种调试工具。
- ❏ 有时候，问题并不处在你的知识范畴内。如果你需要了解相关知识，不要忘了咨询这个领域的专家，比如网络管理员或数据库管理员。

9. 怎样熟悉大型代码项目

每次更换工作，都要快速熟悉一个新的大型代码库。

你是如何做到的？

　　想快速熟悉新的大型代码库，并没有固定的最好方法。下面是对我而言行之有效的一些方法，你的经验可能会完全不同。

- ❏ 想熟悉新代码，可以让另一个熟悉代码的程序员指导你，这是一个很好的方法。
- ❏ 每个程序都有入口点。从入口开始调试，观察程序如何初始化，会读取哪个配置文件，建立什么数据库连接，执行哪种查询，等等。对大部分编程语言来说，程序的入口点都是主函数。对静态网站而言，默认页面往往是default.htm或index.htm，但这和网站的配置有关。对ASP.NET程序而言，启动代码一般在global.asax文件内。
- ❏ 通过实现简单功能（可能只是修复一个小bug），就能达到熟悉代码库的效果。
- ❏ 把在代码中找到的知识点记下来。我个人很少会回头看这些笔记，但写笔记本身就可以帮我记忆。
- ❏ 对你无法立刻理解的代码要特别注意，这可能是代码特有的规则或独特的风格。这些"奇怪"的代码对程序往往很重要。
- ❏ 不要忘了，非技术工作人员可能对系统的工作方式也有深入的理解。

12

- 现代IDE（甚至一些文本编辑器）可以帮你快速浏览代码。例如，如果你想在不同类和方法间切换，可以用这种工具快速定位。
- 不要完全相信程序文档，注意查看它们的最近更新日期。
- 单元测试（假设通过了）可以帮助你理解函数的工作方式。注意测试都接收了哪些参数，进行过哪种配置。
- 想知道代码中存在哪些典型问题，可以查看该软件在bug追踪系统中的记录。这些记录可以反映出系统存在哪些弱项，也许还能找到其强项。
- 如果程序会持久保存数据，并且这些数据的模型比较严谨，那你就能发现系统中关键数据实体的线索，或者直接找到数据库。通过了解外键关系，就能知道数据的组织结构（例如，"1张采购单和1或0张发票有关联"）。如果程序使用的是对象关系映射（ORM），那么你应该可以立刻找到关键实体，并且知道程序如何使用这些数据。
- 最后，你并不需要理解代码的所有细节。你可以把一些内容看成"黑盒"，在不理解具体工作原理的情况下，只需知道它们的功能即可。这可以帮你在宏观上理解代码。

10. 谈谈你对货物崇拜式编程的理解

货物崇拜式编程（或者货物崇拜式软件工程）有时被用来描述不良的编程习惯。

你是如何理解这个概念的？为什么这种方式不好？

第二次世界大战之后，货运崇拜以宗教形式出现在南太平洋。信奉者们会建造飞机模型和飞机跑道。他们相信这些行为可以召唤飞机，给他们带来货物，正如战争期间一样。

货物崇拜式编程正如这些宗教行为一样，程序员总是教条地写一些毫无意义的代码。我曾经见过很多类似例子，包括：

- 在代码中使用匈牙利命名规则，但并不知道每个前缀的含义；
- 在SELECT语句中，不假思索地使用DISTINCT关键字；
- 每行代码都加上没用的代码注释；
- 除了能"让函数更小"，毫无理由地把一个函数拆分成两个。

这种编程方式并不可取，原因有很多，但主要的是，它让程序员自己也无法理解代码。货物崇拜程序员会非常在意代码的表象，而不是代码内容，这是个很严重问题，由于货物崇拜程序员目光短浅，因此，只能靠运气解决问题，并且无法确认问题是否解决。

货物崇拜式编程与安德鲁·亨特和大卫·托马斯（在《程序员修炼之道》一书中）提出的巧合编程非常相似：

弗雷德并不知道代码失败的原因，他也不知道为什么代码一开始可以跑通。由于弗雷德做过有限的"测试"，因此代码看起来没问题，一切只是巧合而已。

在《代码大全（第2版）》中，史蒂夫·麦康奈尔这样评价这种编程方式：

效率低下的程序员不按套路出牌，会一直尝试各种可能性，直到发现可以跑通的情况为止。

11. 谈谈代码注释的消极作用

学生初学编程的时候，学到的第一课，就是代码中要包含恰当的注释。

这也许是个好的建议，但代码注释有什么潜在问题呢?

程序员会把大量时间花在维护其他程序员写的代码上。如果代码注释不好、不正确、更新不及时、有误导性，就会对其他人造成很大困扰。关于代码注释，我有过一些很不愉快的经历，于是我再也不关注代码注释了。在大的源文件里，代码最上面往往有一大段代码注释，我向来直接忽略。

```
/*******************************************************
*** 文件：Program.cs                              ***
*** 创建日期：Jan 13, 1968                         ***
*** 上次修改日期：Mar 31, 2001                      ***
*** 修改者：Nigel                                  ***
*** 目的：Facilitate the velocitous extramuralisation  ***
***       of the pendigestatory interledicule      ***
*** 修改者：Nigel                                  ***
*** 修改日期：1968-01-14                            ***
*** 修改原因：Bug fix                              ***
*** 修改者：Sandeep                                ***
*** 修改日期：1999-12-30                            ***
*** 修改原因：Y2k bug fix                          ***
*******************************************************/
```

这些注释①只是出于美观考虑才被写进代码中的，我相信大多数程序员早晚会忽略这些，甚至最后直接删除。

代码注释的另一个常见问题是：总是叙述一些显而易见的信息。

```
static void MakeDictionaryFromArray()
{
    /* 这个方法的注释非常不好,不要模仿这种风格 */

    // 声明整形数组
    int[] array = { 1, 2, 2, 3, 3, 3, 4, 4, 4, 4, 4 };

    // 声明一个字典
    var dictionary = new Dictionary<int, int>();
```

---

① 上述代码注释中的"目的"出自英剧《黑爵士》，pendigestatory interludicule是黑爵士自己创造的单词。这里用来表示目的意义不明，让人难以理解。——编者注

```
    // 对数组里的元素迭代
    foreach (int i in array)

            // 如果字典能查到一个特定整数...
            if (dictionary.ContainsKey(i))

                // 增加字典中的相应值
                dictionary[i] += 1;
            else

                // 把这个整数添加进字典
                dictionary.Add(i, 1);
    }
```

代码注释还有一种问题，就是注释内容完全错误：

```
static void MakeDictionaryFromArray()
{
    /* 本方法可以重置用户密码 */

    // 建立数据库连接
    int[] array = { 1, 2, 2, 3, 3, 3, 4, 4, 4, 4, 4 };

    // 确保连接打开
    var dictionary = new Dictionary<int, int>();

    // 重置密码
    foreach (int i in array)
        if (dictionary.ContainsKey(i))
            dictionary[i] += 1;
        else
            dictionary.Add(i, 1);

}
```

　　程序员在复制整个函数之后修改了部分代码，但是忘记修改代码注释，于是就引起了注释错误的问题。这会让阅读代码的人很困惑，特别是错误非常细微的时候。

　　不恰当的代码注释是一种代码重复，会导致很多相同的问题。有误导性和完全错误的代码注释问题更大，还不如不加注释。

12. 在什么情况下可以接受低质量代码

　　每个人都知道程序员应该努力写出高质量代码。尽管对高质量代码没有统一的定义，但是人们都倾向于写出好的代码。

　　如果需要编写不合格的代码，你能想出一个正当、合理的理由吗？

　　很遗憾，无论你怎样回答，都给不出一个没有争议的答案。在某种程度上，提这个问题的面试官很不公平，因为这个问题几乎没有令人满意的答案，回答错误的几率很高，而且所有答案都是主观的。

一方面，有些程序员"宁死"也不会在软件质量上有所妥协。

另一方面，有些程序员信奉"速度至上"。不管代码多么混乱，也要优先实现功能。

有些程序员对老板言听计从。即使老板毫无软件开发常识，也不知道技术债务对业务的影响，他们也从不反对老板。

有些程序员新手还不理解高质量代码的真正含义，不知道有些做法（例如，代码重复）是错误的。

想回答这个问题，唯一明智的做法是给问题加上限制条件，让问题更为具体。只有这样，才能尽量减少答案的争议性。例如："你能否想到一个真实的情境，在这种情境下，你必须主观上违背SOLID原则中的一条？"

注意，我把"不合格代码"定义成了违背SOLID原则的代码。在面试中，你可以问面试官"不合格"的意思是什么，让他给你举个例子。

我们从SOLID原则中挑出接口分离原则（SOLID中的"I"），编造一个你可能会主观违背这条原则的例子。

我马上想到这样一个例子：为了弄清客户需求，我正在写一个临时原型系统；这可能会违背接口分离原则，因为要让代码马上跑通得到结果。

还有一些注意事项。

❑ 我知道这个原型不能成为1.0版本的系统。因此，在达成目标后，我要确保这个原型被销毁。
❑ 我并不知道接口的设计是什么；如果我能提前知道，情况就会不同。例如，如果我知道接口是IFlippy和IFlappy，就不会把两个接口混在一块，违背SOLID中的"I"原则。但是，如果使用原型的目标是要确认实现什么样的接口，接口混合就没有问题。

总之，回答这种有偏见的问题，最好的方法就是添加限定条件，让问题更具体，不至于招来强烈的反对意见。如果可能的话，你应该让面试官把问题描述得更具体些，这可以帮你找出答案。

13. 怎样掌控大型软件项目

大型软件产品似乎都包含很多低质量代码，这在维护多年的成功产品中尤为常见。很多参与过大型软件项目的人都对此充满疑问，比如，代码架构中包含过多或过少的间接层，整个代码库充满前后矛盾的问题，等等。

作为一个大型软件项目中的程序员，你如何把各种问题都处理好？

如果答案一目了然，这种问题就不会被提出来。假如你能通过一个工具或一种方法掌控大型软件项目，那么所有人都会为这个工具买单，并使用相同的方法，所有问题将不复存在。

事与愿违, 大型软件项目迟早会进入衰退期, 这是项目的复杂性导致的。单个程序员对此无能为力, 只能让自己的代码尽量保持一致、清晰。

通过使用工具, 可以让编码标准、命名规则等格式方面的问题更为规范。然而这些工具也只能做到广告上说的那些功能, 你自己还得多注意 (例如) 代码中的循环复杂度, (另一个例子) 确保所有公共方法都有代码注释。

问题在于 (例如): 检查代码注释是否存在很简单, (自动) 检查代码注释是否有用非常难。我认为市面上销售的"代码质量"工具对一些事情无能为力, 包括检测有误导性的代码注释, 辨别不规范命名的变量, 识别可读性不好的代码。

最后, 一个大型软件项目的维持取决于每位程序员的积极工作, 因此消极怠工对项目没有任何益处。

14. 怎样给不熟悉的代码添加功能

说说你是如何给不熟悉的大型代码项目添加功能的。

修改不熟悉的代码, 最大的风险是可能破坏现有功能。如果代码在过去的数年内已经出现劣化现象, 这个风险会更加严重。下面举一个劣化代码的例子。我曾经在一个大型项目组工作, 代码编译会出现30 000条以上的编译警告。这个项目充满重复功能, 代码风格五花八门, 子工程之间循环引用 (因此你不得不编译两次), 还有很多让人哭笑不得的问题。如果没有开发新功能和确保代码安全的责任, 我会认为这些代码挺有趣的。

对代码劣化的大型项目进行重写根本不现实。其他暂且不论, 想想所有程序员在项目上累积花费了几百人年的时间。一旦重新开始, 就意味着那些工作全部作废, 维护的开销会大幅度增长。这在财政上根本行不通。

还有一个观点: 以独立应用程序的形式给系统添加功能, 可以集成到数据库层, 不和主程序共享接口, 这样就能解决代码库劣化的问题了。这个方法通常会被用户否决, 因为他们不愿意在一个集成系统中切换不同用户接口。如果你能说服用户, 这可能是实现新功能最安全、最方便的途径 (对程序员而言)。

假设你别无选择, 只能直接向代码库添加功能, 下面给出了一些技巧, 可以帮你减少失误。

❏ 对于整个项目都使用的小组件, 要尽量理解其代码。

❏ 为这些组件的工作原理和使用方法写作文档 (最好写在代码中)。

❏ 如果这些组件没有现成的单元测试, 你应该考虑自己编写。

❏ 在实现较大功能之前, 要从细节着手, 增强对代码的理解。

❏ 尊重既有代码规则。一致的不良代码规则优于不一致的良好代码规则。

❏ 不要尝试修改和功能无关的代码。如果你为了改善系统而破坏掉原来的代码, 可没有人会感谢你。记得做好笔记, 把精力集中在要实现的功能上。

你还应该读读迈克尔·费瑟的著作《修改代码的艺术》。这是高效修改代码的首选参考书，类似的书籍还有很多。

15. 所谓"耍小聪明"的代码有什么问题

每位程序员都写过自我感觉良好的代码，这是编程的乐趣之一。不幸的是，追求这种乐趣会让程序员误入歧途，写出"耍小聪明"的代码。

"耍小聪明"的代码是什么意思？"耍小聪明"的代码到底有什么问题？

我必须先澄清，我本身并不反对聪明。我喜欢聪明，尊重聪明，渴望聪明。我喜欢写"耍小聪明"的代码，也喜欢破译其他程序员写的"耍小聪明"代码。不过在有些情况下，我却不太喜欢"耍小聪明"的代码，包括工作紧张的时候，全神贯注在重要工作上的时候，重构代码的时候，添加新功能的时候，以及思考问题的时候。在这些情况下，我更喜欢简单直白的代码。

你肯定在想，我所说的"耍小聪明"代码到底是什么意思？好问题！下面是我自己的定义：

"耍小聪明"代码（更确切的说，是聪明过头的代码）是无理降低合格程序员的维护效率的代码。

很有趣，这个定义也可以应用在不良代码上。我是不是把这两个概念放在同一范畴内了呢？如果从二者都应该避免的角度来说，是的，我确实把二者放进了同一范畴。

注意，我在定义中提到了"合格程序员"。这意味着该程序员很熟悉开发语言和程序架构，对这个领域的代码特性也很了解。你可以在第8章找到这些知识的详细内容。对不合格的程序员而言，要担心的不是无法处理"耍小聪明"的代码，而是其他更严重的问题。

16. 如何提升编程能力

假设你想提升编程能力，你会怎么做？

很多人，包括程序员，都认为提升技能的唯一途径是练习。他们可能会认为"熟能生巧"——哦，对了，还得加上一点点阅读。

然而，如果你在练习坏习惯，就没有任何好处。另外，如果你不知道"提升"的含义，练习也毫无用途。基于以上原因，在专家和老师的指导下进行练习才是最好的选择。这并不是让他们亲自辅导你，你可以通过读书和观看教程获得专业的学习建议。不过面对面辅导有一个很大的优势：老师可以对你的状况进行具体分析，察觉到你意识不到的错误。

一般而言，除非你面临某些挑战，否则很难跨过能力提升的瓶颈。面对严峻挑战的时候，你必须接受失败的可能性。只有不惧怕失败，才可以大幅度提升个人能力。

对程序员来说，阅读其他人的代码也是一种学习途径。要重点关注那些自己不理解的代码。

培训课程也许有用，前提是你不能只看讲师的幻灯片。学习需要互动，否则，除了记住一些事实，没有任何其他收获。如果你自己不去尝试，不去从错误中学习，就得不到宝贵的经验和教训。

17. 说一个让你感到自豪的项目

面试官经常问到这类问题。人们习惯谈论与工作相关的项目，但大多数面试官都允许你在所有的编程项目中选择，不论这些项目是在公司、学校，还是在家里完成的。面试官的目的是给你机会去展示自己对编程的热情。

这是一个展示自我的机会，你可以谈谈喜欢的工作氛围，工作中的兴趣，自己的主要学习经历，如何完成一项不可能完成的任务，等等。回答这个问题的时候，可以放松心情，尽情发挥。

如果你很幸运，曾经参加过一个让人非常得意的软件项目，那么应该很期待这个问题。我曾利用业余时间开发了几个棋弈引擎，因此会选择用这个经历来回答问题。我可以谈论实现极大极小值算法的过程，可以谈论调试棋弈引擎不正确移动的难度，可以谈论第一次使用引擎（用Visual Basic，丝毫不差）每秒计算200步（"层"）。作为对比，我会提到用Delphi开发的后续版本比第一版快了100倍。还可以谈论从Crafty①代码中学到的经验。回答的过程非常愉快，如果面试官允许，我可以一直说下去。

如果没有参与过让你感到自豪的项目（现实往往是：我们被环境所迫，没有时间做自己喜欢的事），那就只能提一项工作或学校中的工作经验了。

如果你有点害怕这个问题，不妨思考一下自己喜欢项目的哪些方面。喜欢界面设计胜过编程，喜欢数据库管理胜过写SQL代码，这些都可以。你是在展示对某件事的热情，这些事情给你的工作带来意义，你能从中得到满足感。

如果你真的毫无头绪，我建议你谈谈主要学习经历。例如，你可以谈谈自己解决的问题，或者帮别人修复的bug。难点在哪？克服了什么困难？最终结果如何？如果重新开始，你会有什么不同的做法？

如果有机会，我建议你写一个棋弈引擎。这样的话，我们就能在面试中谈论很多相关话题。

18. 从非技术角度解释编程

假设你在参加一个家庭聚会，你的祖母想了解"程序员"是干什么的。你会怎么回答她？

如果面试官的"重要品质"列表里有"良好的沟通能力"这一项，他就可能问你这类问题。

你的回答应该尽量避免使用技术概念，除非你能给出简单易懂的解释。如果你从未尝试过用简单的方式描述编程概念，在说话的时候就会吞吞吐吐。例如，你想描述编译器的概念，但话到一半，却发现没有解释机器如何执行指令，电流如何表示数字。因此，你说话就变得吞吞吐吐，甚至会怀疑自己并不理解二进制和逻辑门的概念。

忘记这些吧，你只需一个恰当的比喻就能解决问题：

---

① 一个著名的开源棋弈引擎。——译者注

"奶奶，编程就像毛衣编织图案一样。有一系列指令，这样其他人就能遵循这些指令，编织出一条漂亮的围脖或一对手套。"

当然，大多数老人家此时会瞪你一眼，因为你陷入了对祖母的刻板印象。要知道，并不是所有祖母都会织毛衣。

然而，这个比喻的确传递了编程的本质。作为一名程序员，你要写出一系列指令供日后编译。这些指令会被依字执行，所以并不能指望计算机优雅地处理一些意外状况。你需要考虑：如果毛线用完了，或者编织者使用的是木制毛衣针，而不是标准塑料设备时，编织者会如何处理？如果不考虑这些可能性，就没有指令处理这些情况，那你的纺织品（程序）就不是预期的围脖或手套。

19. 说说内聚和耦合的意义

在代码实现的过程中，你经常听别人讨论这两个概念。内聚和耦合在编程领域是什么意思？为什么有重大意义？

如果你的程序中只有一个类，并且所有代码全部在该类内实现，那你就可能犯了低内聚的错误。如果你遵循了单一职责原则（SOLID中的"S"），代码的内聚性就会提高。内聚是一个模块（或类）内部各成分之间相关联程度的度量。就像《芝麻街》①的游戏一样，每个人唱的歌都不同。把很多不一样的东西放在一起，就是所谓的低内聚。

低内聚的主要问题是，违背了程序模块化和代码重用的主要目标。无关的功能被混合在一起，使重用变得异常困难，修改代码也会变得复杂，需要调整多处代码。

耦合是指类之间的依赖度。如果你在高耦合的程序中作改动，很可能会对整个程序产生负面效果。

高耦合代码的问题显而易见。在你修改一行代码的时候，肯定不希望引起意料之外的问题。

低内聚和高耦合的问题经常一起出现，因为二者都是设计和实现缺乏规划（或维护）所导致的。

20. 全局变量到底有什么问题

全局变量是指在整个程序内都能使用的变量。不论使用地点在哪，变量都是可用的。

听起来非常方便，那么全局变量到底有什么问题？

在代码量小于100行的小型程序中，全局变量没什么大问题。写代码的时候，程序员可以记住所有变量，并且可以在任何地方使用这些变量，这也许非常方便。

随着程序规模逐渐变大（大多数程序都会这样），全局变量产生的问题会逐渐凸显。下面是一些比较严重的问题。

❑ 全局变量依赖于程序员的手动设置。由于变量隐式地遍布所有代码，所以很容易忘记。
❑ 如果是多线程程序，在多个线程同时访问全局变量的时候，会出现访问冲突现象。

① 美国公共广播协会制作播出的儿童教育电视节目。——译者注

❏ 全局变量提高了理解代码的难度。程序员要么记住它们，要么每次手动追踪它们的变化。

❏ 全局变量永远不会超出作用域。因此，只要程序在运行，它们就会一直驻留在内存中。

21. 对非技术经理解释技术债务的含义

多数程序员都明白技术债务的概念，因为这个词可以恰当地描述他们每天遇到的问题。不幸的是，对大多数非技术经理而言，这个概念的含义并不清晰。

以非技术经理能理解的方式，解释技术债务的含义和意义。

很多非技术经理都不懂技术债务的含义，这有点讽刺，因为这个概念的定义是沃德·坎宁安[①]亲自撰写的，目的就是让老板和非技术经理明白这个概念。你可以在http://c2.com/cgi/wiki?WardExplainsDebtMetaphor找到沃德对这个概念的解释。

在金融领域，如果为了短期目标而借钱，债务就会不断积累。借来的钱可以用来实现目标，但之后必须偿还，而且一般有利息。

沃德的"债务"是指团队代码的组织方式和"商业目标的实现方法"之间存在不一致性。在沃德撰写这个概念的时候，他大概正在说服自己的老板偿还债务，也就是重新理解程序目标，然后调整代码，而不是继续向错位代码（misaligned code）中添加新功能。

注意，这并不是在谴责债务，而是要求程序员在债务积累之前偿还债务。

今天，大多数程序员对这个概念的理解和沃德稍有不同。他们认为债务指的是不良代码（poorly-written code），而不是目标理解错误而导致的错位代码。

在沃德看来：

> 很多博客作者都解释过债务的含义，但和其他概念混淆了。他们认为，可以先写不良代码，然后再作改进，这就是债务的主要来源。我从不赞同程序员写不良代码，但我赞同按照问题的理解来写代码，即使理解的只是一部分。

如果非技术经理无论如何也理解不了债务的比喻，那你可以换一个方法。也许你的经理可以接受"脏盘子"的比喻。

假设你每次吃完饭都把盘子扔在水槽里。最后水槽满了，家里也没有干净盘子了。因此，你每次必须刷一个盘子才能继续吃饭，积累的脏盘子让你吃饭的效率下降，并且散发着难闻的气味。

急于完成代码而走捷径（例如复制粘贴代码，然后微调，最后不加改动就发布）和饭后不刷盘子很类似。如果你一直这么做，就很难再找到干净盘子。最后就只能买新盘子，或者刷旧盘子，或者出去吃饭。我可以把"出去吃饭"比喻成外包，但这会把这个比喻延伸得太远了。

---

① Wiki概念的发明者。——译者注

22. 对非技术经理解释重构的含义

多数程序员都用过重构一词，起码知道是个积极的概念。从非技术的角度解释重构的含义。

在写代码的过程中，程序员通常会对程序的细节设计作很多决策。正常来说，应该尽早对这些决策进行评估，但实际并非如此。程序员在写代码的时候，往往无法进行充分的分析和设计，但这问题并不大。举个例子，实现函数需要选择数据类型，程序员一般依靠直觉和经验来判断。如果每个决策都要公开讨论的话，项目进展会慢如蜗牛。

在大多数情况下，程序员的决策都是正确的，但并不绝对。假设一名程序员选择字符串类型存储日期数据，因为他认为除了"2001-01-01"和"2029-04-07"的常见日期格式，类似"明天"和"五星期以后"的数据应该也能存储在变量中。

程序员可能会后悔作了这个决策，因为他发现"明天"的变量值永远也不会出现。因此他想重构代码，让所有系统中录入的日期值都符合"YYYY-MM-DD"的日期格式。这种行为并不是修复bug，因为程序员当时就是这么设计的。

在这个例子中，数据类型错误导致的问题很明显，用户也能辨认。因此，他们会同意程序员去修复这个问题。这种情况下，说服产品经理也不难。

很多问题可以导致代码维护难度增加，程序员对此了如指掌，但用户无法直接看到。如果发现了重复代码，你知道这会引起很多问题，需要花时间修改，但说服用户接受你的观点很难，因为他们在产品上看不出有什么差异。

重构就是在不改变程序外部行为的前提下修复程序内部问题。

如果程序员想花时间修复内部问题，就必须让产品经理了解重构的必要性。安德鲁·亨特和大卫·托马斯在著作《程序员修炼之道》中，建议程序员使用一种医学领域的比喻：

> ……把需要重构的代码看成"肿瘤"，移除这些代码需要外科手术。在问题不严重的时候，你可以从内部切除。当然，也可以等它恶化扩散之后再切除，但那时的代价会很大，并且更危险。如果再耽误下去的话，病人甚至会死亡。

23. 抽象泄漏有什么意义

在2002年，乔尔·斯伯尔斯基写了一篇名为"抽象泄漏定律"的博文：http://www.joelonsoftware.com/articles/LeakyAbstractions.html。

现在，抽象泄漏的概念已经成为程序开发的主流术语。

抽象泄漏的具体含义是什么？有什么意义？

如果你看过高级编程语言（例如C和Java）编译（或运行平台）生成的本地机器代码，就会发现这些语言表达的都是抽象指令。相对于低级语言，高级编程语言可以让程序员更容易地操作计算机指令，不必关注指令实现细节。因此，这种方式显然更加方便。

程序员习惯用各式各样的抽象指令写代码，每一种指令都非常简单、便利，使用起来得心应手，即使偶尔出现差错也无所谓；但不要忘了，其他非编程人员比你更依赖这些抽象概念。如果抽象机制无法隐藏复杂性，用户会感到一头雾水。因此，当抽象机制暴露出复杂性的时候，我们称之为抽象泄漏。

在程序设计的时候，这个概念可以给你重大启示。假设你要写一个和远程服务器通信的程序，用于传递市场数据。负责传输数据的组件非常可靠，但依赖于网络状况。一旦网络中断，组件就会返回错误。在写代码的时候，需要处理这些错误。你有多种选择：可以把底层的错误信息直接传递给用户；也可以把信息修改之后再传递给用户；甚至可以先隐藏问题，在若干次尝试失败之后，再传递给用户。

事实上，对于可能导致抽象泄漏的问题，你必须给出处理方案。你应该从用户的视角去设计程序的抽象层面，不要有任何让用户失望的东西。

24. 持续集成的概念和用处

持续集成的概念已经出现很久了。现在，你可以购买各种专门的工具去帮你进行持续集成。

持续集成的概念是什么？有什么用处？

在（刻板印象中的）过去传统的编程岁月中，程序员会在一段时间之内独立工作，然后再和团队内其他成员分享工作成果（代码）。由于目标不统一，并且代码兼容性不好，常常会导致严重的项目延迟和很多棘手问题。

正因如此，才需要高频率地集成所有人的工作。因此，想避免上述问题，持续集成是行之有效的方法。持续集成不仅要求开发者分享自己进展中的工作，还要接受其他人进展中的工作。这样可以降低意见分歧和不同代码实现产生的影响。

对于实行持续集成的团队而言，最直接的问题就是如何处理错误代码的提交。如果一名开发者"破坏了构建"，所有开发者的本地代码副本都会受到影响。他们只有两种选择，要么无视错误继续开发，要么等其他人修复代码错误。

如果软件执行自动化构建（automated build）的频率很高，错误代码就会引起问题。不论构建是周期性自动执行，还是开发者提交代码时手动执行，一旦构建失败，开发者就会收到通知：最新编译有误，应该撤销。

自动化构建系统发出通知之后，开发者可以继续把其他人的最新改动集成到系统中。

最初，构建失败的概念是指代码无法通过编译；今天，这个概念的内涵变得更加丰富了。

❏ 单元测试是构建的一部分。如果存在测试失败，构建结果也是失败。
❏ 在构建期间，会有自动化工具检测编码规范。如果发现代码不符合规范，则构建失败。
❏ 自动化工具会检测代码性能指标。如果不达标，构建结果为失败。

❑ 代码可以直接生成文档。如果不能（例如，一个公共方法没有注释），构建失败。

25. 你最喜欢的软件开发方法论

我曾经和一位心直口快的程序员一起担任面试官。当我向求职者提出这个问题的时候，他突然放声大笑，这让我很困惑。他后来对我解释说，他觉得这个问题很时髦，但没有任何意义。方法论是个很做作的词，用方法才更恰当。也许他是对的，因此可以用更直白的方式来表述这个问题：

在你的工作经历中，什么方法可以改善开发团队的工作效率？

尽管我用了更直接的方式表达问题，但这仍是一道偏题，所有绝对的答案都不完全正确。好的答案应该包括：

❑ 团队中的人员以及他们具备的经验、技能；
❑ 团队接手什么样的工作；
❑ 高效的定义。

这道题很模糊，回答这种问题最好的方法就是添加限制条件，在一定限制下给出答案。这对求职者来说很不公平，因为面试官可以提出模糊的问题，但他们却并不希望求职者给出模棱两可的答案。

假设团队产出大量代码，但没有通过后续测试，你可以把高效定义成"较少的测试失败"。有了这个前提，问题就变得简单了。你可以提出很多减少测试失败的技巧，下面是三个切入点。

❑ 开发人员构建系统的时候，测试人员要同时写出测试用例，双方人员共用一套说明文档。开发人员应该参与评审测试用例，这样可以统一团队对文档的理解。
❑ 开发团队的代码应该结构清晰，从而让测试更加简单。开发人员需要遵循一些好的惯例，例如SOLID原则，特别是单一职责原则和接口分离原则。
❑ 单元测试的覆盖面要广，并且作为持续集成（CI）的一部分执行。

假设团队在分析需求的时候磕磕绊绊，你就能提出很多改善意见。下面是一些观点，你可以在此基础上进行拓展。

❑ 需求来自于客户和产品经理，确保团队与对的人交流。
❑ 当沟通的反馈速度较快的时候，才能达到最佳效果；反之，单向沟通则是效率最低的沟通方式。开发团队和产品经理之间的沟通应该是交互的、高频率的、持续的。
❑ 详细的说明文档非常有用，但把沟通精力集中在"为什么"上比集中在"怎么做"上更加有用。
❑ 任何内容一旦写出来，就要写好。

26. 如果产品经理对我提出不合理的要求，我要如何回应

对于看起来不现实或不能实现的需求，程序员通常不会妥协。

如果无法实现需求，如何向产品经理解释？

提出这个问题的面试官可能有这些动机：

- 他想知道你如何处理观点冲突。
- 他想知道你如何面对难度极高或看似无法实现的需求。
- 他知道你未来会和一位执拗的产品经理共事。

面对这种需求，要时刻记住：你是编程专家，产品经理很可能在求助你，让你帮忙找出需求中理想和现实的平衡点。你不能在六个月内带领一只经验匮乏的团队制造出一个"类Google"的搜索框，你要尽量理解产品经理愿景，按照愿景定义产品真实的实现，和产品经理一起协商（不是反对他），讨论出适合你情况的实现方案。

下面我们详细讲讲这个例子，"一个像Google的搜索框"（或Bing，Yahoo!）可能有很多种不同意思：

- 比同类型其他产品快
- 功能全面
- 界面简单
- 搜索结果权威
- 可扩展性
- 有广告平台
- 使用启发式搜索算法
- 用保密算法对结果排序

如果你列出这些可能性，并且同产品经理一起讨论，那你的工作可能就会更简单些。不幸的是，有时你会得到一个"是的"的模糊回答，没有提供任何优先级排序信息。

下面是一些小技巧，可以帮你搞清楚看似无法实现的需求。

- 实事求是，如果团队（或你）不知道如何实现需求，那就直接说出来；如果技术水平和需求不符，那就对产品经理解释原因。
- 对需求估计开发时间，有时候，基于成本的观点可以减少无谓的争论，把所有人拉回现实，因此，你可能需要花点时间来得到一个可信的估算值。
- 把需求的预期目标搞清楚，是要保住收益还是创造收益？是要建立竞争优势吗？是不是独创性功能？当你仔细分析需求的时候，可以发现潜在目标很简单，用替代方案很容易实现。
- 用礼貌且谦虚的态度，持续地问产品经理"为什么"。通过不断发问，你能知道需求的前提和预期是什么。

27. 你对新程序员有什么建议

假设你要指导一位程序员新手。为了让他的编程生涯迅速步入正轨，你会给他哪些重要的建议？

基于每个人不同的工作经验，观点也不尽相同，下面是一些我的观点。

❑ 写代码是一种交流，很明显，你在指示一台机器做事，但更重要的是你和维护人员之间通过代码的交流，维护人员可能是你自己，也可能是一位文化完全不同的人。
❑ 写东西要尽量清晰，这是重中之重，不仅限于代码，这适用于任何内容。
❑ 在线上和（如果可以的话）线下都要参加编程社区，你可以学到很多知识并交到很多朋友，这有百利而无一害。
❑ 研究你不懂的代码，这是学习新技巧的极好方法。
❑ 学习新的编程技术可以得到很多乐趣，把想学习的技术详细列出来，当空闲和乏味的时候，看看表上有哪些技术没有学。
❑ 学习表达技巧，特别是工作中的讲话、书写、演示技巧，你不会后悔的。
❑ 客户满意是一条非常重要，但经常被人忽略的代码质量标准。

28. 编码标准会影响代码质量吗

通过强制执行编码标准，代码质量可以得到提高吗？

如果你问开发人员什么会影响代码质量，他们多半会说"开发者的质量"，其中包括技能、经验、判断力。

如果你对开发者强行灌输自己观点，他们最终会承认编码标准也是代码质量的一部分。

很多人认为编码标准会阻碍个人创造力的发挥和表达的自由，这在某种程度上这是对的，但遵循标准可以带来一个巨大的好处：让代码一致性和可读性更好。可读性是代码维护难易程度的主要指标，可读性差的代码往往难以维护。

另一种方案（不遵循编码标准），是让每位开发者都拿出额外时间，按代码库的编码风格来调整自己的编码风格。

29. 哪些编码标准最为重要

每个软件开发团队似乎都有一套编码标准。为了提高代码质量，描述一些你认为重要的编码标准。

这个问题预设了一个前提：编码标准会影响代码质量。因此，你可以把面试官提到的"代码质量"理解成一致性和可读性。如果一个团队没有固定的编码标准，就可能会遵循时下流行的规则。他们的代码库会遭遇编码风格不统一的问题，这会影响代码的可读性。

下面是一些重要的编码标准条目，可以帮助团队确立一套自己的编码标准。注意，这个列表并没有定义编码标准应该是什么样的，只是给团队提供了一些思考和讨论的角度。

❑ 鼓励使用的技巧
❑ 不鼓励使用的技巧
❑ 命名规则（是的，命名真的非常重要！）

- ❑ 代码注释风格指南
- ❑ 异常处理风格
- ❑ 使用断言

30. 为什么用代码行数衡量程序员的工作效率很不科学

非技术经经理经常要对软件开发团队进行成本效益评估。他可能对一些编程实践原则略知一二，认为程序员写代码和作家写书、律师写合同差不多。因此，会通过计算代码行数来衡量程序员的工作量。

为什么用代码行数（LoC）衡量程序员的工作效率很不科学？

这个问题由来已久，每个程序员都应该作好准备。

- ❑ 想改进代码，资深程序员更倾向于删除代码，而不是添加代码。代码清晰度和代码行数是部分关联的，因此，在不影响清晰度和功能的前提下删除代码，是一件很划算的事。
- ❑ 显而易见，添加冗余代码的人更有可能是不合格的程序员（参照第10题）。
- ❑ 作为衡量标准，代码行数太容易人为造假。如果程序员知道"效率"是用代码行数来衡量的，他就会依此对代码进行"优化"。
- ❑ 代码段的行数和难度并没有直接关联，代码也并不一定是人工撰写的。一个程序的"秘密武器"（让程序有竞争力或独特的东西）不一定是其最庞大的代码段，这些代码往往是由IDE的窗体设计器自动生成的。

代码行数代表的是数量，并非质量。因此，把它作为衡量程序员效率的标准并不合适。通过计算代码行数，得不出任何有意义的结论。

31. goto语句真的罪不可赦吗

大多数程序员都被灌输过这种思想：goto语句会给程序员带来无尽的痛苦，必须尽一切可能避免使用goto。

解释goto语句为什么有害。

这个传说通过程序员一代一代地传递下去，通常还会跟着一个警告：goto会产生面条代码（spaghetti code）和非结构化代码，所有形式的goto都会产生不好的结果。

这个传说到底源自哪里已经无从考证了，但这一观点是由艾兹赫尔·戴克斯特拉普及的。在1968年，美国计算机协会（ACM）刊登了他的一封信，戴克斯特拉在信中写道：

---

goto 语句太过原始，只会给程序带来混乱。

想了解这个批判的内涵，你要先理解戴克斯特拉口中的"太原始"是什么意思。

所有编程语言都有控制程序流程的结构。你肯定知道for循环和while循环，如果幸运的话，还知道try-finally结构。

如果这些结构全部消失，只剩goto和if的话，会发生什么？

很明显，世界上会出现很多愤怒的程序员。尘埃落定之后，这些程序员还是必须回到现实中。他们要做的第一件事就是用if和goto彻底改造流程控制结构！

我要说明的是：goto语句是流程控制的基本单元，因此完全禁用goto和滥用goto一样愚蠢。

如果不用goto，就无法构造更高级的流程控制结构。不管goto有什么缺陷，我们都要尊重它，不能因为程序员用不好就禁用goto。

32. 软件开发经理应该有技术背景吗

软件经理应该有技术背景吗？换一种说法，一位没有技术背景的软件开发经理能管理好团队吗？（注意，技术背景并不一定是编程经验。）

我只能用自己的经验来回答，因为我没有研究过整个行业领域内非技术开发经理的情况。在编程社区内，我发现这个问题总是能把程序员分成两个阵营，称自己遇到过最好的开发经理是"技术"或"非技术"的。

以我个人的经验来说，如果其他方面完全一样，具备技术背景的经理往往效率更高。下面是一些原因。

- ❑ 高效的经理需要具备独立理解技术问题的能力，而不总是依靠别人。
- ❑ 经理是团队的外交官，代表整个团队发言。不懂技术的经理做不好这件事。
- ❑ 高效的经理必须信任团队；一旦有需求，也要有能力给团队的工作把关。

对于这些问题，你可能认为通过委派一位技术人员就能解决。是的，你可能是对的。那么，问题就变成了哪个经理更高效：是可以选择委派其他人的经理，还是必须委派其他人的经理？

我期待听到你的观点。

33. 应用程序架构师需要知道如何写代码吗

与技术经理和非技术经理的对比类似，这个问题也很常见。应用程序架构师是否应该具备编码的能力？你的看法是什么？

相对于开发经理，程序架构师往往更应具备编码的能力。这并不是让架构师把所有时间（或大部分时间）花在写代码上，而是说架构师应该具备写原型代码的能力，这样才可以展示自己的看法。架构师还必须能理解不同解决方案的内涵，同开发者进行有意义、有深度的讨论，为开发者设计架构，制定计划。如果架构师不接地气，对程序员是非常不利的。作为一名程序架构师，既要脚踏实地，又要高瞻远瞩。

34. 在软件开发中，你的最佳实践是什么

如果可以选择一个所谓的最佳实践，让团队（或者全世界）内的所有人遵循，你会选择什么？

每当提出这个问题，我都怀疑自己会掉进过于主观的陷阱里爬不出来。对于某种特定方式会如何彻底改变软件开发，每位有经验的程序员都有自己独到的看法。我不会尝试说服这些程序员，但我要说的是，在过去数十年间，很多方式都被盛赞为软件开发革命——我认为这种谎话还会继续下去。

在写这本书的时候，有一些流行的方法：

❑ 单元测试和测试驱动开发
❑ 敏捷
❑ 函数式编程

往前看的话，有：

❑ 用例工具和所谓的4GL
❑ 面向对象编程
❑ 主从式和N层架构
❑ RAD和JAD

再往前看的话，还有：

❑ 众所周知的"瀑布模型"
❑ 过程式和模块化编程

考虑到这些历史，以及对这些方法的鼓吹，哪个"最佳实践"才能保证被所有程序员接受？

这很简单。如果你是程序员，我就用我的魔杖对你施法：从现在开始，这个问题留给你自己思考。

附录
准备小抄

　　尽管名字叫作"小抄"，但为面试作准备完全没必要藏着掖着。在面试之前，找时间思考一下：可能被问到什么问题？怎么回答这些问题？如果面试官给你机会提问，你会提什么问题？当被问到尖锐问题（比如，你的工作空白期，为什么在过去的一年内换了两份工作，等等）的时候，你应该怎么回应？

　　用本章的问题去准备你的小抄。仔细浏览题目清单，思考如何在电话面试和个人面试中应对这些问题。

　　有些问题只适用于特定情况，还有些问题并不适用于你。因此，你可以按需挑选你觉得有用的题目来准备。如果认为有必要复习基础知识，可以仔细阅读本书中有关编程概念的章节。

　　在电话面试中，有些问题很难应对，因此要重点关注它们，做些笔记，以便在电话面试时快速找到。笔记的篇幅不宜过长，否则会听起来像照本宣科，给人不自然的感觉。笔记既不能太复杂，又不能太简略。我个人认为，问题清单中有些题目略显陈旧，作为一名面试官，我较少问到这些问题；但其他面试官没有这种顾虑，可能会问你（比如这个经典的问题）："你觉得自己的优势和劣势都是什么？"在面试前，你最好考虑到出现这种问题的可能性。这样在真正遇到这个问题的时候，才不至于笑出声。

　　你简历中的每项技能描述都应该有证据支撑。这非常重要，因为在你回答一个问题之后，面试官很可能会接着问："你能给我举个例子吗？"请注意，最好的证据就是既定事实。如果你声称从1.0版本就开始使用C#，这没有任何问题；但如果你说你曾经为AcmeWidgets产品开发过核心库，这才是更好的回答方式。

　　随着思考的问题逐渐深入，你会发现很有必要复习之前的章节，这可以帮你理解面试官的动机和想法。

注意　在开始回答附录中的某些问题之前，最好阅读或复习第2章和第3章的内容。这两章描述了应对电话面试和个人面试的方法。

常规题目

本节内容主要关注如下几个方面：过去的编程经验、个人目标、团队精神、组织能力和协调能力。

- ❑ 你对公司了解多少？
- ❑ 请简单谈谈你的工作经历。
- ❑ 请详细谈谈你最近的职位。
- ❑ 请谈谈你最近加入的一个团队。
- ❑ 是什么激励你前进？
- ❑ 讲一讲你做过最难的项目。
- ❑ 工作中你最引以为傲的成就是什么？
- ❑ 在哪些情况下你必须处理和同事间的矛盾？
- ❑ 在团队中，你通常扮演什么角色？
- ❑ 有没有这样的经历：因为赞同一个不受欢迎的决定，而和别人争论。
- ❑ 你如何处理这种状况：由于技术原因，你不认同某个决议，但因为业务原因，又不得不接受？
- ❑ 如果我给你的上一任老板打电话，他会怎么评价你？
- ❑ 你认为你的哪些经验非常适合这份工作？
- ❑ 上份工作让你学到了什么？
- ❑ 讲一讲你最近的项目经验。
- ❑ 你最不擅长的（非技术）技能是什么？
- ❑ 描述你参与过的最好/最差的团队。

非技术编程题目

本节的题目是有关"软实力"的问题，答案往往不基于教科书或某种技术知识，而是与你的看法和个人经历相关。

- ❑ 你最喜欢的编程书籍是什么？
- ❑ 你参加过线上或线下的编程技术社区吗？
- ❑ 在所有的面试者当中，你认为你最大的优势是什么？
- ❑ 你是如何走上软件开发道路的？
- ❑ 职位描述包含一些主要技术，你如何评价自己在那些技术领域的水平？
- ❑ 在你走向软件开发的道路上，有什么人影响了你？不一定是名人。
- ❑ 描述一个你无法解决的问题或bug。
- ❑ 你最不擅长的技能是什么？

❏ 你有哪些构建大型网络应用程序的相关经验？
❏ 你有哪些设计多线程应用的相关经验？
❏ 相对于使用XML-based文件来存储数据，使用关系数据库有什么优点和缺点？
❏ 你最喜欢_____编程语言的哪些方面？
❏ 你更喜欢哪种工作，前端开发还是后台开发？
❏ 举一个使用_____语言标准编码规范的例子。
❏ 你最常使用的命令行工具或应用是什么？

编程概念

本节涵盖了一系列的"突击测试"题目，面试官可能会用这些问题来开始电话面试。你应该仔细研究这些题目，直到可以自信并简洁地回答所有问题。

❏ 重写和重载的区别是什么？
❏ 什么是临界区？
❏ 值类型和引用类型的区别是什么？
❏ 从内存管理的角度看，什么是栈？什么是堆？
❏ 在SQL中，内连接和左连接的区别是什么？
❏ 什么是强类型编程语言？
❏ 描述有效的XML和格式良好的XML之间有什么区别。
❏ 线程和进程有什么关系？
❏ "不可变"是什么意思？
❏ 什么是版本控制？
❏ MVC中的V代表什么？有什么意义？
❏ 类和对象的区别是什么？
❏ 为什么要创造一个模拟对象？
❏ 什么是单元测试？
❏ 请说出三种在版本发布之前的测试，并且大体描述每种测试。
❏ 什么是里氏替换原则？
❏ 什么是测试驱动开发？
❏ 迭代和递归的区别是什么？
❏ 什么是松耦合？
❏ 能否举一个递归算法的例子？
❏ 什么是时间复杂度？
❏ 什么是关联数组？
❏ 什么是无状态的系统？

312 ▶ 附录　准备小抄

- ❑ 接口和抽象类的区别是什么？
- ❑ SQL注入是什么？
- ❑ 1 XOR 1的结果是什么？
- ❑ 什么是正则表达式？
- ❑ 什么是无向图？
- ❑ 链表和数组的主要区别是什么？
- ❑ 为什么代码清晰性很重要？

工作经历

本节列出了一些有关工作经历的问题。如果在面试前没有思考过，这些问题可能会难以回答。如果你能以真诚和积极的态度来回答这些问题，被录用的几率就会上升。这些问题并不适用于所有人。

- ❑ 你为什么要离开现在的公司？
- ❑ 你为什么辞去上份工作？
- ❑ 把事情做完和把事情做好，哪个更重要？
- ❑ 你在现在公司工作的时间并不长，为什么这么快就跳槽？
- ❑ 你的上份工作做了很久，是什么促使你离开的？
- ❑ 可以解释一下工作经历里的空白期吗？
- ❑ 你的上份工作做了很久，为什么没得到提拔？
- ❑ 可以解释一下为什么在短时间内换了这么多工作吗？
- ❑ 你为什么跳槽这么频繁？
- ❑ 你找工作有段时间了，为什么还没找到？
- ❑ 从你的工作经历来看，你的职业生涯先上升后下降。其中有什么故事吗？
- ❑ 难道你不认为这份工作不如上份工作吗？

如果有机会，如何提问

现在轮到你了，在回答了未来雇主的所有问题之后，你有了提问的机会。记住，你可以借提问的机会多谈谈你自己，同时确认这份工作是不是真的适合你。下面的问题可以帮你达到这个目的。

- ❑ 这个职位空缺多久了？
- ❑ 前任职员为什么离职？
- ❑ 在贵公司工作，最好/最坏的事情是什么？
- ❑ 您在公司工作多久了？

❑ 这份工作一般一天/一星期都做些什么?

❑ 这份工作最愉快/讨厌的地方是什么?

❑ 能否让我参观一下工作区?

❑ 能否多介绍一下团队状况?

❑ 我可以见见团队中的（其他）人吗?

❑ 这份职位会立刻面临什么挑战?

❑ 在接下来的几个月里，您认为会有些什么挑战?

❑ 这份工作最重要的日常职责是什么?

版 权 声 明

站在巨人的肩上
Standing on Shoulders of Giants

TURING
图灵教育

iTuring.cn

站在巨人的肩上
Standing on Shoulders of Giants

TURING
图灵教育

iTuring.cn